U0178569

磁选柱理论与技术

Theory and Technology of Column Magnetic Separator

赵通林　陈中航　郭小飞　著

北　京
冶　金　工　业　出　版　社
2021

内容提要

本书系统介绍了磁选柱技术起源和发展过程，结合磁选理论，阐述了磁选柱、磁选环柱、变径磁选柱等系列磁选柱设备研制与开发过程中各个阶段的研究内容与成果。全书共分 11 章，对磁选柱结构、功能、磁场理论、磁系特性、流场特性、磁选柱应用及操作进行了系统的归纳总结，阐述了柱式磁选机的类型、磁选柱磁场理论基础与磁场特性、磁选柱分选原理、磁选柱结构优化研究、操作参数研究、数值模拟与优化、新型柱式磁选设备研究、工业磁选柱控制与操作、磁选柱技术应用实践及发展趋势等。

本书既可作为矿物加工工程专业研究生专业教材、本科生拓展学习的教材，也可供从事磁选设备研发与应用的相关技术人员参考使用。

图书在版编目(CIP)数据

磁选柱理论与技术/赵通林，陈中航，郭小飞著. —北京：冶金工业出版社，2021. 3

ISBN 978-7-5024-6258-1

Ⅰ. ①磁… Ⅱ. ①赵… ②陈… ③郭… Ⅲ. ①磁选柱
Ⅳ. ①TD457

中国版本图书馆 CIP 数据核字(2021)第 043160 号

出 版 人　苏长永
地　　址　北京市东城区嵩祝院北巷 39 号　邮编　100009　电话　(010)64027926
网　　址　www. cnmip. com. cn　电子信箱　yjcbs@ cnmip. com. cn
责任编辑　郭冬艳　宋　良　美术编辑　吕欣童　版式设计　禹　蕊
责任校对　李　娜　责任印制　禹　蕊

ISBN 978-7-5024-6258-1
冶金工业出版社出版发行；各地新华书店经销；三河市双峰印刷装订有限公司印刷
2021 年 3 月第 1 版，2021 年 3 月第 1 次印刷
169mm×239mm；16. 75 印张；326 千字；256 页
90. 00 元

冶金工业出版社　投稿电话　(010)64027932　投稿信箱　tougao@cnmip. com. cn
冶金工业出版社营销中心　电话　(010)64044283　传真　(010)64027893
冶金工业出版社天猫旗舰店　yjgycbs. tmall. com
(本书如有印装质量问题，本社营销中心负责退换)

前　言

选矿工艺技术与矿石的工艺矿物学性质相关，也与选矿设备的性能相关。传统设备的升级改造、新设备的研制与开发在选矿装备与工艺水平提升方面起到了至关重要的推进作用。选矿设备的性能在很大程度上体现了选矿工艺技术水平的高低，影响着选矿厂的生产作业率，同时也影响着选矿厂工艺过程的稳定运行和技术指标，进而对选矿生产的综合经济效益产生较大影响。

近年来，我国选矿设备的研究发展迅速，新的选矿设备不断推出，提升选矿厂的工艺装备与技术水平。尤其是针对贫、细、杂类型的铁矿石选矿，研发了诸如磁选柱、浮选柱等一系列选别设备，对提高选别效果起到了积极的作用。

众所周知，磁选是磁性矿物选别方法中工艺最简单的，也是受磁选设备性能影响最大的工艺。以磁选柱、高梯度立环磁选机、超导磁选机、高精度筒式磁选机、电磁筛等为代表的一大批磁选设备的研制与应用，为磁选工艺水平提升和工艺流程设计带来了较大变革，也为矿山企业带来了很大的经济效益。

1992 年，首台磁选柱在辽宁科技大学（原鞍山钢铁学院）选矿实验室研制成功，经过近 30 年的不断研究与改进，磁选柱已经成为我国磁铁矿选矿厂磁选工艺的主流精选设备。在选矿科技工作者们的共同努力下，磁选柱设备结构、分选理论、优化设计等方面逐渐发展成熟。

本书系统介绍了磁选柱技术起源和历史沿革过程，并结合磁选理论阐述了磁选柱、磁选环柱、变径磁选柱等系列柱式磁选设备的研发过程中各阶段研究内容与成果。

特别感谢磁选柱研究团队中刘秉裕教授、陈广振教授在磁选柱设备研制过程中做出的重要贡献，研究生马宏胜、姜程阳、金镇、段超、刘朋等人也做了部分工作。在成书过程中，路增祥教授提出了宝贵写作建议，研究生靳雁琳、涂继娴、任伟杰、张洺睿等同学进行了细致的校核，在此，对他们的支持与帮助致以诚挚的谢意！

本书在撰写过程中，也参阅和引用了大量磁选柱技术研究与应用方面的文献与案例，谨向这些文献的作者与案例完成者表示谢意；同时，可能由于作者的疏忽，书末未能将一些文献作者与案例完成者一一列出，在此，也向他们表示深深的谢意。

感谢辽宁科技大学学术著作出版基金资助！

由于作者水平所限，不当之处敬请读者批评指正。

赵通林

2020 年 10 月

辽宁科技大学

目　录

1 概 述

1.1 磁铁矿资源概况

中国是世界钢铁大国，钢铁产量居世界首位，对铁精矿的需求也居世界首位，但存在着较为严重的铁矿资源开发利用不足问题。2019 年，中国铁矿石需求量已达 12 亿吨，其中进口铁矿石超过 10 亿吨。我国铁矿石对外依存度达到 80%以上。

中国铁矿石资源总体呈现的特点为：（1）分布广但又相对集中；（2）中小型矿床多，大型矿床少；（3）矿床类型多，细粒嵌布矿石多；（4）富铁矿少，贫铁矿多，难选矿多。铁矿床分布广泛又相对集中，全国 31 个省市均有分布，但是大多集中分布于辽宁、四川、河北等地，三地总储量共 104.57 亿吨，占全国总储量的 50%左右。此外，我国大型矿区少，中小型矿区多，有国有大型以上矿区 101 个，中型矿区 470 个，小型矿区 1327 个，而其中超大型铁矿床仅 10 处。铁矿石探明储量约 210 亿吨，占全球储量的 12.35%，排名第四，其中磁铁矿为主的矿石达 68%，弱磁性铁矿石占 32%。但已探明的储量中有 97%铁矿为贫矿，平均矿石品位只有 34.29%，较全球铁矿石平均品位 48.82%低 14.53%。品位大于 50%的仅占探明资源总量的 2.7%，而印度、瑞典铁矿石平均品位全球最高，达到 60%以上，如何有效利用铁矿石资源是选矿工作者面临的艰巨挑战。

随着市场经济的形成，钢铁行业对铁精矿的质量要求不断提高，特别是对铁精矿中硅含量的要求更为严格。中国选矿厂普遍存在着铁精矿硅含量高的问题，其中磁铁矿精矿硅含量平均在 6.3%左右，与国际上铁精矿中硅含量平均 4%以下的水平相比，存在着一定的差距。

众所周知，磁选是基于物料的磁性差异来实现不同矿物分离的一种选矿方法，由于其具有工艺简单、绿色无污染等特点，被广泛应用于黑色金属选别、有色金属和稀有金属精选，在矿石的选别中具有重要地位。处理磁铁矿矿石，采用磁选工艺是最经济、清洁的生产方式，所以磁选工艺和设备的进步是提高我国铁矿资源占有量达 68%的磁铁矿矿石开发利用的关键。

我国的磁铁矿资源普遍具有铁品位低、嵌布粒度较细且不均匀的特点，选矿工艺以“阶段磨矿和单一磁选”为主，大部分选矿厂采用柱式精选设备作为控制磁铁矿精矿品位的关键设备，主要包含磁选柱、脉冲振动磁选柱、淘洗磁选机、旋流磁力分选机等。柱式精选设备是一种磁力与重力相结合的弱磁场磁重复合选别设备，其特点是通过多组线圈周期供电或螺旋形永磁磁系旋转在分选区内产生的循环磁场，辅以快速上升的回转水流产生剪切作用，使强磁性矿物颗粒在柱体分选区域内同时受到磁力、重力和流体曳力等的作用，“团聚—分散—团聚”交替发生，磁铁矿单体与富连生体颗粒向柱体下部移动成为精矿，脉石矿物及贫连生体在流体曳力作用下溢流成为尾矿。独特的磁系结构和磁重复合选别方式，使柱式精选设备在磁铁矿的“提铁降硅”中发挥了重要的作用。

磁选柱是一种高效低弱磁场磁选，既能充分分散磁团聚，又能充分利用磁团聚的电磁式低弱磁场高效磁重选矿设备，选别经济技术指标优异，处理传统磁选机精矿。磁选柱可以提高精矿品位，幅度达3%~15%。目前，磁选柱设备已广泛应用于铁矿选矿厂，通过再精选低品位磁选精矿，使中国磁铁矿精矿品位整体提高2%以上，有力地推动了我国磁铁矿精矿品位和回收率赶超世界先进水平。磁选柱系列产品的应用，为国家“提铁降硅”战略工程提供了有力保障，给选厂和钢铁企业带来了巨大的经济效益和社会效益。

磁选柱技术优势是精选效果突出，选别指标先进，适应性强，粗选、浓缩均有应用，自动控制技术成熟。磁选柱设备结构简单，没有运转部件，价格低廉，容易看管操作，单位面积处理能力高，耗能低，品位提高幅度大。其分选区磁场由直流电源供电励磁，在分选区形成顺序下移的脉动磁场，是一种低弱、不均匀、时有时无、非恒定的脉动磁场，磁感应强度在0~20mT之间可调。磁选柱分选空间内允许的上升水流速度高达20~60mm/s，入选物料可实现多次反复的分散和团聚作用，能有效地剔除磁团聚中夹杂的中、贫连生体和单体脉石。生产应用中可以根据矿石性质的变化进行磁场强度和冲洗水速等因素的调整，以便获得高品位铁精矿。又因为磁团聚现象对细粒磁铁矿也有一定的捕集作用，所以磁选柱对磁铁矿的作业回收率也较高。

1.2　磁选设备发展概况

应用范围最广泛，历史较长的磁选设备是筒式磁选机和磁力脱水槽，用于磁铁矿的粗选作业和精选作业。磁选设备是利用磁场和重力场、流体力场等的联合作用，分离富集磁选矿物的选矿设备。应用广泛、历史较长的成熟磁选设备主要有筒式磁选机、磁力脱泥槽、磁力滚筒等。

随着电磁学的发展和新型磁选设备的不断出现，磁选理论也在不断发展，磁选的应用范围逐渐扩大。目前，传统的磁选技术已在全球范围内应用到工农业生产的诸多方面，特别是20世纪60年代发展起来的高梯度磁选（HGMC）技术，已经超出了磁分离的传统对象——磁性矿物，可以处理多种顺、弱磁性物质，如平环强磁机等。我国目前的磁选设备主要应用在粮食储运、工业选矿、水处理等方面，在面粉、环境保护、污水处理、食品加工、废品处理及资源回收等领域尚未得到广泛使用。

中国改革开放以来，磁选设备的研制与开发取得了很大进展，围绕着新型高效磁选设备的研制开发以及对传统磁选设备的改进和完善等方面，有关人员做了大量的工作，进行了许多卓有成效的探索。从这些设备的原理及应用中可见，有效地破坏磁团聚，降低磁铁矿精矿中的磁性和非磁性夹杂，就可以达到提高铁精矿品位的目的。

在铁矿分选“提铁降硅”理念提出后，磁选工艺得到迅速发展，新型磁选设备也不断被研发，相继出现传统磁选机改进的磁选设备，如永磁筒式磁选机、GD 型低场强脉动磁选机等。新研制的磁选设备，如磁选设备主要有磁团聚重力选矿机、磁选柱、磁场筛选机、复合闪烁磁场磁选机、磁场筛选机、螺旋磁场磁选机、立环磁选机、大型超导磁选机、超声多力场弱磁选机等。

磁选设备分选原理主要依据为磁团聚理论，一方面利用磁团聚，强化磁选过程，提高铁磁性矿物的回收率；另一方面破坏磁团聚，更好地分离裹挟在其中的非磁性物料，提高磁选精度，形成的磁链及磁聚团形式的磁性颗粒在磁场与重力场联合作用下，配合流体介质或筛孔实现打散，更好地与非磁性颗粒分离。

磁选柱等设备就是利用强化破坏磁团聚作用，来提高分选精度。为获得高品位铁精矿，在矿物单体解离度合适的情况下能够有效破坏磁团聚成为关键。在磁选过程中力求避免且尽量减小磁团聚，是这类磁选设备的主要特点。主要通过适当降低磁场强度，控制矿物的磁团聚过程和其强度，在磁选过程中引入上升水流，联合重力分选过程，使磁性矿物在上升水流中进行重力分选，减少单体脉石和贫连生体在精矿中的夹杂，达到提高精矿品位的目的。

较特殊的磁选设备还有多种选别方式联合式设备，如磁浮联合设备，是将磁场加入浮选设备；浮选与磁选两种方式联合的选别设备；有磁浮选机、磁浮选柱等，用于反浮选过程，借助磁场强化磁性矿物浮选过程，有助于磁性矿物的抑制过程，提高磁性矿物回收率；还有磁选与重选联合的磁螺旋溜槽，将磁场加入螺旋溜槽，强化磁性矿的重选过程。

1.3 磁选柱技术研发历史

磁选柱技术诞生于 20 世纪 90 年代，正是中国改革开放如火如荼的年代，让选矿技术工作者看到了中国在铁精矿平均品位上的落后，选矿科技工作者细致研究了中国磁铁矿精矿品质低于世界平均水平的原因，其中较为主要的因素就是磁选设备的发展滞后。在分析常规磁选设备存在的问题基础上，不断寻求解决方案，同时市场经济的逐渐完善，各大钢铁企业和市场对高品质铁精矿的渴望越来越强烈，也让选矿设备的研发有了非常好的机制保障，在此背景下，磁选柱技术得以迅速发展和推广应用。其发展历史过程如下：

（1）1990 年，原鞍山钢铁学院（辽宁科技大学）选矿教研室开始酝酿研制电磁式磁重选矿机，开发一种既能充分分散磁团聚，又能充分利用磁团聚的电磁式低弱磁场的高效磁重选矿设备，刘秉裕、赵通林、杨蓓德等成立研发组，进行了两年左右的论证和设计工作。

（2）1992 年，世界首台磁选柱在实验室制作完成。直径 30mm 电磁式磁重选矿机在鞍山钢铁学院选矿实验室完成设计与制作，采用机械装置作为磁选柱周期供电机构，使磁选柱励磁线圈在分选空间产生顺序向下的磁场变换，实现对入选物料反复多次磁聚合—分散—磁聚合的作用，达到充分分离出常规磁选设备产品中夹杂的中、贫连生体及单体脉石的效果。实验室试验取得了满意的结果，与磁选管选别技术指标对比，显示该设备具有良好的分选精度和提高磁铁矿精矿品位的分选效果。同年该设备正式命名为“磁选柱”，并申请了国家专利。直径 30mm 磁选柱如图 1-1 所示。

图 1-1 直径 30mm 实验室磁选柱

（3）1993 年，取得中国实用新型专利。磁选柱专利发布后，并没有引起同行及市场的特别关注。这一年，在首台直径 30mm 磁选柱研制基础上，开始进行规格放大研究，研制直径 100mm 磁选柱实验室样机、直径 200mm 磁选柱工业应用样机。直径 100mm 磁选柱实验室样机的实验结果验证了磁选柱分选精度高的效果。图 1-2 所示为实验室保存至今的直径 100mm 磁选柱试验样机。采用 PVC 板制作筒体，直径 200mm 磁选柱样机设计制作完成，开始在辽宁省辽阳市弓长岭区安平乡一家磁铁矿选矿厂进行工业应用试验。该厂原精选铁品位为 62%，试验获得了铁品位高于 65. 5%的磁选柱精矿，指标持续稳定。但设备规格小、处理量低，在该厂投资支持下，开始了直径 450mm 磁选柱的设计制造。图 1-3 所示为直径 200mm 磁选柱工业试验机。

（4）1994 年，磁选柱工业应用获得成功。直径 450mm 磁选柱完成设计制作，在辽阳市安平乡磁铁矿选矿厂开始工业应用，精选该厂磁选工艺最终精矿，取代其最后一段筒式磁选机，在给矿铁品位 60%左右的情况下，获得终精铁品位 65%以上的技术指标，磁选柱溢流作为中矿，浓缩后返回二段磨机。安平乡磁选厂采用磁选柱工艺后，每吨精矿售价提高 60 元左右，扣除投资、水电消耗及品位提高使终精产率略下降等因素，年增经济效益可达 100 余万元（该厂年产铁精矿 2 万吨），证明磁铁矿选厂使用磁选柱精选可有效提高磁铁矿精矿品位，获得巨大的经济效益，第一次工业应用取得成功。同年磁选柱专利荣获“辽宁省专利金奖”。

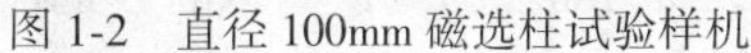
图 1-2 直径 100mm 磁选柱试验样机

图 1-3 直径 200mm 磁选柱工业试验样机

同年，原鞍山钢铁学院实验室，进行了磁选柱工艺处理易选磁铁矿生产超纯铁精矿实验。实验原料为铁品位 66.64%，−0.074mm 含量占 73.8%的某结晶粒度较粗的磁铁矿精矿，实验室小型磁选柱试验表明，采用“细筛—磁选柱工艺”或“细磨—磁选柱”工艺，可以通过单一的低成本磁选工艺生产出 TFe 品位大于 71%，SiO_2含量小于 0.6%的超纯铁精矿，为超纯铁精矿生产提供了一种低成本的新工艺。

磁选柱的实验室试验、工业试验和工业生产运行的结果，都表明磁选柱就可以用来精选低品位精矿及磁选过程中具有一定单体解离度的磁铁矿中矿，从中获得高品位磁铁矿精矿；也可以用以生产高纯磁铁矿精矿和作为磁选过程最后一段使用的高效浓缩设备，并兼有脱泥、脱除细粒脉石的作用。通过对直径 200mm 及直径 400mm 磁选柱的温升试验和工业性试验及生产运转考查，说明磁选柱设备运行稳定可靠，易于操作看管，并且可以根据矿石性质及对精矿质量的要求，通过操作因素的调节（如磁场强度、精矿排放速度、上升水流速度等）来加以控制。

（5）1995 年，进行了难选磁铁矿分选工业试验，试验原料为齐大山焙烧磁选精矿，该矿具有矫顽力大、磁性偏弱的特点。在磁选过程中发现磁团聚现象严重，磁性夹杂和非磁性夹杂现象突出，常规磁选夹带进入的脉石及连生体含量在 12%以上。磁选柱工业试验连续运转平均指标为：给矿品位 62.58%，精矿品位

64.52%，尾矿品位32.35%，回收率96.88%，品位提高1.94个百分点。与此同时进行的旋转磁场磁选机工业试验相比，精矿品位高0.31个百分点，尾矿品位低7.92个百分点，回收率高1.26个百分点。工业试验结果表明采用磁选柱精选焙烧磁选精矿，可以有效提高综精铁品位。同年，首篇磁选柱论文发表，磁选柱得到广泛关注。1995年《金属矿山》杂志第7期发表《磁选柱的研制和应用》一文，首次将磁选柱公开于选矿权威期刊，引起了磁选设备研制技术人员与选矿厂生产技术人员的广泛关注。同年，探讨磁选柱在大型磁铁矿选矿厂的应用，对鞍山式赤铁矿、磁铁矿混合铁矿石的两个大型磁化焙烧选矿厂低品位铁精矿，进行磁选柱精选的实验室及现场半工业试验；对大型天然磁铁矿选矿厂磁选中间产品——细筛给矿进行实验室探索试验，取得较好的效果。同时设计完成直径600mm磁选柱，并进行工业试验。

（6）1996年，磁选柱开始大规模工业应用。推广应用直径600mm工业化磁选柱，首批16台玻璃钢材质外筒磁选柱在弓长岭选矿厂工业应用，弓长岭应用现场图片如图1-4所示。同年进行了自动控制系统研发，并装备在弓长岭选矿厂的16台磁选柱上。工业试验及生产实践表明，细筛—磁选柱—再磨工艺流程与原细筛—再磨工艺流程相比，前者适用于微细结晶粒度磁铁矿石的分选，大大减少了过磨粒子，提高了铁精矿品位，原铁精矿品位由65.40%提高到66.24%，并可稳定减少2台再磨球磨机，节能降耗效果好，获得了较高的经济效益，从此直径600mm磁选柱开始在辽宁周边大中小选矿厂推广应用。

图1-4 弓长岭选矿厂用直径600mm玻璃钢材质磁选柱

（7）1997年，磁选柱逐渐确立在磁铁矿精选作业中的设备优势地位。辽宁、吉林多家选矿厂开始采用直径600mm磁选柱作为精选设备，处理粗精矿或细筛下产物，品位在55%~62%不等，最终铁精矿品位均提高到65%以上，大部分达到66.5%以上。显示出了磁选柱作为精选设备的优势，也表明磁选柱精选工艺可以最终提高普通磁选机精矿品位 2%~7%。入选磁选柱的粗精矿品位越低，提高幅度越大。

（8）1999 年，磁选柱外筒改为不锈钢材质，磁选柱项目被列为“九五国家科技成果重点推广计划指南项目”（编号为 98040306A），直径 600mm 规格的磁选柱得以在全国大面积推广应用。不锈钢材质磁选柱如图 1-5 所示。

图 1-5 直径 600mm 不锈钢材质磁选柱

（9）2000 年，磁选柱工艺逐渐形成，应用范围不断扩大。包头钢铁公司铁矿选矿厂工业试验结果表明，磁选柱可以有效保证包钢选矿厂的铁精矿品位及铁回收率的完成，同时可以使铁精矿中的杂质含量（F、K_2O+Na_2O）大幅度降低，达到考核要求。采用磁选柱为包钢选矿厂创造了一个新的选别工艺流程，能够较好地实现硅、铁分离。磁选柱工艺可以最大限度地利用国家磁铁矿矿产资源。

（10）2001 年，磁选柱用于处理有色金属矿尾矿，回收磁铁矿。桓仁矿业有限公司选矿厂进行工艺改造，采用磁选柱对铜铅矿尾矿中磁铁矿进行回收精选，系统铁精矿品位 65.5%。

2002~2004 年，为“提铁降硅”工程提供技术保障。本钢集团南芬选矿厂、歪头山选矿厂和吉林板石矿业公司选矿厂等先后采用自动控制式磁选柱作为最终精矿提高品位、降低硅含量的精选设备。如本钢集团应用 108 台直径 600mm 自动控制式磁选柱，获得最终精矿铁品位 68.5%，实现了精料入炉的目标。通钢板石矿应用直径 600mm 磁选柱处理细筛筛下产品，磁选柱给矿品位 64%左右，精矿品位可达 67%以上。磁选柱精选工艺与反浮选工艺一起为“提铁降硅”工程奠定了技术基础，为我国单一磁选工艺磁铁矿精矿品位赶超世界水平做出了重大贡献。本钢集团南芬选矿厂磁选柱应用现场一角如图 1-6 所示。

（11）2004 年以后，磁选柱研究与应用逐渐深入。这一年磁选柱第一个专利失效，市场上逐渐出现了多家选矿设备公司生产的磁选柱，辽宁科技大学失去了一家独大的市场格局，磁选柱类设备的研发研究进入火热阶段。多家科研院所工作集中在磁选柱结构改进及优化方面，形成了各种改进型磁选柱，如磁选环柱、中心磁系磁选柱、内部磁系磁选柱、变径磁选柱、螺旋磁系磁选柱、脉冲磁选柱、复合闪烁磁场磁选机、电磁聚机等系列低电磁场磁重选矿机的研发与应用技术成果。

（12）2008 年至今，是磁选柱大型化及磁铁矿选矿厂大规模应用阶段。磁选柱出现多种型号和规格，应用拓展到处理粗粒级、细粒级、钒钛磁铁矿等专用系列；直径从 600mm、800mm、1000mm 逐渐发展到 2000mm 及其以上。磁选柱研究也从结构优化研究，精细化到流场研究、磁场研究、分选机理研究等方面。

图 1-6 本钢集团南芬选矿厂磁选柱应用现场

1.4 常规磁选设备存在的问题

磁选柱技术是在分析和解决常规磁选设备分选精度较低的问题基础上诞生的。在筒式磁选机、磁力脱水槽等常规磁选设备应用过程中，随着我国性质较好的磁铁矿资源逐渐枯竭，入选原矿向“贫细难”资源过渡，加之市场对高品质铁精矿的需求加大，逐渐暴露出传统磁选设备难以适应更高分选精度的要求，为此辽宁科技大学新型磁选设备开发团队深入分析了常规磁选设备存在分选精度不高的原因。

1.4.1 磁团聚的影响

磁铁矿是一种典型的铁氧体，属于亚铁磁性物质，是典型的强磁性矿物。其在外磁场的作用下容易磁化，磁化强度随外部磁场磁感应强度的增大而增加，开始阶段比较缓慢，随后便迅速增加，再往后重新变为缓慢增加，直至达到最大值，即磁饱和点；外部磁场逐渐降低时，其比磁化强度也随之减小，但并不沿着原来的曲线，而是沿着高于原来的曲线下降，当外部磁场下降至零时，比磁化强度并不为零，而是保留一定的量值，这一数值为剩磁。要消除剩磁就必须对磁铁矿施加一个反方向的退磁场，当反方向退磁场达到一定值时，磁铁矿比磁化系数才下降回零点。正是由于剩磁的存在，经磁选之后，磁性颗粒之间就会产生磁团聚现象。

磁铁矿的这种磁性特点对磁选精矿质量的提高有重要影响。磁性颗粒进入磁选机磁场时，会迅速沿磁力线取向形成磁链或磁束，即磁团聚。在形成磁团聚时，不可避免会夹杂一部分弱磁性颗粒和非磁性颗粒。只有从磁团聚中剔除这部分夹杂的弱磁性颗粒和非磁性颗粒，磁选精矿品位才能得到提高。

在磁选机分选区中，磁性颗粒在磁场力的作用下被吸在圆筒的表面上，随圆筒的旋转一起向上运动，在交替极性的磁系作用下，磁性矿粒形成磁链，并且不断进行翻动，翻动过程中，夹杂在磁性矿粒中的一部分脉石颗粒被清除出来，就使磁性产品质量不断提高。

磁选机磁感应强度和梯度的高低决定了在分选时磁团聚内部结合的强弱，从而也决定了外力在分选过程中破坏磁团聚的难易程度；由于剩磁的存在，磁选之后磁性颗粒之间形成的磁团聚仍会存在，但其内部的结合力相对要弱得多。低弱磁场磁选机选别时形成的磁团聚相对容易被破坏，从磁团聚中剔除夹杂的弱磁性颗粒和非磁性颗粒的概率要大得多。

筒式磁选机的水流对磁团聚的分散作用较小，不能有效分离出夹杂的单体脉石和贫连生体。筒式磁选机采用固定的永磁磁系，磁场力较大，且磁场恒定，导致选别过程中，磁性矿粒被磁化后，颗粒间存在较强磁团聚作用。磁团聚分为“磁性夹杂”和“非磁性夹杂”，其使连生体、单体脉石进入磁性产品中，降低了磁选过程选择性。虽然筒式磁选机的固定磁系采用 N-S 磁极交替排列，存在一定的“磁翻滚”作用，但由于磁性产品集中在筒体，表面浓度大，又因为连生体颗粒的比磁化系数比脉石矿物要大得多，故难以使其有效地从磁性产品中分离出去，致使磁性产品质量较低。

筒式磁选机的磁系虽然采用 N-S 磁极交替排列，矿粒在筒式磁选机表面存在“磁翻滚”作用，对破坏磁团聚有一些效果，但是磁翻滚只是在重力和磁力作用下的翻滚，对破坏磁团聚的效果不大。尤其是当吸附在筒体表面的磁铁矿精矿浓度较高时，磁翻滚所起作用更是非常有限。

如尖山铁矿，经过三段磨矿、五段筒式磁选机选别，精矿品位 65%～66%，研究人员对品位 65.7%的精矿进行了磁选管选别分析，结果表明，磁选管选别可以得到产率65%、品位 68.3%的较高质量的铁精矿，磁选管尾矿产率 35%。经高倍电子显微镜鉴定，磁选管尾矿中除少量连生体外，95%是单体石英颗粒。

再如，本钢歪头山选矿厂对其磁铁矿精矿的分析结果表明，该厂通过弱磁选得到的-0.074mm 占 83.4%、全铁品位 67.79%的磁选精矿中，脉石颗粒含量占 6.32%，其中 69.32%是以单体形式存在的，磁铁矿颗粒中有 10.40%的连生体颗粒。再例如，根据鞍钢烧结总厂的统计测定，该厂弱磁选所得-0.074mm 占 85%、全铁品位 64%的磁选精矿中，单体脉石颗粒含量占 5%～8%，磁铁矿含量大于 50%的富连生体和小于 50%的贫连生体占近 20%。

从上述数据可见，连生体和单体脉石进入磁选精矿是限制提高筒式磁选机分选效率和分离精度的根本原因。

磁团聚是磁选过程中普遍存在的现象，磁聚团可增大磁性颗粒视在粒度，改善沉降性能，磁链有助于细磁性颗被回收；但也会导致磁性物料夹杂、裹挟非磁性物料，造成分选效果变差。磁重联合选矿设备有的利用磁团聚提高磁性颗粒回收率；有的破坏磁团聚，减少非磁性矿物夹杂，提高精矿品位。因此为提高我国铁精矿质量，就要克服筒式磁选机的不足，研究新型高效、能够有效破坏磁团聚的磁选设备。只有能够有效剔除磁团聚中夹杂的连生体和单体脉石，才能获得高品位的铁精矿。

为了解决常规磁选设备的磁性和非磁性夹杂，采用经济而有效的选矿手段获得高品位磁铁矿精矿或超纯磁铁矿精矿，一直是选矿工作者努力的方向。为此，选矿技术人员做了大量的工作，如增加筒式磁选机的极数，适当降低精矿端的磁场强度，在精矿端箱体内加冲洗水，研制振动磁选机、脉动磁场及旋转磁场磁选机等。但上述种种办法，提高磁选精矿铁品位的幅度均不高，通常只有 0.5%~1.5%。原因是它们均不能使磁化磁团聚受到较充分的破坏，因而也就不能较彻底消除磁选精矿的磁性夹杂和非磁性夹杂，使磁选精矿仍含有较多的贫连生体和单体脉石。

1.4.2　磁系设计缺陷

常规磁选设备除了产生磁团聚造成非磁性颗粒夹杂严重外，还存在磁性设计上的缺陷。筒式磁选机磁系由磁块和磁轭组成，一般采用锶铁氧体磁块，N-S 极交替排列。这种磁系的特点是在筒体表面附近磁场强度大，而且磁场不均匀，磁场梯度沿半径方向较小，沿筒体切向方向较大。传统磁系的结构示意图如图 1-7 所示，其磁场测量曲线如图 1-8 所示。磁系在圆筒表面附近磁场强度的绝对值变化很大。从图 1-8 可见，沿半径方向的磁场梯度小，沿圆周方向磁场梯度大，而理想的磁系是使切向的磁场梯度尽量小，使磁场分布均匀。正是由于传统磁系在圆筒表面附近磁场强度绝对值变化很大，所以产生不必要的金属流失。

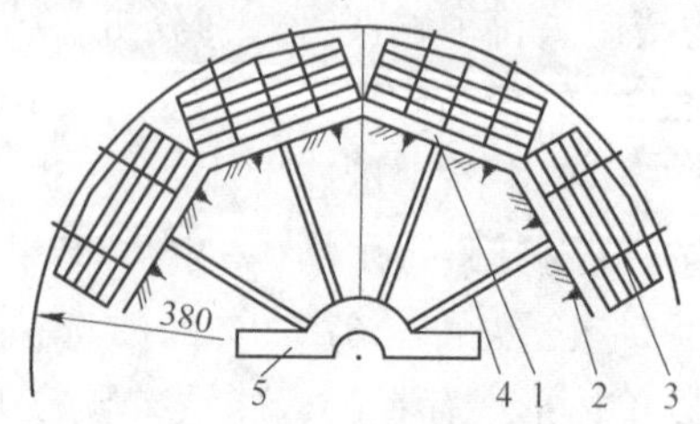

图 1-7　传统磁系结构

1—磁轮；2—螺栓和螺母；3—磁块；4—轴盖；5—不锈钢支板

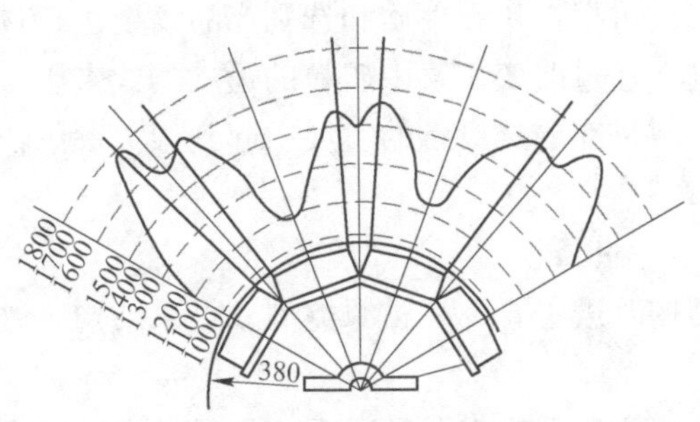

图 1-8　距磁极表面 10mm 磁场测量曲线

因此可以得出下面的结论：筒式磁选机磁感应强度大，磁场恒定，磁团聚现象严重，滚筒表面精矿浓度大，难以有效分离出单体非磁性脉石或贫连生体颗粒；其磁系存在圆筒表面附近磁场强度绝对值变化大，易产生金属流失的不足。为提高筒式磁选机的分选效率和分离精度，需采取有效的方法克服它的这些不足之处，以获得满意的选矿指标。

1.5　磁选设备改进研究方向

随着对高品质精矿的需求不断增加，生产实践中，发现传统筒式磁选机或磁力脱水槽都难以获得更高品位的精矿。大量文献研究发现，这种结果的产生，主要是因为常规磁选设备的磁场力很大，在对磁铁矿的选别过程中存在强大的磁团聚作用，磁聚团使磁选过程选择性降低，产生“磁性夹杂”和“非磁性夹杂”，磁性夹杂使连生体进入磁选精矿，非磁性夹杂使单体脉石进入磁选精矿，虽然筒式磁选机的固定磁系也是 N、S 磁极交替排列，存在“磁翻滚”作用，但是由于吸附在筒皮表面的铁精矿浓度太高，因此，“磁翻滚”也无法将磁聚团中裹挟的连生体和单体脉石有效地剔除，从而导致筒式磁选机难以获得高品位精矿。因而要用磁选方法获得高品位铁精矿，最关键的一点就是要能够做到有效剔除磁聚团中夹杂的连生体和单体脉石，只有这样，才能够获得高品位的铁精矿。

磁选技术目前研究开发的热点是经济合理地提高铁精矿质量。通过采用新材料、新技术，重点集中于新型高效磁选设备的研制和开发及对传统磁选设备改进和完善上。发展特点主要有提高分离精度、增加处理能力、扩展应用领域、降低原材料消耗、节约能源等。

磁选设备改进研究主要围绕磁系结构、磁场特性、设备结构、分选机理、控制优化及新材料的应用几个方面。

磁选设备主要靠磁力作用、水力作用及其他机械力作用分离磁性颗粒与非磁性颗粒，所以，磁选设备的磁系改进是磁选设备研究的一大方向。永磁磁系不用供电，节能环保，便于维护，但磁场强度较大且基本固定不变；电磁磁系方便调节，磁场范围广，强度可根据矿石性质和选别产品需要进行调节。另一个研究方向是设备结构的改进，通过改变矿浆中矿粒的运动方式来影响选别效果，近年来的实践表明，结构的改进在磁选设备的发展中起到很关键的作用。

1.5.1 磁系结构

磁选设备磁系结构改进主要围绕磁源类型、磁系结构、磁极排列方式、磁系包角等。

如磁重选矿机把永磁磁系改成电磁磁系，可以得到比原来磁重选矿机更高的磁场强度和磁场梯度，加强矿物受到的磁场力，配合流速更大的上升水流，可以提高磁重选矿机的分选指标和效率。还有首钢矿业公司在永磁磁聚机及电磁磁聚机的基础上研制的复合闪烁磁场精选机，复合闪烁磁场精选机是针对磁聚机暴露出的缺点研制的，克服了永磁磁聚机入选物料要求粒级窄的缺点，能有效解决永磁磁聚机不能将粗粒连生体和脉石脱除及易“跑黑”等难题，选别指较好，且结构尺寸小、耗水量小，便于安装维护。

针对普通筒式磁选机的缺点，马鞍山矿山研究院研制了 GD 型低场强脉动筒式磁选机。与普通的筒式磁选机不同，这种磁选机设计了更大的磁系包角、更多的磁系级数；采用扫选区到精选区的磁系由高到低的不均匀分布，并配合筒体的旋转形成永磁性的脉动磁场，来松散磁团聚或磁链，分离出夹杂在磁团聚或磁链中的非磁性矿物，相对普通的筒式磁选机精矿品位更高。再如 BKJ 型磁铁矿精选专用筒式磁选机系列，是北京矿冶研究总院研制的在低磁场强度、低磁场梯度、径向分布的弱磁场条件下精选专用筒式磁选机。该设备不仅能适应细粒磁铁矿精选时粒度较细、易磁化结团和容易夹杂脉石矿物的特点，使精矿品位提高，而且还可使磁性产品的回收率很高。筒式设备运转可靠、处理量大、生产成本低，可以满足磁铁矿选厂对精矿品位尽量提高、磁性矿物充分回收、生产的适应性好等各项要求。

磁选柱等柱式磁选设备针对磁系改进有中心磁场磁选柱、螺旋磁场磁选柱、复合磁场磁选柱和脉冲振动磁场磁选柱等，可以更高效率地利用磁能，或更为有效地破坏磁团聚。

柱式磁选设备在永磁磁系研究上也做了较多的探索，取得了一些有价值的成果，如刘兴魁等采用可旋转永磁磁系的方式，发明了一种磁选柱用永磁磁系，该设备通过在筒体内设置周圈环布的永磁体，并将磁极沿径向延伸，达到磁极同层交替排布，邻层交错排列的目的，使转筒与外筒体之间形成磁场螺旋形变换的分选区，通过上升水流与内筒旋转产生的复合剪切作用达到分散磁团聚的效果。东北大学采用永磁旋转磁系研制了永磁立式精选机，通过磁系的旋转为磁性颗粒在分选区内离心运动提供动力，使强磁性矿物、弱磁性矿物与脉石矿物在复合力场作用下改变运动轨迹，产生精矿、中矿和尾矿三种产品。对南芬选矿厂进行的试验结果表明，在给矿 TFe 品位为 62.06%的情况下，三种分选产品的 TFe 品位分别为 66.63%、60.73%和 32.30%。但该机对入选粒度要求严格，尾矿流失和耗水量都偏大。北京矿冶研究总院和首钢集团矿业公司采用立式旋转永磁磁系的方式，研制了磁力旋流分选机，该设备采用锥体结构，通过构造磁极螺旋排布的方式，使磁性颗粒（磁团）在分选区域内受到间歇性磁场和上升水流的协同作用，充分利用离心力、磁力等复合力场的综合作用，实现难选矿物的有效分选。针对某典型难选磁铁矿的工业试验表明，精矿 TFe 品位可达 66.06%，尾矿品位较现场原有精选机降低 12.47 个百分点，选别指标优势明显，为难选磁铁矿的精选开辟了新的研究思路。

1.5.2 磁场特性

除了磁系结构的改进，磁场特性也不断进行优化。磁选柱等柱式磁选设备的磁系大部分都采用电磁场，在充分破坏磁团聚的同时，又能实现高选择性的磁团聚、减少尾矿流失以及避免柱体中心区域的“磁空洞”等，主要包括循环磁场、恒定磁场或补偿磁场的综合应用。

循环磁场是传统磁选柱的研究基础和重要特点，一般由四组、六组或者九组电磁线圈组成，通过调整循环磁场的激磁电流强度和通电周期可以调节最终精矿的品位和回收率。研究表明，降低循环磁场强度能够提高磁铁矿精矿的品位，但易造成微细粒磁铁矿的流失。缩短循环磁场周期能够增加磁团聚松散的次数，提高精矿回收率，但也会造成部分连生体无法有效剔除的问题，影响精矿品位。如陈中航对循环磁场的线圈间距进行了研究，结果表明通过调节线圈间距，可以有效控制磁性矿粒的运动路径，增强水流对磁团聚的剪切作用，从而有效破坏磁团聚。白殿春通过将励磁线圈绕组进行弯折、多层叠放，研制成功了一种磁选柱绕组，建立平面磁场，实现磁控旋流，具有分选时间长、有用矿物回收率高等优点。梁福利采用螺旋磁场的方式成功研制智能脉冲电磁精选机，使磁性颗粒通过磁力拉动螺旋向下，同时通过高速旋转的上升水流将夹杂其中的脉石矿物冲洗干净，针对选别太钢峨口选矿厂筛下产品进行工业试验结果表明精矿铁品位可提高 8.88%，回收率为 92.04%。

通过在磁选柱顶部的励磁线圈中连续通入直流电，使该区域存在一个持续向下的恒定电磁场，能够防止磁铁矿单体及富连生体由于流体曳力过大或其他因素流入溢流槽，降低磁选柱尾矿的品位。

当柱式磁选设备的直径大于 1000mm 时，往往采用循环磁场、恒定磁场及补偿磁场相结合的磁系结构。钱程等采用多种磁场相叠加的磁系，使矿石颗粒以磁链悬浮下行，非磁性颗粒受流体曳力从溢流口排出，应用于通钢桦甸矿业公司作为最终精选设备，精矿品位较筒式磁选机提高 2.05%，并有效保障了精矿的铁回收率，具有操作简单、脱硅效果明显等优点。王青等通过在溢流口槽上设置励磁线圈于中矿排出口的方式研制成功一种新型淘洗磁选机，该设备通过励磁线圈产生磁场，将尾矿中夹杂的磁性矿物继续向下拖曳，强迫其进入中矿回收腔，实现中矿再选，既提高了精矿的回收率，又解决了尾矿需要回收再利用的问题。与传统磁选柱相比解决了尾矿二次利用问题，具有提高矿物回收率、结构简单、使用方便等优点。

1.5.3 设备结构

磁选设备结构改进主要是改变矿物颗粒运动方式。包括给矿方式、产品排出方式、分选空间颗粒的运动方向、矿浆的紊流状态等。

结构的改进对于磁选设备的整个选别过程可以造成很大的影响。从弱磁选精选设备的改进型筒式磁选机，到磁重选矿机，再到磁选柱，人们不断进行设备结构改进研究。对于磁选设备细微的改进有时会收到不错的效果，如筒式磁选机的顺流式、逆流、半逆流式就是改变设备的结构，对于磁性颗粒的回收率和品位影响有所不同。又如，新型超声波复合力场磁选机，将超声波引入磁选机中，利用超声波分散力与重力、水流冲击力等作用力联合破坏磁团聚，提高精矿品位。这些设备结构都较简单，选矿效率和精度也相对较高，对入选物料也有较大的适应性。如磁重选矿机改型为变径磁团聚重力选矿机，在原磁团聚重力选矿机的基础上，进行工作参数优化，新设备工作效果更好，并在部分选厂得到了应用。

强磁机经典的结构改进例子为平环强磁选机变为立环强磁选机，给料方向与产品排出方向的改变较好地解决了介质堵塞问题，使分选精度与效率得以较大程度提高。江西赣州有色冶金研究所研制的 SLon 型脉动高梯度立环磁选机，在我国已获得广泛的应用。其利用磁力、脉动流体力和重力的综合力场进行分选。该设备转环为立式旋转，与平环相比较，精矿冲洗卸矿方式改变了 180°，形成与给矿方向相反的反冲洗形式，底箱配有脉动机构，使分选区内矿粒受脉动水流作用，减轻了脉石的夹杂。具有回收率高、不易堵塞、分选粒级宽等优点。

柱式磁选设备结构也在不断改进，如陈广振等在磁选柱内筒分别设置 4 组带环轭电磁铁组成粗选区磁系和精选区磁系，研制了磁选环柱，能够增大磁选柱的给矿粒度和应用范围。试验表明，磁选环柱与磁选柱相比，给矿粒度范围可放粗至 0.7mm，耗水量降低 40%左右，单位面积处理能力提高近 1 倍，处理吉林板石选矿厂一次分级溢流产品和细筛筛下产品的选别指标表明，磁选环柱用于粗选作业和精选作业均有较好的分选效果。赵通林等通过改变磁选柱筒径研制了变径磁选柱，利用粗选区筒径大于精选区筒径的方式，改变粗选区与精选区的上升水流速度，有效控制了细粒级流失。针对鞍千选矿厂和大孤山选矿厂的磁铁矿精选试验表明，变径磁选柱解决了细粒级矿物难回收问题，保证了磁选柱在提高铁精矿品位的同时具有较高的回收率。

刘秉裕等对磁选柱排矿管径和环形分水盘等进行改造，使磁选柱的处理能力提高，生产指标及生产适应性更好。孙兴华等在磁选柱上安装了一个倒锥形分水盘，将排水孔均匀分布在筒体内部，水由内而外切向给入，与传统磁选柱相比具有给水稳定、不易堵塞、耐磨、可浓缩尾矿及减少耗水量等优点。

1.5.4 分选机理

永磁筒式磁选机是国内广泛采用的弱磁场磁选设备，大多数磁铁矿选厂，为提高铁精矿品位，均从增加磁选段数入手，采用三四段甚至五段连续磁选作业，但仍然存在磁选精矿品位不高，有明显的磁性夹杂和非磁性夹杂的问题。要想彻底克服筒式磁选机的不足，就必须从根本上改变其选别原理，采用全新的方法来破坏磁团聚，才能得到满意的指标。

导致磁选设备分选精度低的原因有两个：一是磁系较大的恒定磁场，二是介质较弱的剪切分散作用。因此，研制新型低弱磁场磁选机是提高磁选精矿品位的一个发展方向。磁选柱及脉冲振动磁场磁选机等都是突破了磁铁矿选矿的传统选别原理，在磁选设备的开发上，做了有意义的探索，取得了明显的效果。

1.5.5 控制系统

控制系统是决定电磁磁选柱精选效果的中枢。针对磁铁矿柱式精选设备自控系统不稳定的问题，选矿工作者对磁铁矿柱式精选设备的控制系统进行了优化改进。磁选柱自动控制系统经历了机械式控制到单片机芯片控制的发展历程，控制技术逐渐成熟，可实现自动跟踪设定的选别指标要求。目前生产磁选柱的厂家较多，各家自控系统的控制精度和灵敏度也有较大差异，随着不断地积累经验，自控系统软件算法和硬件控制器的不断改进，对充分发挥磁选柱设备的作用会起到较大的推动作用。

如歪头山铁矿程永维改进的自动控制电磁精选机，与传统磁选柱相比具有以下特点：采用德国西门子自控系统，可以实现远程网络控制和现场集中控制，电磁精选机具有底锥控制器。在对本钢歪头山铁矿选厂进行工业试验时，较传统磁选柱精矿品位提高 2.14%，具有智能、高效、便于维护等优点。

近年来，对矿石品位、粒度和浓度等进行在线监测和传感器的技术逐渐成熟，随着 5G 及物联网技术在选矿领域的应用，作为控制磁铁矿品质关键设备的磁选柱等设备，研究其控制系统的深度优化及联网运行将成为新的方向。

2 改进型磁选设备简介

本章主要介绍近年来改造及新研制的代表性磁选设备，这些设备在结构或分选原理上都有较大的改进。

2.1 改进型筒式磁选机

为了提高筒式磁选机的效能，所做的改进主要有以下几方面：

(1) 磁系中使用性能较高的永磁磁系；

(2) 增加磁系中磁铁的高度；

(3) 在主磁极对面安装其对极；

(4) 将常规形状磁铁用梯形形状磁铁代替；

(5) 在相邻主磁极之间安装其反斥磁极；

(6) 多磁极，大包角；

(7) 底箱加入破坏磁团聚装置；

(8) 采用旋转磁系等。

BX 型磁选机是包头新材料应用设计研究所于 20 世纪 80 年代初研制的一种新型筒式磁选机，经过一段时间的技术积累、改进和完善，现在已发展成业界应用广泛、通用性很高的一种新型高效磁选设备。已在鞍钢、本钢、酒钢、首钢等国内大型铁矿选矿厂得到了推广应用，结构示意如图 2-1 所示。

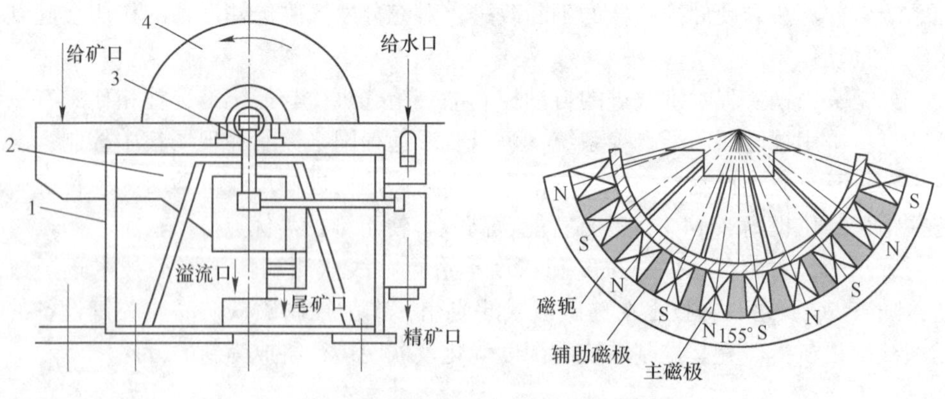

图 2-1 BX 型磁选机及磁系示意图

1—机架；2—底箱；3—磁偏角调整手柄；4—永磁滚筒

磁选机由机架、永磁筒体、磁系及磁偏角调整装置、底箱、传动装置等主要构件组成。筒体由不锈钢板焊接而成，其表面胶结着一层耐磨层，在工作过程中围绕着主轴旋转；磁系相对筒体保持不动，在实际生产中，可以根据生产的需要通过调节固定于主轴端头的手柄调整筒体磁系偏角；设备底箱由不锈钢板焊接而成，属于半逆流型；设备精选区域和给矿腔内部均设有底部水管，其作用分别是：精矿区域中采用 0.15MPa 以上高压水，用以辅助提高精矿品位；给矿腔中的水管主要起冲散作用，将矿浆冲成分散悬浮状态。传动装置根据现场实际情况有两种方案可供选择，分别为直联传动和三角带连接传动。

BX 磁选机是在吸收原磁选机精华的基础上研制的，因此与原磁选机相比相同点是底箱结构基本相同，都属于半逆流型；独特的特点为磁场梯度大，磁极极数多（8~10 级），磁系包角大（可达 140°），尾矿溢流口比较高，磁场强度高且磁翻转次数多。

2.2 磁团聚重力选矿机

1978 年由“磁载法”分选工艺发展起来磁团聚重选法。“磁载法”分选可提高精矿质量，但其弱点是需要有剩磁强的粗粒磁铁矿颗粒作载体，因此，它只能应用于个别特殊矿石，不具备普遍推广价值。1983 年原地质矿产部峨眉矿产综合利用研究所和郑州矿产综合利用研究所合作，对“磁载法”经过试验和改进，开发研究磁团聚重力选矿机（简称磁团聚重选机、磁聚机），利用矿浆中存在一部分已经单体解离的粗颗粒铁矿物颗粒作为磁载体。磁团聚重选机设备结构如图 2-2 所示。

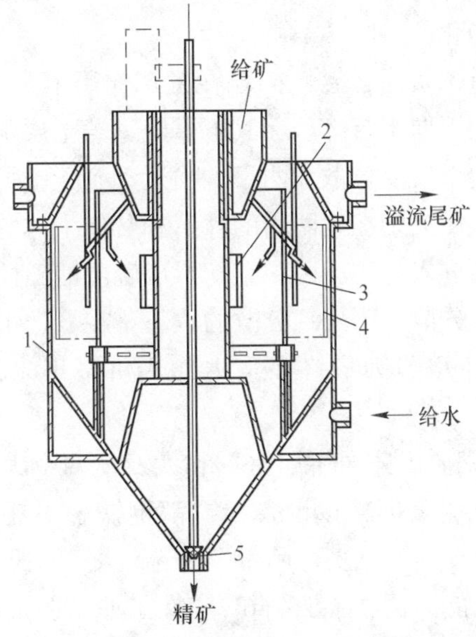

图 2-2　磁团聚重选机的结构

1—带底锥的圆筒；2~4—磁系；5—排矿口

地质矿产部综合利用研究所与首钢矿山公司1984年合作研制了工业用磁团聚重选机，1985年在水厂选矿厂进行了直径1500mm工业样机试验，9个系列的单机试验取得了很好的分选效果，随后设计生产直径1800mm和直径2500mm磁团聚重选机，工业试验表明分选效果良好。

磁团聚重选机利用不同矿物颗粒磁性和密度等差异，综合磁团聚力、剪切力和重力等多种力进行分选。以矿浆中存在的一部分已经单体解离的粗颗粒铁矿物颗粒作为磁载体，磁选精矿中单体磁铁矿粒度范围很大，硅铁连生体主要为粗粒级，二者虽然在磁性上相近，但在质量上有差别，磁团聚重选就是充分利用磁团聚作用，把颗粒的磁性差异转化为重力或离心沉降速度差异进行分选。其特点是外加低磁场使铁磁性物料发生轻度团聚，团聚后形成较大聚团，聚团同时又能为上升水流所破坏，且能够再团聚，这样充分利用团聚粒度大、沉降性好的特点达到与单体解离脉石及贫连生体分离的目的。

该机磁系采用圆筒状永磁磁系，分为内磁系、中磁系、外磁系，每层磁块间断配置，在内磁系与中磁系、中磁系与外磁系之间的两个分选区内形成2~15mT的低弱不均匀不连续的恒定磁场，分选水流以一定的压力由下部给水环进入分选区。

磁团聚重选机分选时采用高浓度分选制度，一方面可增加磁团聚的磁性诱导作用，降低必需的磁化强度，提高磁团聚的稳定性与均匀性；另一方面使分选矿浆处于重介质的分选作用下，同时不断地对矿浆施加剪切作用力，以打破磁团聚，使磁团不断得以净化。

矿浆给入磁团聚重选机后，磁性矿粒在磁场作用下迅速形成磁絮团或磁链，在磁场力和重力的作用下向下沉降。在其下降经过若干层不同磁场区域时，受到间歇、脉动的磁化作用，反复分散和团聚，当运动到无磁场区，在上升水流动力作用下磁团聚被分散，使夹杂在絮团内的脉石和贫连生体分离出来，并随上升水流从溢流口排出，再次进入有磁场区，重新形成轻度的磁团聚，如此，磁性颗粒在沉降过程中处于反复分散—团聚—分散的状态，在分选水流的冲刷淘洗作用下不断得到净化，而磁性絮团则最终在重力作用沉降下来，获得较高质量的铁精矿。

1985年3~9月首钢矿山公司所属水厂和大石河两个大型选矿厂进行了磁团聚重选机工业试验。试验表明，该设备在首都钢铁公司迁安铁矿实现了粗磨精选、中矿再磨新工艺，提高了铁精矿品位及分选粒度。在保证精矿质量和回收率的情况下，选厂的生产能力提高了20.66%。在工业试验成功的基础上，1985年底对首钢水厂和大石河两个选矿厂的22个系列进行了技术改造，推广应用了磁团聚重选工艺。1986年的生产实践表明，两选厂全年生产能力平均提高16.63%，增产铁精矿 76 万吨。与原采用细磨细筛工艺相比，在不增加磨机容量、保证相同的精矿品位和回收率的前提下提高了生产能力。

磁团聚重选机在全国许多磁选厂获得工业应用，该机目前主要用于处理磁铁矿石，从磁选—细筛工艺流程的筛下产品中除去细粒贫连生体，以提高精矿品位。使用磁团聚重选机，可使精矿品位提高 0.5%~2%。

目前，小型试验、半工业及工业型的磁团聚重选机有直径 300mm、直径 600mm、直径 1500mm、直径 1800mm、直径 2500mm 等几种规格。最大规格处理能力 50~60t/h。

近年来有人用电磁磁系代替磁团聚重选机的永磁磁系，研制了电磁团聚机。该机给矿点上部选别区的磁场强度高，下部磁场强度低。电磁磁系采用间断直流供电方式，使线圈选别区磁场时有时无，提高了矿浆多次分散和团聚作用。

2.3 磁重选矿机

与磁聚机研发同期，鞍钢矿山公司研究所研制过类似磁团聚过程与重力分选过程相结合的磁重选矿机。

磁重选矿机磁系由 4 层平行磁系组成，每个磁系在径向上又分 3 组，给矿位置位于三、四层磁系之间，其结构如图 2-3 所示。整个分选机内由上而下形成扫选、粗选和精选三次选别过程。磁性颗粒在磁场作用下形成磁团聚向下运动，非磁性颗粒在上升水流的作用下向上运动。分选机内矿物的品位自上而下逐步提高，矿浆浓度逐渐增大，从而在分选机底部形成重介质层，这样连生体颗粒和大颗粒脉石可以在较强的上升水流及下部重介质层的浮力作用下脱离磁团聚分离出来。鞍钢选矿试验厂对该设备进行了工业选别试验，试验结果表明其分选效果优于筒式磁选机和脱水槽。到目前为止，未见该设备获得工业应用的报道。

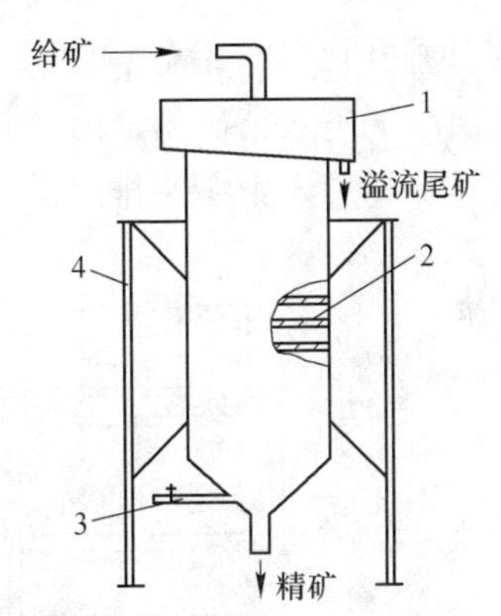

图 2-3 磁重选矿机结构
1—溢流槽；2—磁系；3—给水管；4—支架

1990 年，俄罗斯也开展了磁重选矿机的研制，类似我国的磁重选矿机。其研究开发的磁重选矿机能选择性分选出粗粒硅铁连生体。该设备的分选原理是将磁场为 50~200mT 的电磁场加在处于一定的流体力学状态中的悬浮体下部，并形成明显的富集移动层，在铁磁颗粒层中形成的磁铁颗粒集合体很容易被水流的流体动力破坏，这时非磁性颗粒及其连生体被上升水流搬运至悬浮体上部，并以溢流形式排出。该方法的特点是，如果悬浮体内铁磁性颗粒构成的团聚能不断被打散，选矿作业就可在整体悬浮体内进行。由于磁性颗粒被外部电磁场“加重”，上升水流速度可以迅速提高，这就可保证粗粒级非磁性颗粒及其连生体排入溢流。该磁重选矿机内部既可带叶轮，也可不带叶轮，并安装有保证铁磁颗粒层的规定水平和密度的自动调节系统，以此调节从选矿机中排出精矿的数量。在俄罗斯列别金、科斯托穆克沙、奥列涅戈尔及其他采选公司生产应用的其工业试验结果表明，该机能把大部分粗粒级（含磁铁矿 40%～60%的硅铁连生体）排入溢流。同类设备还有 MrC-1.5 型磁重选矿机，于 1993 年由挪威的休德瓦其格尔公司生产。

2.4 磁场筛选机

磁场筛选机（简称电磁筛）也是利用磁团聚的设备，由中国地质科学院郑州矿产综合利用研究所 2002 年研制，采用比弱磁选机磁场低数十倍的均匀磁场，利用单体铁矿物与连生体矿物的磁性差异，使磁铁矿单体实现有效团聚而形成磁链，增大磁铁矿与连生体颗粒的沉降速度差和尺寸差，利用安装在磁场中的专用筛（其筛孔比最大给矿颗粒尺寸大数倍）有效地将两者进行分离，磁链及磁团沿筛面滚下进入精矿箱，由于脉石和连生体矿粒的磁性弱，以分散状态存在，极易透过筛孔进入中矿箱排出。外形如图 2-4 所示，分选原理如图 2-5 所示。

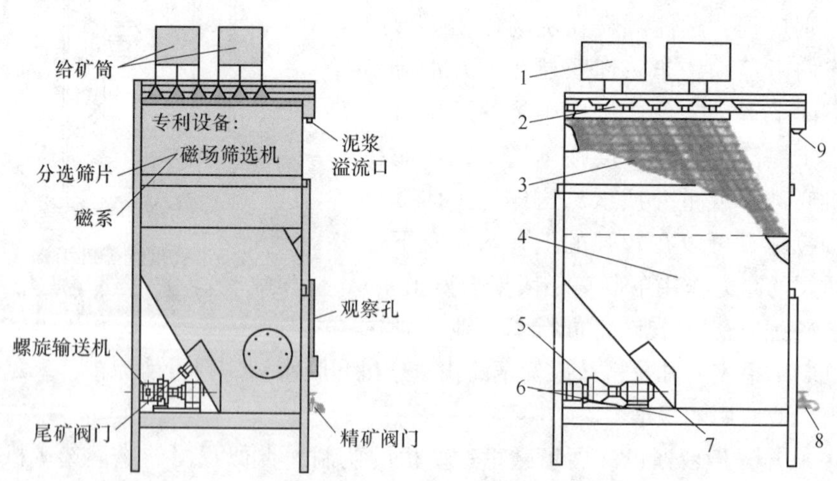

图 2-4 电磁筛外形与结构

1—给矿筒；2—给矿头及连接横梁；3—专用筛片；4—槽体；5—溢流槽；6—螺旋排料机；7—支撑架；8—中矿阀门；9—精矿阀门

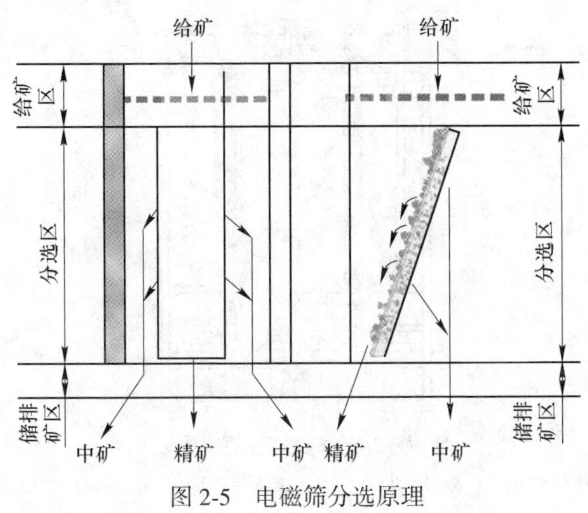

图 2-5　电磁筛分选原理

磁场筛选机利用特设的低弱磁场将矿浆内的磁性矿物颗粒磁化成链状体，增大了磁铁矿与脉石连生体沉降速度差、尺寸差，同时利用安装在磁场中的“专用筛”有效地将脉石及连生体分离，因此磁场筛选机比磁选机更能有效地分离开脉石和连生体，使精矿品位进一步提高；同时它对给矿粒度适应范围宽，只要是已经解离的磁铁矿单体，就能较为有效地回收，只需对影响精矿品质的连生体再磨再选，而不像传统细筛工艺只有过筛才能成为精矿，因此磁场筛选机具有提高精矿品质的同时，减少过磨、放粗磨矿细度、提高生产能力的双重功效。

磁场筛选机使解离的磁铁矿尽早进入精矿，因此解决了传统弱磁选机易夹杂脉石，更难分离开连生体的缺陷，从而实现磁铁矿的高效分选。

因此，从严格意义上讲，磁场筛选机不是单纯的磁选技术设备，而是借助磁场媒介特性进行磁力重力联合分选的技术设备。它的工作主要包括给矿、分选、分离、排矿四个过程。

CSX 磁场筛选机能够广泛适用于不同类型、不同粒度的磁铁矿、钒钛磁铁矿、焙烧磁铁矿的精选，使铁精矿的品位普遍提高 2%~5%。采用该设备可以放粗磨矿细度，提高磨机处理量；可以代替采用磁选机时的二、三段精选作业及磁力脱水槽作业，起到提质降耗、简化流程的多重作用。

2.5　螺旋磁场磁选机

螺旋磁场磁选机（简称螺磁机）由昆明理工大学国土资源学院研制，分选腔为直立的环形腔，采用永磁磁系。主要由旋转螺旋磁系、柱形分选环、给矿匀分器、精矿槽、尾矿槽、机架和传动系统等组成。如图 2-6 所示。

螺磁机的磁系采用螺旋形设计。磁系材料为钕-铁-硼（NdFeB）稀土永磁材

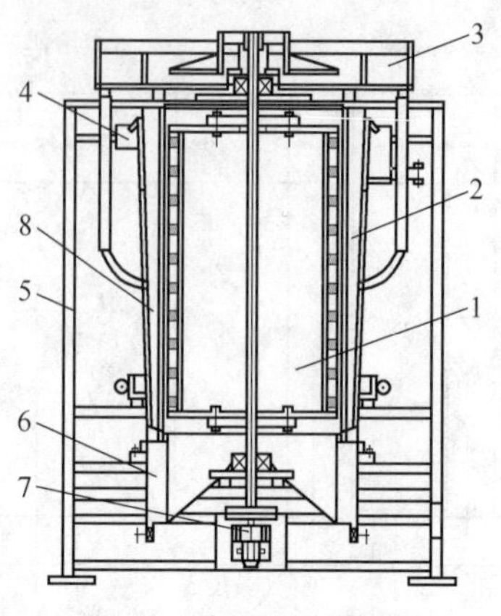

图 2-6　螺磁机结构图

1—筒体；2—螺旋磁系；3—传动部分；4—溢流槽；5—支架；6—精矿槽；7—下轴承

料，螺旋形镶嵌在不导磁的圆柱体上，磁场强度可达到 380~420mT。在传动系统的驱动下，圆柱体带动螺旋磁系绕轴旋转，形成自上而下渐次移动的螺旋旋转磁场。

柱形分选环由不导磁的材料构成，不锈钢、聚氨酯、玻璃钢管等材料制作。分选环由给矿管、环行水包、给水管、隔板、分选单元格等组成。每个分选单元格相当于 1 个可连续作业的磁选管，具有相同断面形状和空间尺寸，各对应 1 个给矿管、给水口和排矿管。可以保证相同的给矿量下产生不同的分选条件。该设备的主要特点：螺旋旋转磁系，形成向下渐次移动的螺旋旋转磁场；实现了用中等场强分选强磁性矿物的可能；单元格分选，保证较高的分选精度和分选效果；磁翻滚次数多，有利于获得高的精矿品位和回收率；可根据需要调整上升水量，获得不同产品等级。直径 600mm 工业试验机处理云南某铁矿石铁品位 64.57%的粗精矿，提高精矿品位 1.49%。

2.6　超导磁选机

超导技术是一门重要新技术，近年来已被引入到选矿工业中，并研制出超导磁选机。超导磁选原理和常规磁选原理一样，建立在磁选的三个基本条件基础上。即：

（1）矿粒之间必有一定的磁性差别；

（2）要有一个磁场强度和磁场梯度足够大的不均匀磁场；

（3）作用在矿粒上的磁力与所有机械力的合力的比值，对于磁性矿粒应大于 1，对于非磁性矿粒应小于 1。

超导磁选与常规磁选既有共同点，也有不同点。它是以超导磁体代替普通电磁铁或螺线管，因此，利用超导体制成的磁选机有自己独有的特点，第一磁场强度高，是其主要特点，采用超导电材料做线圈，在极低温度下工作容易产生大于2T的强磁场；第二能量消耗低，超导磁体只需很小的功率就可以获得，维持强磁场唯一的能耗是系统中保持超导温度所需的能量；第三超导磁选机具有体积小、重量轻、处理量大等特点。基于上述优点，超导磁选机适用于细粒弱磁性矿物的选别，如赤铁矿、褐铁矿等，从而可解决选别空间与磁场强度之间的矛盾。超导材料昂贵，还需附属设备和绝热设备，因而设备费用昂贵。图2-7所示为一种超导磁选机结构示意图。

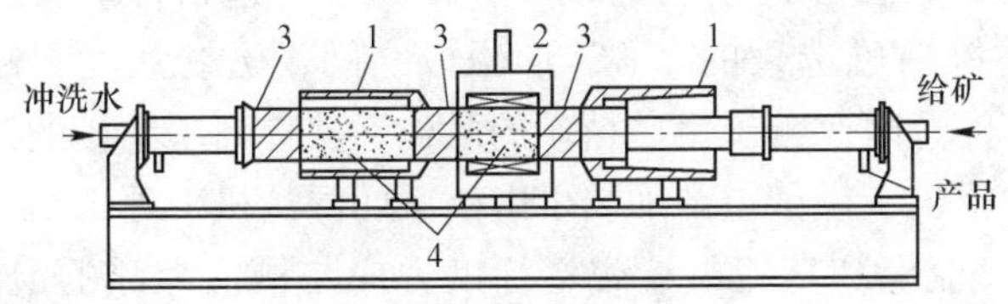

图2-7　超导磁选机结构

1—铁磁屏及冲洗室；2—低温恒温器和超导磁体；3—磁力平衡罐；4—分选罐

2.7 磁浮联合选别设备

磁浮选是最近发展起来的一种选矿方法，目的是在分选过程中同时利用矿物的磁性和可浮性，用附加磁系来处理含强磁性矿物的铁矿石，提高强磁性矿物的回收率；或采用磁浮选设备取代对泡沫产品的多次精选，从而简化选别流程。磁浮联合选矿设备的研究国内外开展的工作不多，大多停留在工业试验阶段。历史过程不清晰。

磁系有永磁系和电磁系；永磁磁系采用铁氧体，磁系结构有条形磁系和挤压型磁系两种；设备结构有槽体、柱体和锥体等。

较早的报道有，为有效回收-25μm粒级中铁矿物，在容积为1.42m^3维姆科浮选机的泡沫堰下方安装磁格栅，获得了较好的效果。

20世纪80年代加拿大的雅尔辛（Yalcin）在第18届国际选矿会议上介绍了一种集浮选和磁选于一体的磁浮联合选矿装置（实验室型），在浮选槽内部安装上一个旋转的磁系，使矿物在磁场条件下进行浮选，浮起非磁性矿物而使磁选矿物被迫留在浮选槽中。主体结构为一浮选槽体、叶轮和充气器，与常规浮选机的不同之处是它以一个圆筒磁选机来分隔浮选槽体与泡沫产品室，泡沫溢流流经圆筒磁选机后进入泡沫产品室，磁极组逆流转动阻止铁磁性物料进入泡沫产品室。对磁铁矿、石英混合矿的矿样以及一种典型的磁铁矿石进行了常规浮选、常规磁选和磁浮选的对比试验（反浮选的过程），结果表明，铁品位32.89%的铁矿原矿经一次选别后，精矿品位达到69.10%，回收率为84.84%，磁浮选工艺优于常规的磁选和浮选工艺。他还提出对某些矿石磁浮选工艺见效的主要条件取决于欲分离的矿石中的矿物的磁性和可浮性，并且磁性矿物最好采用较低的浮选速度，但未见工业应用报道。2002 年，北京矿冶研究总院也试制了这种磁浮选机，进行反浮选处理磁精矿铁品位 65.43%的粗精矿试验，获得铁品位 69.00%以上的终精。

我国曾报道槽式磁浮选机的试验。这种磁浮装置是在浮选机槽体底部加入平移磁场，磁场运动方向从给矿端到排矿端，梯度呈中间弱、沿槽侧壁强的特征，从而避免铁磁性物料在浮选槽内的循环，提高了浮选指标。实验装置为 500mL 浮选槽，设于戴维斯磁选管的“C”形磁极之间，磁场强度不超过 100mT。据称，用于铬铁矿浮选时改善了铬铁精矿的品位，并提高了精矿的铬铁比。

苏联专利曾提出了一种上部加装了电磁系的浮选机。浮选机工作时，电磁系同时通入 50Hz 交流电和直流电，磁场梯度方向与槽内上浮的泡沫层方向正交，以达到改善磁铁精矿浮选指标的目的。主要部件有槽体、叶轮及电磁系，磁系安装在槽体壁上，产生的磁场为水平方向（即与槽内泡沫层平行），在槽内沿磁场方向设置了感应格栅，感应格栅由横向相互交叉贯穿的元件构成，其中垂直于磁力线方向采用铁磁性材料，而平行磁力线方向采用非磁性材料，从而产生一个在水平方向平面聚焦磁场，可使磁团聚体水平取向，增加与上升气泡的接触机会，提高浮选效率。

中国的王灿煌在磁力脱水槽的基础上稍加改造研制出磁脱充气浮选槽。该设备是将磁力脱水槽的倒锥体上端加高 300mm 圆柱，并在锥体内部沿高度方向依次放置 3 个充气圈，进气端接气泵，给矿方式及选别方法均同磁力脱水槽，不同之处在于同时增加浮选过程，用以浮除铁精矿中的硫，试验表明技术上是可行的。

带磁系磁浮选柱是近年来一个值得注意的发展方向，浮选柱本身具有设备结构简单、运动部件少、分选精度高的特点，在其外部或内部增设附加磁系（低磁场强度），即形成磁、重、浮三种方式兼备综合力场分选设备。

印度 Napur 缪诺尔技术研究所提出了一种磁浮选柱，其主要结构为一普通浮选柱，在柱体下部加设线圈，在柱体轴向产生纵向磁场，有利于提高分选效果。

苏联也提出过一种磁浮选柱专利。该浮选柱的最大特点是在柱两侧安装上下可移动的电磁系，由一套自动控制的执行机构来调节磁系上下移动，从而达到抑制铁磁性物料进入泡沫产品、提高精矿质量的目的。

我国也有研究机构开展了浮选柱加入磁场的磁浮联合设备研究，也有磁选柱加药剂进行浮选的试验研究，如包钢选矿厂的付宝海曾对此进行了试验研究，但没有工业应用。

由上述资料看出，磁浮联合作用对磁性矿选别具有较好的效果，磁浮联合作用力场分选日益引起人们的重视，已开始研究工作并取得了一定的成果，但多限于实验室研究，极少见到关于工业应用的报道。

2.7.1 槽式磁浮选机

槽式磁浮选机是在槽式浮选机上附加磁系或磁选装置，形式有多种，如在叶轮处加旋转磁系，或在分选槽体与泡沫槽间加类似筒式磁选机装置，也有在箱体侧面布置磁系的，或底部铺设磁系的。

叶轮加旋转磁系的磁浮选机主要由浮选槽、主磁铁、副磁铁、泡沫刮板和返回管组成，如图 2-8 所示。

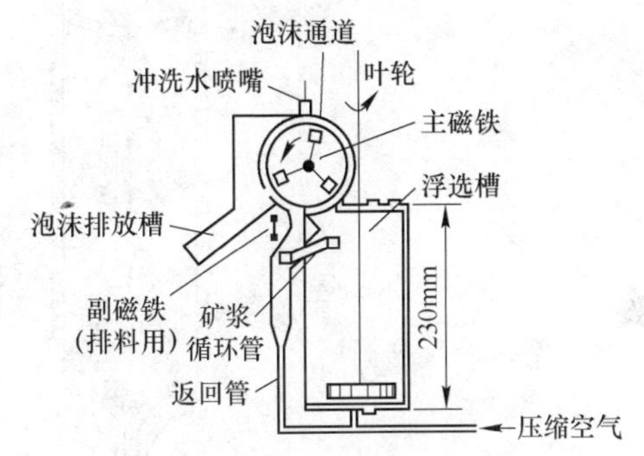

图 2-8 叶轮装磁系的槽式浮选机

在浮选槽中进行常规浮选，通过机械搅拌和槽底供给压缩空气产生气泡。与常规浮选槽不同的是，浮选槽顶部密封起来，泡沫被迫通过窄的回流通道（8mm 宽）。旋转的主磁铁捕获泡沫中的磁性颗粒，将它们吸到返回管，最终返回到浮选槽里。其目的是使可能夹带到磁产品中的镍黄铁矿能再次回收，借助副磁铁使磁性产品脱离主磁铁。主磁铁装在由非铁磁性材料制成的空圆筒中，借助可变速电动机，主磁铁可转动。在主磁铁的影响下，副磁铁转动，所以副磁铁不需要电动机。

主磁系由 3 排、每排 4 个磁铁，共 12 个永磁铁组成。主磁铁是由钕铁硼制成的圆柱形稀土磁铁。每个磁铁的直径为 22mm，高为 10mm。表面磁感应强度为 380mT。副磁铁有 2 排，每排 2 个，共 4 个陶瓷永磁铁，磁铁截面为长方柱形，其尺寸为 10mm×22mm×47mm。表面磁感应强度为 120mT。返回管安装在浮选槽的底部，与浮选空气给入管相切。落入返回管的磁性物料需要流体介质，因此，需要有少量的矿浆通过顶部连接管返回。在除去磁性物料后，剩余的非磁性泡沫产品通过缝隙从浮选槽排到与适当容器相连的泡沫槽中；还可以通过在泡沫槽顶部中心安装冲洗水喷嘴来实现泡沫冲洗。磁浮选装置操作需要一些相应的辅助装置，如矿浆液面水平电控制装置、冲洗水槽、补加水槽、螺旋阀门和空气流量计等。

2.7.2 磁浮选柱

将磁系安装在浮选柱的中上部形成分选区的磁浮力场，磁力场可有效抑制磁性矿物（尤其是-25mm 细粒级磁性矿物）进入尾矿，从而提高铁精矿回收率；

同时脉冲磁场及底部脱磁装置可减少磁团聚引起的非磁性夹杂，提高铁精矿的质量，如脉冲磁场旋流静态微泡浮选柱，结构如图 2-9 所示。

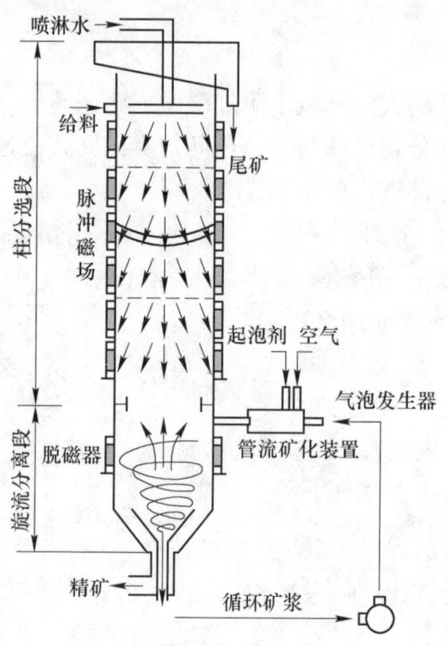

图 2-9　磁浮选柱结构示意图

在旋流静态微泡浮选柱的浮选段增加脉冲磁场结构，柱体底部安装脱磁装置，包括柱分选段（柱分离装置）、旋流分离段（旋流分离装置）、管流矿化装置、脉冲磁场、脱磁器五部分。

当磁性颗粒发生团聚作用时，在重力作用下向下运动，直到被排进精矿区；当磁性颗粒被分散时，脉石矿物脱离磁团（磁链），在药剂的作用下被气泡捕获后上升到溢流槽，作为尾矿排出。生产试验证明，磁浮选装置与浮选机相比，精矿品位更高，矿物回收率也较高。磁浮选装置与磁选机相比较，在生产中可提高精矿品位和回收率，综合分选指标明显高于磁选机的分选指标。

北京矿冶研究总院开发的 CF 型磁浮选柱与上述磁浮选柱略有区别，其电磁线圈磁系位于泡沫槽与给料口之间，在同一柱体内实现磁选和浮选两个过程，用于铁精矿反浮选，试验获得了优异的技术指标。该设备采用自动化液位控制系统，数字控制脉冲磁场电源技术，通过泡沫带走脉石矿物，较磁选柱上升水流带走脉石矿物方式节水效果显著。

2.8　立环强磁选机

立环磁选机以赣州金环磁选设备有限公司熊大和研制的 SLon 立环脉动高梯

度磁选机为代表，结构如图 2-10 所示，主要由脉动机构、激磁线圈、铁轭、转环和各种矿斗、水斗组成。用导磁不锈钢制成的钢板网或圆棒作磁介质。

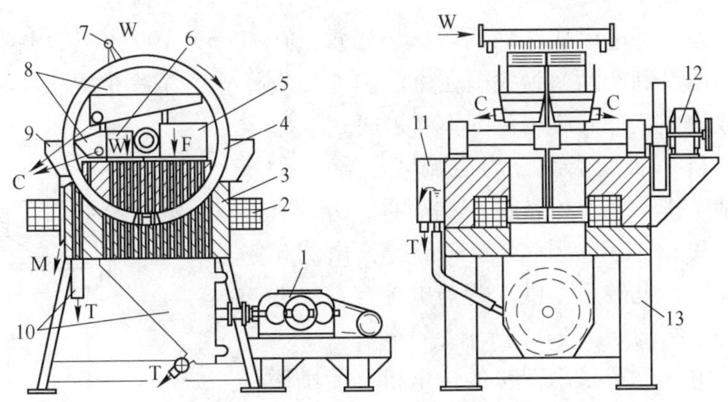

图 2-10 SLon 立环脉动高梯度磁选机结构

1—脉动机构；2—激磁线圈；3—铁轭；4—转环；5—给矿斗；6—漂洗水斗；7—磁性矿冲洗装置；8—磁性矿斗；9—中矿斗；10—非磁性矿斗；11—液位斗；12—转环驱动机构；13—机架；F—给矿；W—清水；C—磁性产品；M—中矿；T—非磁性产品

SLon 立环脉动高梯度磁选机是一种利用磁力、脉动流体力和重力的综合力场选矿的新型工业设备，具有显著提高磁性精矿的品位，并保持对细粒磁性矿物回收率高的优点。其特点是分选环立式旋转、精矿反冲、配有矿浆脉动机构，试验和工业应用表明其选矿性能达到了国际领先水平。

激磁线圈通过直流电在分选区产生感应磁场，位于分选区的磁介质表面产生非均匀的高梯度磁场，转环作顺时针旋转，将磁介质不断送入和运出分选区；矿浆从给矿斗给入，沿上铁轭缝隙流经转环，矿浆中的磁性颗粒吸附在磁介质棒表面上，被转环带至顶部无磁场区，由冲洗水冲入精矿斗，非磁性颗粒在重力、脉动流体力的作用下穿过磁介质堆，与磁性颗粒分离，然后沿下铁轭缝隙流入尾矿斗排走。

该机的转环采用立式旋转方式，对于每一组磁介质而言，冲洗磁性精矿的方向与给矿方向相反，粗颗粒不必穿过磁介质堆便可冲洗出来。脉动机构驱动矿浆产生脉动，使位于分选区磁介质堆中的矿粒群保持松散状态，磁性矿粒更容易被捕获，非磁性矿粒可尽快穿过磁介质堆进入尾矿中。反冲精矿和矿浆脉动可防止磁介质堵塞，脉动分选可提高磁性精矿的质量。

适用于 -1.3mm（-0.074mm 占 50%～100%）的赤铁矿、褐铁矿、菱铁矿、锰矿、钛铁矿、黑钨矿等多种弱磁性金属矿的湿式分选和黑白钨分离、钨锡分离，也可用于非金属矿（如石英、长石、霞石、高岭土等）除铁提纯，应用中体现了高场强、高梯度、高富集比、不易堵塞、分选粒度范围宽、选别指标好、可连续作业、结构紧凑、可靠性好（设备作业率高达98%以上）的优点。

2.9　磁选柱

磁选柱是一种电磁式脉动低弱磁场磁重选矿机，为1992年鞍山钢铁学院首发研制成功的专利产品，为我国在磁铁矿"提质降硅"工程中提供了设备保障，随着不断改进优化，其应用范围不断扩展。

磁选柱自上而下依次分为溢流区、给矿区、分选区、精矿排矿区。磁选柱结构简单，分为选分筒体、电磁磁系和控制装置三部分，由给矿斗、选分筒体、电磁系、供水管与电控自控装置等构成，基本结构如图2-11所示。

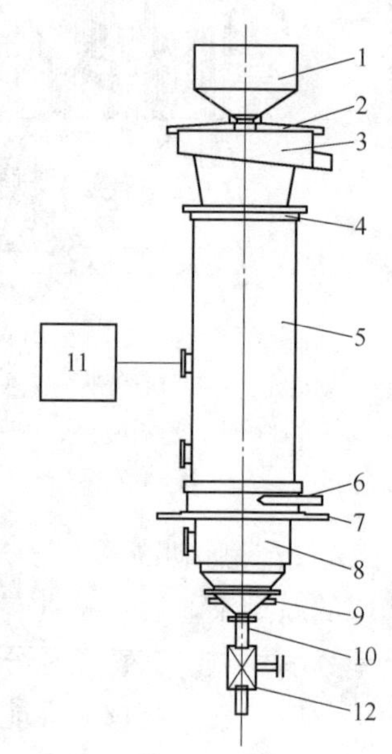

图2-11　磁选柱结构

1—给矿斗及给矿管；2—给矿斗支架及上部给水管；3—溢流槽；4—封顶套；5—上分选筒、电磁系和外套；6—主给水管（切向）；7—支撑法兰；8—下分选筒、电磁系和外套；9—底锥及下部给水管；10—精矿排矿管及阀门；11—磁选柱电源；12—调节阀

磁选柱电磁磁系采用特殊的供电机制使励磁线圈在分选空间产生特殊的磁场变换机制。分选区磁场为低弱、不均匀、时有时无、非恒定的脉动磁场，磁感应强度和变化周期可以根据入选物料的性质不同进行调整。

励磁磁系由3~6组直线圈构成，供电采用由上而下的断续周期变化的方式，形成磁选柱特殊的励磁机制。磁性颗粒在磁选柱内会受到连续向下，且上下脉动的磁场力。在切向旋转上升水流共同作用下，对分选物料产生反复多次的"磁聚合—分散—磁聚合"作用，能充分分离出磁性产品中夹杂的中、贫连生体及单体脉石。因此该设备可以精选低品位磁选精矿，生产出高品位铁精矿，甚至超纯铁精矿。

磁选柱分选过程如下：

矿浆经给矿管进入磁选柱中上部，在由上而下的交变磁场力作用下，磁性颗粒的团聚与分散反复交替进行。当磁链位于线圈上方磁场作用空间以外时，磁链仅靠剩磁维系，在切向上升水流的冲洗作用下分散。此时，磁链靠重力向下沉降，单体脉石和中、贫连生体颗粒随水流向上运动。进入磁场作用空间后，松散的磁性颗粒被磁化会迅速形成磁链。当磁链下移通过线圈中心平面后，颗粒所受磁场力突然反向，导致磁链突然剧烈变形破坏，得到再次分散。经过多次分散—团聚—分散净化后，磁性单体颗粒与富连生体颗粒在连续向下的磁场力以及重力作用下，向下运动从下部排矿管排出，成为高品位磁铁矿精矿。中贫连生体以及脉石单体因小于水流动力而向上运动成为溢流产品。

磁选柱耗电低，仅为0.2kW·h/t左右，品位提高幅度可达3%~15%。分选区磁感应强度可以根据矿石性质的变化随时调节，控制在0~20mT之间。选分空间的磁场时有时无、顺序向下、循环往复，循环周期在0.1~9s范围可调。

磁选柱在全国几十家选厂实施应用，创造了巨大的经济效益和社会效益。如本溪钢铁公司“提铁降硅”工程应用直径600mm型磁选柱精选细筛下粗精矿，调试时实现精矿铁品位69.5%，生产中稳定产出铁品位68.5%以上的终精。多家选矿厂工业生产实践结果表明，采用磁选柱一般情况下可以比采用筒式磁选机提高最终精矿品位2%以上。

工业用磁选柱规格有直径600mm、直径800mm、直径1000mm、直径1200mm、直径1400mm、直径1600mm。目前最大规格处理量约70t/h(粒度细时处理量会减少，用于浓缩时处理量可放大到1.5倍)。

磁选柱技术工业应用以后，各大选矿厂、选矿设备厂、选矿研究科研院所都给予了极大的关注，并针对磁选柱的不足进行了很多改进研究，出现了多种改进型磁选柱及类似柱式磁选设备。磁选柱技术得到了市场及研究人员的广泛关注，从一个侧面说明了磁选柱技术出现的重大意义。

磁选柱的主要用途有四种：

(1) 精选磁选厂低品位磁铁矿最终精矿，降低硅等杂质含量；

(2) 精选磁选过程粗精矿，直接获得最终合格精矿；

(3) 由易选磁铁矿精矿生产超纯铁精矿；

(4) 稳定最终精矿品位，并替代过滤前的浓缩设备，其排矿浓度可达到55%以上。

实践表明，磁选柱给矿品位越低，提高幅度越大。由磁选柱精选低品位精矿，给矿品位60%~65%，可以获得品位65%~69%的最终精矿。用磁选柱精选磁选过程中的粗精矿，给矿品位55%~60%，品位提高幅度8%~10%；给矿品位50%~55%，品位提高幅度10%~15%以上，可以获得精矿品位65%以上。同时具有大幅度节能、降耗的优点，如保持原精矿品位不变，采用磁选柱工艺可实现增产、降耗、降低成本的目的。试验也表明采用磁选柱精选易选磁铁矿粗精矿可生产超级磁铁矿精矿，赵通林等采用细筛下磁选柱精选或细磨后两段磁选柱精选的简单工艺，处理某易选磁铁矿粗精矿，在给矿品位66.6%的条件下，获得了铁品位达71%以上的超纯铁精矿。

2.10　其他柱式磁选设备

以磁选柱技术为核心的柱式磁选设备主要有脉冲磁选柱、智能电磁螺旋柱、磁选环柱、复合闪烁磁场磁选机、电磁精选机、淘洗磁选机、中心磁系磁选柱、内部磁系磁选柱、变径磁选柱、圆台磁选柱、添加介质磁选柱、三产品磁选柱、磁浮选柱等。这里只选取几种典型的柱式磁选设备进行简要介绍。

2.10.1　脉冲磁选柱

东北大学袁志涛等研制了脉冲振动磁场磁选柱，结构简图如图 2-12 所示。其电磁系由自上而下排列的 4 组线圈组成。

脉冲振动磁场磁选柱的磁场与普通磁选柱的磁场存在区别，其利用充放电电路和触发电路使每个线圈产生脉动电流，从而产生脉动磁场，以破坏磁团聚；再利用冲洗水清除夹杂的脉石和贫连生体，以提高精矿品位。脉冲振动磁场磁选柱的线圈中实际通电时间与其周期相比较小，而且电容放电时可形成较大的脉冲电流，产生的磁感应强度较高。同时为了避免高磁感应强度带来的负面影响，即防止分选区内磁团聚现象过于严重，磁场在每个线圈的每一个通电周期内形成多次“振动”，这种“振动”是依靠电流的“通”与“断”来实现的。另外，通过触发电路实现分选过程中磁场的循环往复顺序向下移动，从而达到提高该设备处理量的目的。用脉冲振动磁场磁选柱处理本钢南芬选矿厂最终精矿，品位提高 2. 13%~3. 85%，回收率达 85. 83%~59. 99%。

2.10.2　智能电磁螺旋柱

智能电磁螺旋柱是在磁选柱技术基础上发展起来的一种电磁铁磁系磁选柱。智能电磁螺旋柱分为单筒智能电磁螺旋柱和双筒智能电磁螺旋柱（大直径）两种，其结构均由控制系统和主机两部分组成。控制系统由传感器、控制柜和执行器组成。主机由给水系统、给矿系统、分选筒、电磁铁磁系和排矿系统组成。其主机无运转部件，结构简单；磁系由若干电流强度和周期可调的电磁铁磁系组成，在电磁螺旋柱内形成独特的螺旋步进步式脉动磁场。设备结构示如图 2-13 所示。

矿浆由给矿管给入螺旋柱后，在分选筒内除受重力作用之外，还受磁场力和上升水流动力两个力的联合作用。

多组励磁线圈产生的脉动磁场力的作用主要有两方面：一是使磁性颗粒产生多次的团聚—分散—团聚作用，使磁性矿物，尤其是单体磁性矿物和富连生体得到有效的淘洗；另一方面，方向向下的磁场力可不断地将冲洗干净的磁性矿物拉向螺旋柱的下部，从排矿口排出，成为最终精矿。

上升水流动力的产生的作用主要有，磁性颗粒处于分散状态时，通过旋转上升水流的剪切冲洗作用，淘洗出磁性颗粒中夹杂的脉石矿物和贫连生体，并及时将其冲到上部的溢流管，然后排出，成为最终的尾矿。

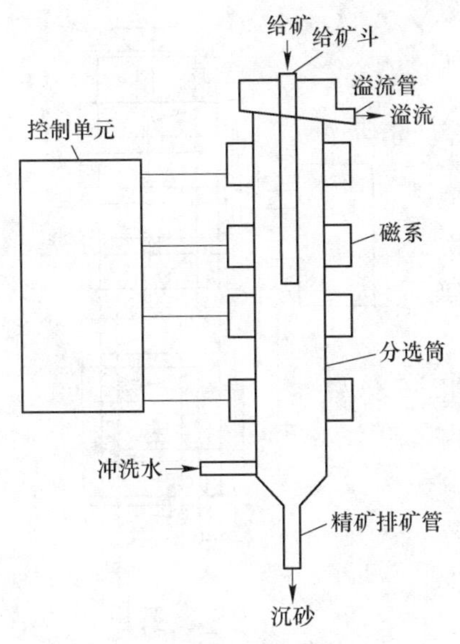

图 2-12 脉冲振动磁选柱结构

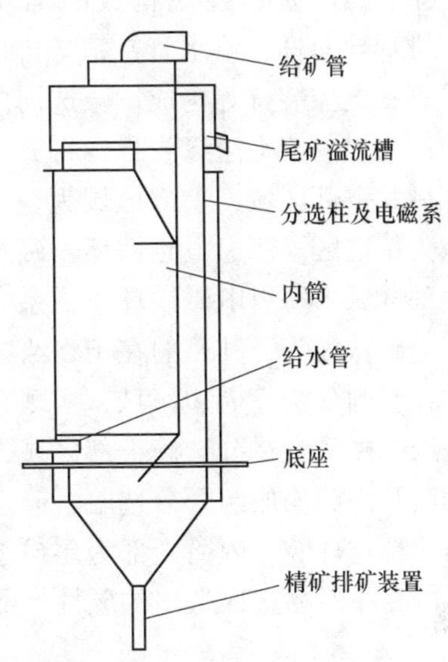

图 2-13 单筒智能电磁螺旋柱结构

磁场力和上升水流动力的联合作用是螺旋柱能够具备较好的分选效果的重要保证。对于不同性质的磁性矿物，可通过改变励磁电流和调节上升水流速度的方法确定最佳的操作指标。

双筒智能电磁螺旋柱大型化以后，存在电磁铁磁系作用深度不够的问题，会在分选筒轴向中心附近产生磁场“空洞”。一般可采用占位空筒来处理，使这部分体积不再作为分选空区，双筒之间的环腔是有效分选空间。

智能电磁螺旋柱是在磁选柱基础上开发的新型磁选设备，与磁选柱的主要区别是励磁磁系采用电磁铁，由于电磁铁表面场强大，对细粒级磁铁矿颗粒具有较好的收回作用，尾矿品位较磁选柱低，可作为最终尾矿抛弃。但电磁铁的作用深度小，导致该设备中间有很大的空间不用作为选分区，设备体积庞大且处理量低。

2.10.3 磁选环柱

磁选环柱结构简图如图 2-14 所示。

磁选环柱由鞍山钢铁学院研制，是针对磁选柱在工业生产中存在的不足之处，在吸收磁选柱设计精华的基础上，研制出的一种对给矿粒度条件要求较宽松，耗水量相对较小，处理量较大，且可根据生产需要，或作为粗选设备抛弃合格尾矿或作为精选设备获得高品位精矿的高效磁选设备。

磁选环柱主要由给矿斗、分选筒、溢流管、四组电磁铁环轭磁系组成的粗选区磁系、四组励磁线圈构成的螺线管线圈磁系、锥形导向杆、给水管、精矿排矿管、尾矿排矿管、电控装置等构成。分选筒内部设有一个内筒，以内筒上边缘为界，将分选筒分为上部区域和下部区域，上部区域为粗选区，下部区域为精选区。四组电磁铁环轭磁系设在分选筒上部区域，每组电磁铁环轭磁系内侧设置偶数个电磁铁极头，其目的在于将给矿矿浆中磁性颗粒吸到分选筒周边区域，实现粗选。四组励磁线圈磁系设在分选筒下部区域，精选区内分选筒和内筒构成两个分选腔，分选筒和内筒之间为精选环腔，内筒内部为尾矿腔。精选区的目的在于对粗选区选出的磁性产品做进一步精选。

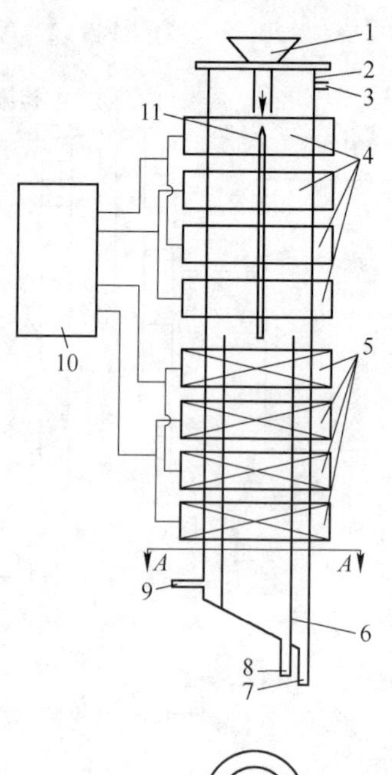

图 2-14　磁选环柱结构示意图

1—给矿斗；2—分选筒；3—溢流管；4—电磁铁环轭；5—励磁线圈；6—内筒；7—精矿排矿管；8—尾矿排矿管；9—切向给水管；10—电控装置；11—锥形导向杆

磁选环柱用于选别板石选矿厂一次分级溢流产品，在给矿粒度-0.074mm 含量 44.6%，实际给矿粒度范围为-0.7～0mm，给矿品位 27.60%的条件下，可得到精矿品位 54.44%、尾矿品位 6.76%、尾矿产率 56.3%、回收率 86.21%的良好指标，而且尾矿以单体脉石和极少量贫连生体为主。

磁选环柱用于选别板石选矿厂细筛筛下产品，在给矿粒度-0.074mm 含量 89.1%，给矿品位 65.15%的条件下，可得到精矿品位 68.95%、尾矿品位 26.67%、精矿产率 91.02%、回收率 96.33%的良好指标，而且尾矿以给矿中夹杂的中、贫连生体和单体脉石为主。

实际矿样选别试验结果表明：

（1）磁选环柱对给矿粒度范围适应性强，实验室小型磁选环柱给矿粒度范围为-0.7～0mm，较实验室小型磁选柱-0.2～0mm 的给矿粒度范围大大放宽，预计工业应用时不需要控制给矿粒度，可以简化流程；

（2）磁选环柱比磁选柱耗水量少，实验室小型磁选环柱约为 $10m^3/t$，较实验室小型磁选柱 $18m^3/t$ 可降低 40%左右；

（3）磁选环柱比磁选柱单位精选面积处理量大，实验室小型磁选环柱可达到 $18.75g/(cm^2 \cdot min)$ 以上，较实验室小型磁选柱 $9.52g/(cm^2 \cdot min)$ 可提高近 1 倍；

(4) 磁选环柱适用范围广，可以根据生产需要，或作为粗选设备使用抛弃合格尾矿，或作为精选设备使用获得高品位磁铁矿精矿；

(5) 磁选环柱适应性强，可对不同矿石性质、不同给矿粒度和品位条件下的磁铁矿进行选别，并获得良好的技术经济指标。

2.10.4 中心磁系磁选柱

中心磁系磁选柱由外筒、磁力筒、精选筒、电磁铁、励磁线圈、切向给矿管、溢流管、切向给水管、尾矿排矿管、精矿排矿管、锥形导磁体等组成。在外筒的上部中心设有一个磁力筒，内外筒之间构成分选作用空间。在磁力筒下方是锥形承接漏斗，锥形漏斗下接精选筒。

磁系由 6 个带铁芯的电磁铁线圈和构成，在磁力筒内部装有 1~6 号电磁铁，以相邻电磁铁相互垂直的方式叠放，7 号电磁铁的中心轴与磁力筒中心轴相重合，置于锥形导磁体上。前 6 个电磁铁的作用是将磁性颗粒吸引至磁力筒外壁周边，实现磁性颗粒和非磁性颗粒的分离；7 号励磁线圈的作用是通过锥形导磁体将沿磁力筒外壁周边向下运动的磁性颗粒吸附到锥形导磁体外表面，并沿锥面向下运动进入锥形承接漏斗内，最后由精选筒底部的精矿排矿管排出成为作业精矿。

分选区的磁性颗粒或磁链将在径向磁场力、离心力、有效重力和水流阻力的合力作用下向磁力筒外壁周边运动，然后沿磁力筒外壁在循环往复的磁场力和有效重力作用下向下运动至承接漏斗内，再进入精选筒内进行精选，后经精矿排矿管排出成为作业精矿；非磁性颗粒将在有效重力、离心力和水流阻力的合力作用下沿外筒内壁螺旋向下运动进入尾矿环腔，经尾矿排矿管排出成为作业尾矿。磁性颗粒或磁链和非磁性颗粒在分选环腔内的运动轨迹不同，这是实现分选环腔内磁性颗粒和非磁性颗粒分离的最直接的原因，也是实现分离的基本原理。

中心磁系磁选柱简化了设备结构并提高了磁场能的利用率。中心磁系磁选柱的磁系置于分选区的中心磁力筒内，磁力筒较电磁铁环轭的结构大大简化，同时磁系产生的磁场能量完全作用在分选环腔内，这样提高了磁场能量的利用率，减少了不必要的能耗，降低了耗水量。采用切线给矿方式可在离心力和重力的作用下，避免了非磁性大颗粒进入精选筒，从而降低了耗水量。采用切线给矿大大增长了选分路径，放宽了对给矿粒度的要求。详细研究阐述见 8.1 节。

2.10.5 变径磁选柱

变径磁选柱与磁选柱的主要区别在于选别筒体的结构不同，筒体分为上下两部分，上部筒体的直径略大于下部筒体的直径，达到同一筒体上下具有不同上升水流速度的效果。结构如图 2-15 所示。

小型试验用变径磁选柱分选筒采用上下变径两部分，下部直径为 40mm，上部直径为 50mm，采用两组共 6 个直流线圈作为励磁磁系。变径的目的在于扩大上部分选区的面积，降低上升水流速度，保证细粒级磁性矿物颗粒的回收效果。

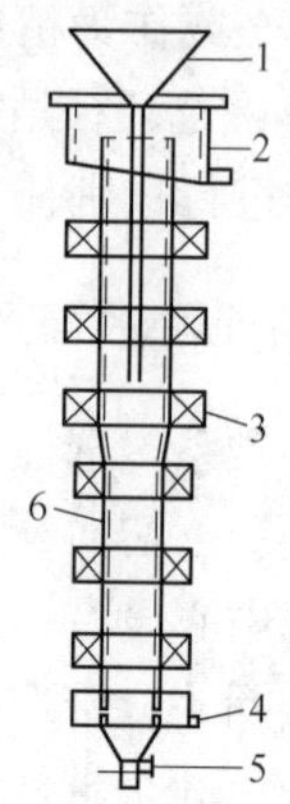

图 2-15　变径磁选柱结构

1—给矿斗；2—溢流槽；3—励磁线圈；4—水鼓及给水管；5—排矿口；6—分选筒

试验表明，在相同操作条件的实验中变径磁选柱的回收率和精矿品位都高于普通磁选柱，选别实验获得的尾矿粒级分析发现，变径磁选柱较普通磁选柱有效地回收了细粒级磁性矿物颗粒。这说明变径磁选柱在分选精度上优于普通磁选柱。

变径磁选柱在优化条件下对大孤山、鞍千厂、齐大山铁矿的多种矿物选别试验结果表明，选别指标良好，尽管入选矿石种类较为广泛，都能够有效地回收其中的磁铁矿，针对部分矿石精矿铁品位可以高达 69.97%。

2.10.6　永磁磁选柱

唐竹胜、刘兴魁等分别公开了一种永磁磁系磁选柱专利。从结构和分选过程看兼有螺磁机与磁选柱技术特点。

2.10.6.1　一种适用于强磁性矿种或弱磁性矿种的永磁磁选柱

专利 CN105057098A 公开了一种适用于强磁性矿种或弱磁性矿种的永磁磁选柱，结构如图 2-16 所示。

设备包括顶端敞口的筒体、安装在筒体顶部的溢流箱和安装在筒体底部的精矿斗，筒体的顶端穿过溢流箱底壁的中部，溢流箱的底壁上开设有尾矿出口，筒体的底壁上开设有用于连通精矿斗的精矿漏孔，精矿斗的底部开设有精矿出口，精矿出口上安装有叶轮给料机；筒体内固定安装有沿其中轴线方向延伸的中心转轴，中心转轴的顶端固定在溢流箱的顶壁上，中心转轴外壁沿其轴线方向套有呈螺旋状分布的中心永磁磁系；磁系外套设中心筒体，筒体外形成选矿腔室，筒体的底部装有环形水箱，筒体的筒壁上间隔环设有多个与环形水箱连通的内进水口；筒体的中下部装有环形进矿箱，有多个与环形进矿箱连通的内进矿口。

采用永磁磁系，磁场强度可在 160~1600mT 范围内调整，并通过设置内外两套呈螺旋状分布运动的永磁磁场机构，同时满足生产规模大或小的磁选柱需求；选矿腔室内给水和给矿呈反螺旋状上行运动，将精矿与尾矿更加彻底分离，进一步提高

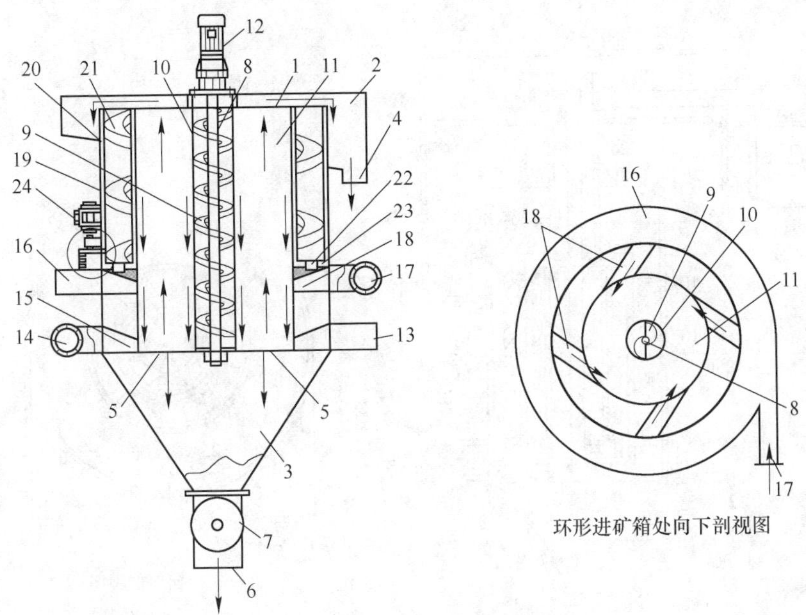

图 2-16　一种适用于强磁性矿种或弱磁性矿种的永磁磁选柱结构示意图（专利 CN105057098A）

1—筒体；2—溢流箱；3—精矿斗；4—尾矿出口；5—精矿漏孔；6—精矿出口；7—叶轮给料机；8—中心转轴；9—中心永磁磁系；10—中心筒体；11—选矿腔室；12—第一电机；13—环形水箱；14—外进水口；15—内进水口；16—环形进矿箱；17—外进矿口；18—内进矿口；19—外筒体；20—外部转筒；21—外部永磁磁系；22—回转支撑机构；23—支座；24—第二电机

精矿品位；磁性颗粒在磁场和自身重量的双重作用下，做斜向下缓慢运行，跑尾量少；发明人评述该设备结构简单，稳定可靠、用水量少、设备产能大，且同时适用于磁铁矿等强磁性矿种或磁铁矿、褐铁矿、菱铁矿等弱磁性矿种的精选。

2.10.6.2　永磁磁选柱

专利 CN103846155A 公开了一种永磁磁选柱，其结构如图 2-17 所示。

设备包括外筒体、溢流箱和精矿斗，其中外筒体的顶端穿过溢流箱底壁的中部，溢流箱的底壁上开设有尾矿口，外筒体的底壁上开设有用于连通精矿斗的精矿漏孔，精矿斗的底部开设有精矿出口；外筒体内固定安装有中心轴，中心轴的下部固定套装有永磁磁系，中心轴上转动安装有套设在内筒体外部且由电机驱动的转筒；外筒体的底部套装有环形水箱，外筒体的筒壁上间隔环设有多个与水箱连通的内冲水口；外筒体的中下部套装有环形进矿箱，外筒体的筒壁上间隔环设有多个与进矿箱连通的内进矿口。

转筒与外筒体之间形成分选腔，永磁磁系在分选腔内形成弱磁场区，矿浆通过外进矿口进入进矿箱，再经各个内进矿口进入分选腔。压力冲洗水通过外冲水

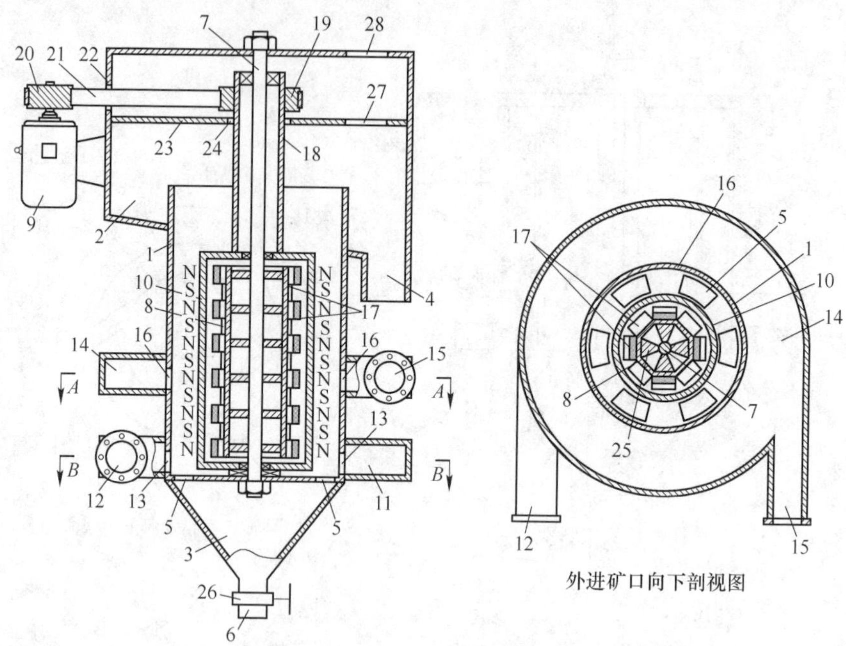

图 2-17　永磁磁选柱结构示意图（专利 CN103846155A）

1—外筒体；2—溢流箱；3—精矿斗；4—尾矿口；5—精矿漏孔；6—精矿出口；7—中心轴；8—内筒体；9—电机；10—转筒；11—环形水箱；12—外冲水口；13—内冲水口；14—环形进矿箱；15—外进矿口；16—内进矿口；17—永磁磁系；18—转套；19—从动皮带轮；20—主动皮带轮；21—皮带；22—皮带穿装口；23—隔板；24—隔板通孔；25—支撑板；26—精矿阀；27—隔板观察窗；28—溢流箱观察窗

口进入水箱，再经各个内冲水口进入分选腔，将矿浆冲散，提高矿浆分散性，冲洗水和矿浆均可在分选腔内形成旋流，调节精矿斗底部的精矿阀，冲散的矿浆随水流旋转并沿轴向向上流动，磁性铁粉被磁化并吸附在转筒的表面，转筒在电机的带动下转动，磁性铁粉跟随转筒转动，在磁力和重力共同作用下，磁性铁粉沿转筒表面向下滑动，并最终在转筒最下端的无磁区与转筒脱落，通过精矿漏孔漏入精矿斗。在矿浆下滑的过程中，冲洗水流将夹杂的非磁性杂质淘洗出来，非磁性杂质随水流向上，经过外筒体的顶端开口进入溢流箱，之后再经由尾矿口排出。同时，较细的磁性铁粉由于所受磁力较小，在分选腔里向上移动时，受磁场磁化发生磁聚，形成较大团，吸附在转筒表面并翻滚向下滑落，冲洗水流对其淘洗，夹杂的非磁性颗粒排尾，经过多次翻滚淘洗所得到高品位的铁精粉也沿转筒的柱面滑落到精矿斗内。发明人评述该设备兼具有磁选机和磁聚机的作用，经过多次淘洗，非磁性杂质的滤除效果明显，耗水量小且跑尾少，整体结构简单，运行稳定可靠。

2.10.6.3　永磁磁选柱磁系

两种永磁磁系磁选柱都是采用固定不动的永磁磁块构成筒形螺旋磁系，展开成平面后磁系的排列方式如图 2-18 所示。

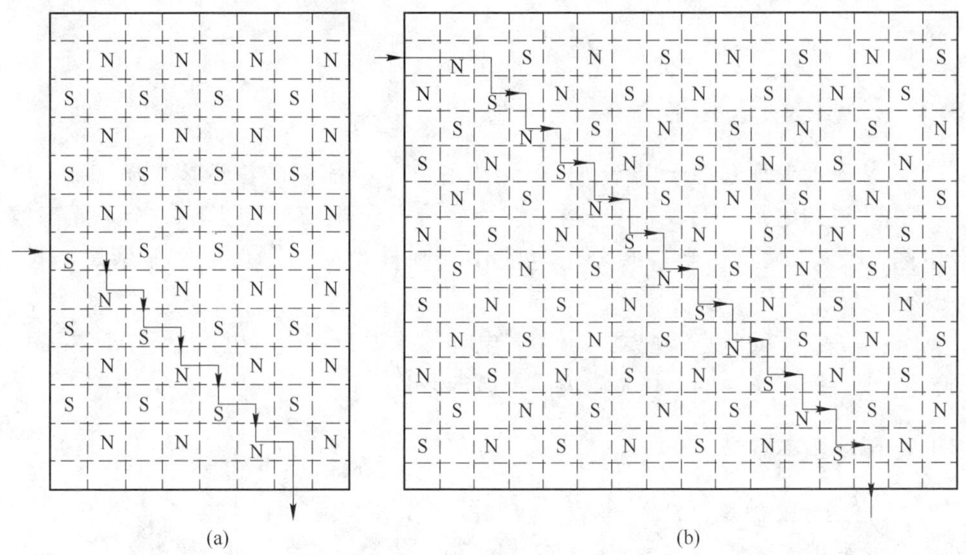

图 2-18　两种永磁磁选柱磁系展开图

磁系外围包着防水筒皮，外围的筒皮通过驱动电机带动转动，唐竹胜的发明具有两个分选腔，刘兴魁的发明具有一个大的分选环腔。分选物料在分选腔内随磁系筒皮运动时，受到轴向移动磁场力，N 极、S 极交替出现，使得磁性矿物颗粒在重力和磁力作用下直接向下翻滚移动；受重力和磁场力较弱的矿物颗粒随水流向上移动。分选区内矿物颗粒分散和团聚交替进行，利用上升水流淘洗出夹杂的脉石等非磁性杂质，从溢流口排出，磁性较强颗粒及细颗粒磁团聚品位较高，从底部排出形成精矿等磁性产品。

两者的磁系结构略有不同，图 2-18（a）、（b）所示分别为唐竹胜和刘兴魁专利的磁系展开图，磁系排列区别在于前者水平行中为同一极性，后者横纵均为 N、S 交替。其理论磁性颗粒运动路径如箭头所示，均受到为 N、S 交替分布的磁极作用，从这点看，两者磁系的作用效果基本相同。

3 磁选柱磁场理论基础与磁场特性

3.1 稳恒磁场基本理论

一切磁现象都起源于电流，任何物质的分子中都存在着环形电流（分子电流，由轨道圆电流和自旋圆电流构成），每个分子电流就相当于一个基元磁体（也称为磁偶极子），当这些分子电流作规则排列时，宏观上便显示出磁性、磁场。

磁场是物质的状态特性之一，由载电导体或磁极产生。磁极都是N、S两极成对出现，周围产生的磁场是磁力的传递者。

3.1.1 磁场基本概念

（1）磁矩。磁矩（P_m）是载流线圈的面积S与线圈中的电流I的乘积（多匝线圈还要乘以线圈匝数），磁矩指向线圈的法线方向，P_m与I组成右手螺旋定则，如图3-1所示。

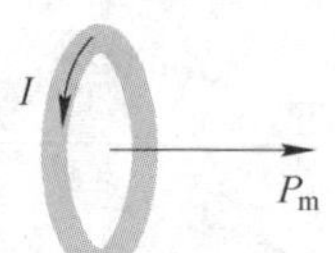

图3-1 圆形线圈的磁矩

磁矩计算公式：

$$P_m = NIS\vec{n_0} \tag{3-1}$$

式中 P_m——磁矩，A·m²；

N——线圈的匝数，匝；

n_0——线圈的法线方向。

物质的合成磁矩或总磁矩 $\sum P$，指物质的分子电流磁矩矢量和，单位A·m²。

（2）磁感应强度。磁感应强度（B）是描述磁场强弱和方向的基本物理量。磁感应强度也被称为“磁通量密度”或“磁通密度”，方向是使线圈磁矩处于稳定平衡位置时的磁矩（P_m）的方向。单位常用特斯拉（Tesla，简写为T）或Wb/m²、高斯（Gs）、A/m，特斯拉（T）单位比较大，所以通常用毫特斯拉（mT），特斯拉（T）与其他单位换算关系为：1T = 1000mT；1mT = 10Gs；1mT = $\frac{10^4}{4\pi}$ A/m（近似796A/m）；1kA/m = 0.4πmT（近似1.26mT）。

（3）磁力线。磁力线是描述磁场特征的一种形象表示，为在磁场中与磁感应强度（B）处处相切的曲线，其方向代表磁场方向，其疏密程度表现磁感应强度的大小。

磁力线特征：

1）磁力线的切线方向表示磁场方向，其疏密程度表示磁场的强弱。

2）磁力线是闭合曲线，磁体周围的磁力线都是从N极出来进入S极，在磁体内部从S极到N极。

3）任何两条磁力线在空间不相交。

4）磁力线的环绕方向与电流方向之间遵守右螺旋法则。

（4）磁通量。穿过磁场中某一曲面的磁力线总数，称为穿过该曲面的磁通量，用符号Φ_m表示，单位韦伯（Wb）。

$$\Phi_m = \int_s B \cdot dS \tag{3-2}$$

高斯定律：

任何磁体构成的磁路都是闭合的，磁力线也是无头无尾的闭合曲线。所以穿过任意闭合曲面的总磁通量必为零，这是磁场理论的高斯定律。其表达式为：

$$\oint_s B \cdot dS \equiv 0 \tag{3-3}$$

3.1.2 磁感应强度计算

3.1.2.1 毕奥·萨伐尔定律

计算导线电流产生的磁感应强度应用毕奥·萨伐尔定律。如图3-2所示。

电流元$I\mathrm{d}\boldsymbol{l}$到某点$P$的矢径为$r$，则电流元在$P$点产生的磁感应强度$\mathrm{d}B$的大小与$I\mathrm{d}l$成正比，与$I\mathrm{d}l$经过小于180°的角转到矢径$r$的方向角$\theta$的正弦成正比，与$r$的长度平方成反比，其方向为$I\mathrm{d}l \times r$的方向，电流元在$P$点产生的磁感应强度的矢量式为：

$$\mathrm{d}B = \frac{\mu_0}{4\pi}\frac{I\mathrm{d}\boldsymbol{l} \times r}{r^3} \tag{3-4}$$

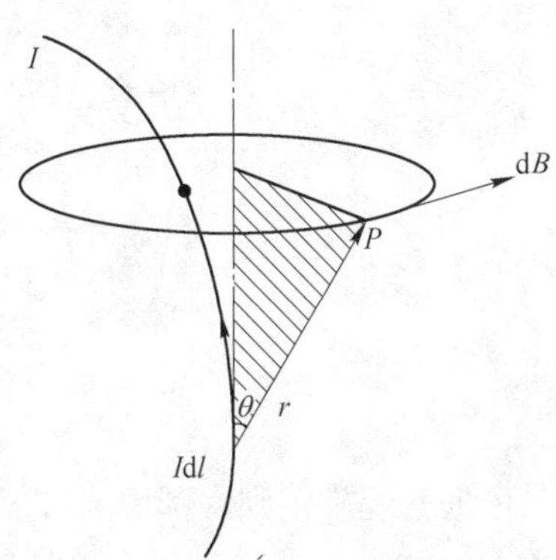

图3-2 毕奥·萨伐尔定律计算图

式中 μ_0——真空磁导率，$\mu_0 = 4\pi \times 10^{-7}$，T·m/A。

3.1.2.2 安培环路定律

真空中的稳恒电流磁场中，磁感应强度B沿任一闭合回路L的线积分，等于

穿过以 L 为周界所围面积的电流的代数和的 μ_0 倍，这个结论称为安培环路定理。安培环路定理可以由毕奥 · 萨伐尔定律导出。其反映了稳恒磁场的磁感应线和载流导线相互套连的性质。

$$\int_L B \cdot \mathrm{d}\boldsymbol{l} = \mu_0 \sum I_i \tag{3-5}$$

3.1.2.3　载流直导线的磁场

计算模型如图 3-3 所示。

应用毕奥 · 萨伐尔定律，电流元 $I\mathrm{d}\boldsymbol{l}$ 在 P 点产生的磁感应强度为：

$$B = \int_L \mathrm{d}B = \int_L \frac{\mu_0 I \mathrm{d}\boldsymbol{l} \sin\theta}{4\pi r^2} \tag{3-6}$$

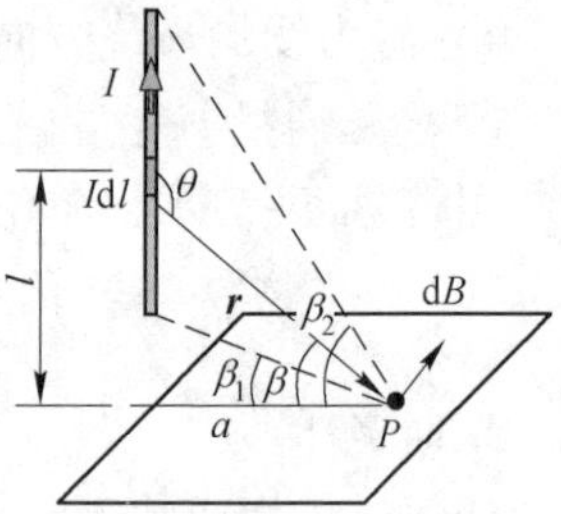

将式（3-6）中 r 和 $\mathrm{d}l$ 用 P 点到导线的距离 a 和电流元 $I\mathrm{d}l$ 相对 P 点的水平夹角 β 表示，积分后得到：

$$B = \frac{\mu_0 I}{4\pi a}\int_{\beta_1}^{\beta_2} \cos\beta \mathrm{d}\beta = \frac{\mu_0 I}{4\pi a}(\sin\beta_2 - \sin\beta_1) \tag{3-7}$$

图 3-3　载流直导线磁感应强度计算图

3.1.2.4　圆电流的磁场

计算模型如图 3-4 所示，计算距离圆电流中心法线方向 x 处的磁感应强度。

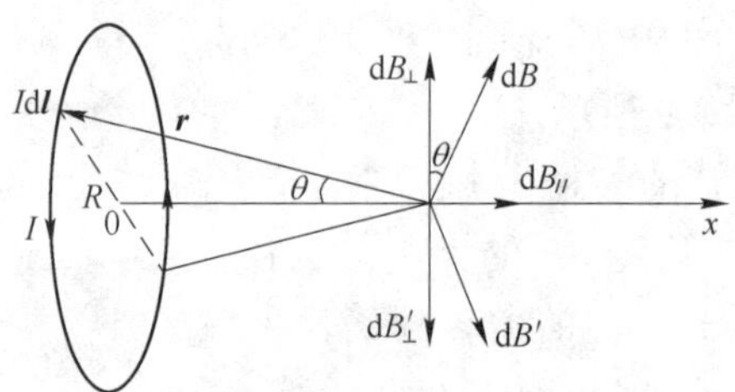

图 3-4　圆电流磁感应强度计算图

依据右螺旋定则，圆电流在 x 点产生的磁感应强度 B 方向与圆电流法线方向一致，但电流元 $I\mathrm{d}l$ 产生的 $\mathrm{d}B$ 在由 r、x 组成的平面内，并且和 r 垂直，其水平分量 $\mathrm{d}B_{//}$ 叠加构成磁感应强度 B，其垂直方向由于对称性，叠加磁感应强度为零。所以，

$$B = B_x = \int_{2\pi R} \mathrm{d}B \sin\theta \tag{3-8}$$

应用毕奥 · 萨伐尔定律得：

$$dB = \frac{\mu_0 I}{4\pi} \frac{dl\sin\frac{\pi}{2}}{r^2} = \frac{\mu_0 I dl}{4\pi r^2} \tag{3-9}$$

换元并积分后得距离圆电流中心法线方向 x 处的磁感应强度：

$$B = \frac{\mu_0}{2} \frac{R^2 I}{(R^2 + x^2)^{\frac{3}{2}}} \tag{3-10}$$

当 $x=0$ 时，圆电流中心处磁感应度强度为：

$$B = \frac{\mu_0 I}{2R} \tag{3-11}$$

3.1.2.5 环形载流螺线管内的磁感应强度

均匀密绕在环形管上的线圈形成的环形螺线管称为螺绕环，如图 3-5 所示。

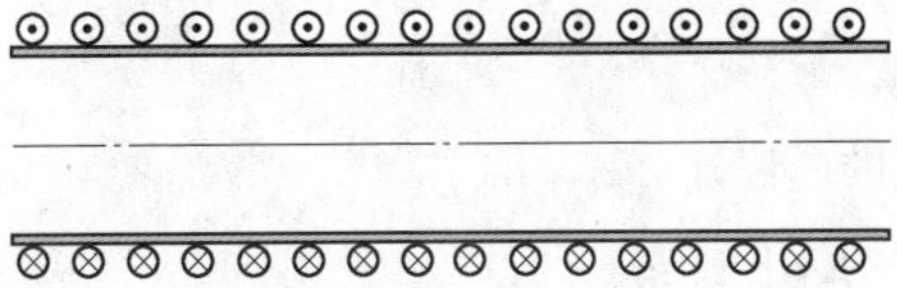

图 3-5 环形螺线管示意图

当线圈密绕时，可认为磁场几乎全部集中在管内，管内的磁力线都是截面上每一根导线产生的同心圆状磁感应线叠加。管内在同一条磁力线上，磁感应强度 B 的大小相等，方向就是该圆形磁力线的中心轴线方向。密绕螺线管没有漏磁，所以螺线管外部靠近长度方向的中间部分的磁感应强度为零。由对称性知，内部磁力线平行于轴线，是一均匀场。

计算管内任一点 P 的磁感应强度，在环形螺线管内取过某点 P 点的磁力线 L 作为闭合回路，则有：

$$\oint_L \boldsymbol{B} \cdot d\boldsymbol{l} = B\oint_L dl = BL \tag{3-12}$$

设环形螺线管共有 N 匝线圈，每匝线圈的电流为 I，则闭合回路 L 包围的电流强度的代数和为 NI，代入式（3-11），可得：

$$\oint_L B \cdot dl = BL = \mu_0 NI \tag{3-13}$$

整理后得：

$$B = \mu_0 \frac{N}{L} I \tag{3-14}$$

令 $\frac{N}{L} = n$，即线圈单位长度上的匝数为 n，则：

$$B = \mu_0 nI \tag{3-15}$$

长直载流螺线管弯曲闭合成环形螺线管，当螺线管截面的直径比闭合回路直径小很多时，管内的磁场可近似地认为是均匀的，因此环形螺线管中心产生的磁感应强度同式（3-14）。

3.1.3　物质的磁化

3.1.3.1　磁化

在磁场作用下，物质内部状态发生变化，并反过来影响磁场存在或分布的物质称为磁介质。磁介质受到磁场作用产生磁性的现象叫磁化。介质磁化后的特点是在宏观体积中总磁矩不为零，单位体积中的总磁矩称为磁化强度 M（单位 A/m），表达式为：

$$M = \frac{\mathrm{d}\sum P}{\mathrm{d}V} \tag{3-16}$$

式中　$\sum P$——物质的总磁矩，A · m²；

V——物质的体积，m³。

物质磁化以后，其分子电流趋向于磁化场方向，就会产生一个附加磁场。设物质在磁感应强度为 B_0 的磁化磁场作用下产生附加磁场磁感应强度为 B'，则空间总磁场的磁感应强度：

$$B = B_0 + B' \tag{3-17}$$

介质中，总的磁感应强度与真空中的磁感应强度之比，定义为该磁介质的相对磁导率。相对磁导率表示加入介质后的磁感应强度比真空中磁感应强度增大的倍数。表达式为：

$$\mu_r = \frac{B}{B_0} \tag{3-18}$$

因此，磁介质的磁导率 μ 为：

$$\mu = \mu_r \mu_0 \tag{3-19}$$

磁介质的磁导率 μ_r 并不是常数，其随着外加磁场的变化而变化。

铁磁性介质的相对磁导率 μ_r 在外加磁场作用下呈非线性变化，存在最大值，如图 3-6 所示。

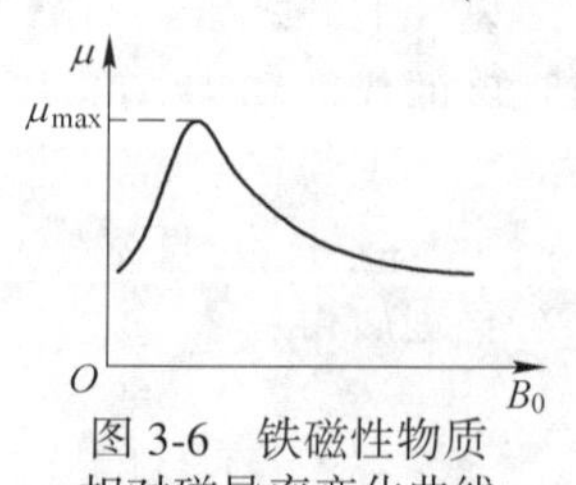

图 3-6　铁磁性物质相对磁导率变化曲线

铁磁性物质的相对磁导率较大，如铸铁铁芯的 $\mu_r = 200 \sim 400$，电工钢铁芯的 $\mu_r = 7000$ 左右，纯铁铁芯的 $\mu_r = 18000$ 左右。

非铁磁性物质的相对磁导率接近于 1，例如铝的 $\mu_r = 1.000023$，空气的 $\mu_r =$

1.000038，铜的$\mu_r = 0.9999912$，说明它们的磁导率接近真空磁导率，对磁场的影响很小。

为更好地说明物质的磁化问题和分析磁场，需引用一个辅助物理量——磁场强度 H，磁场强度是描述磁场性质的物理量，单位 A/m。其定义式为：

$$H = \frac{B}{\mu_0} - M \tag{3-20}$$

与磁感应强度关系为：

$$B = \mu_0 \mu_r H = \mu H \tag{3-21}$$

式中 B——磁感应强度，T；

H——磁场强度，A/m；

μ_0——真空中的磁导率，$\mu_0 = 4\pi \times 10^{-7}$，T · m/A；

μ_r——物质相对磁导率。

磁场强度在历史上最先由磁荷观点引出。类比于电荷的库仑定律，认为存在正负两种磁荷，并提出磁荷的库仑定律。单位正电磁荷在磁场中所受的力被称为磁场强度 H。后来安培提出分子电流假说，认为并不存在磁荷，磁现象的本质是分子电流，自此磁场的强度多用磁感应强度 B 表示。

在磁介质的磁化问题中，磁场强度 H 作为一个导出的辅助量仍然发挥着重要作用。空气介质中，1A/m 磁场强度 H 对应的磁感应强度为 $4\pi \times 10^{-7}$T，可近似为 1kA/m 对应 1.257mT。

3.1.3.2 磁化曲线

磁化曲线（也叫磁滞回线）表示物质在磁场中与所感应的磁感应强度之间的关系，是用图形来表示某种磁介质在磁化过程中磁感应强度 B 与外加磁场强度 H 之间关系的一种曲线。这种曲线可以通过实验方法测得。图 3-7 所示为铁磁性物质在交变磁场中的一个循环磁化曲线。

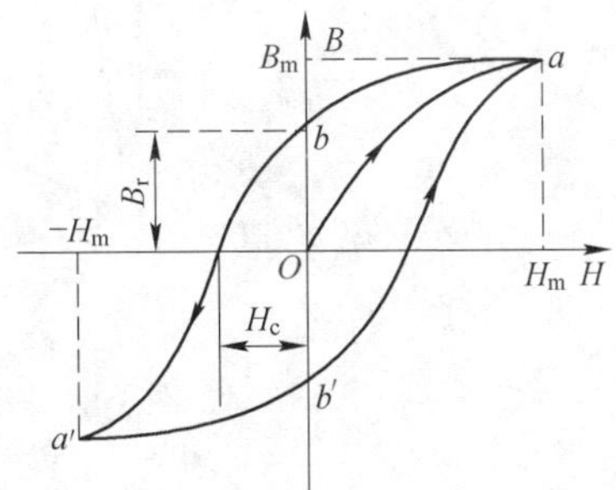

图 3-7 铁磁性物质磁化曲线

磁感应强度 B 与磁场强度 H 之间存在着非线性关系。起始阶段，当 H 增大时，B 也增加，但上升缓慢；H 继续增大时，B 急剧增加，几乎成直线上升；当 H 进一步增大时，B 的增加又变得缓慢；达到 a 点以后，H 值即使再增加，B 却几乎不再增加，即达到了饱和 B_m（图 3-7 中 Oa 段，Oa 段也叫起始磁化曲线），曲线上的 a 点称为饱和点。

在进入磁饱和阶段，增大磁场强度 H，材料磁感应强度 B 增加得很小，其过渡点称为膝点，不同材料的膝点的 B/B_m 值不同。

不同的铁磁材料有着不同的磁化曲线，其 B_m 的饱和值也不相同。但同一种材料，其 B_m 的饱和值是一定的。磁饱和是外加磁场作用下物体内部分子电流从无序到逐渐有序，最后基本同向而达到饱和。

达到饱和磁感应强度 B_m 后，将外加磁场的磁场强度 H 逐渐减小，对应的磁介质磁感应强度 B 并没有沿着原来上升曲线反向下降，其变化值落后于上升曲线对应值（图 3-7 中的 $ab—ba'$段），这种现象叫做磁滞。

由于磁滞现象，铁磁性物质在外加磁场磁感应强度减小到零时，其内部保留一定的磁感应强度，称为剩余磁感应强度（剩磁，图 3-7 中 B_r）。减小或消去剩磁，需对铁磁性物质施外加反向磁场，当剩磁为零时，外加反向磁场的磁场强度叫做矫顽磁场强度（也叫矫顽力，图 3-7 中 H_c），矫顽力 H_c 是表征材料在磁化后保持磁化状态的能力。继续增大反向磁场，铁磁性物质开始反向磁化，直至到达反向最大值。

退磁曲线上每一点的 B 和 H 的乘积称为磁能积，表征永磁材料中能量大小的物理量。磁能积的最大值为最大磁能积 $(BH)_{max}$。

3.1.3.3　磁介质的分类

根据介质磁化过程，磁介质的磁性能分为三类，磁化曲线如图 3-8 所示。

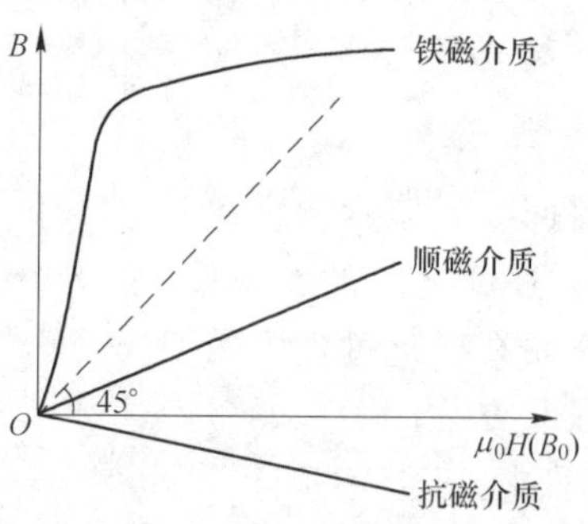

图 3-8　不同磁介质的磁化曲线比较

（1）顺磁性物质（顺磁介质）。磁化曲线为斜率为正的直线。其分子的固有磁矩不为零，在无外磁场时，由于热运动而使分子磁矩的取向作无规分布，宏观上不显示磁性。在外加磁场作用下，分子磁矩趋向于与外磁场方向一致排列，介质内部附加磁场与外磁场方向一致，即附加磁场的 B' 与磁化磁场的 B_0 同方向，则总磁场磁感应强度 B 大于磁化磁场磁感应强度 B_0，其相对磁导率：

$$\mu_r = \frac{B}{B_0} = \frac{\mu}{\mu_0} > 1$$

如锡、镁、锰、钨、铂、镉、铝等物质。

(2) 抗磁性物质（抗磁介质）。磁化曲线为斜率为负的直线。抗磁体分子的固有磁矩为零，在外加磁场作用下，分子感应出与外磁场方向相反的磁矩，磁介质中附加磁场的 B' 与磁化磁场的 B_0 反方向，则总磁场磁感应强度 B 小于磁化磁场磁感应强度 B_0，其相对磁导率：

$$\mu_r = \frac{B}{B_0} = \frac{\mu}{\mu_0} < 1$$

如汞、铋、铜、铅、锌、银等物质。

上述两类磁介质中统称为弱磁性物质，其相对磁导率接近真空磁导率。

(3) 铁磁性、亚铁磁性物质（铁磁介质）。这类物质为强磁性物质，磁化曲线为渐进曲线，随磁场强度增大，物质磁化强度开始变化很快，然后趋于平缓，最后达到饱和。其特征是磁化后总磁场磁感应强度 B 远远大于磁化磁场磁感应强度 B_0，μ_r 很大且不是常数，是具有所谓“磁滞”现象的一类磁介质，如铁、钴、镍及其合金等。铁磁质具有高磁导率（如硅钢片相对磁导率 μ_r 最高可达 6000~8000）、非线性（μ_r 不是常数），有“磁滞”“剩磁”“磁饱和”等现象，存在居里温度等三个显著特征。

居里温度也称居里点或磁性转变点，是指材料可以在铁磁体和顺磁体之间改变的温度。高温作用下原子会发生剧烈热运动，原子磁矩的排列趋向于混乱无序状态，导致铁磁物质的磁化强度随温度升高而下降，铁磁性物质在居里温度之下表现出铁磁性，在居里温度之上则显示顺磁性，如铁的居里温度为 767℃，镍为 357℃。温度慢慢下降回落到该物质居里温度以下，一般磁体还会恢复原有磁性。

3.1.3.4 铁磁介质分类及应用

根据铁磁介质性能，铁磁材料分为硬磁材料和软磁材料两大类。硬磁材料中有一类也常叫做矩磁材料。

A 硬磁介质

硬磁介质的磁滞回线较粗，剩磁很大且不易消失，磁滞回线围成的面积较大，如图 3-9（a）所示。这种材料充磁后不易退磁，适合做永久磁铁。如碳钢、铝镍钴合金和铝钢等。磁极表面磁感应强度通常为 80~100mT，可用于磁电式电表、永磁扬声器、耳机以及雷达中的磁控等，磁选设备可用于弱磁机。

在硬磁材料中，有些材料的磁滞回线围成的形状接近矩形，常称为矩磁材料。其剩磁接近于饱和磁感应强度，如图 3-9（c）所示，具有高磁导率和高电阻率、磁能积大、矫顽力高、剩磁强度高、磁性稳定等特点。需要说明的是，矩磁材料也可归类在性能更好的硬磁材料中，矩磁材料主要有两类：

一类由 Fe_2O_3 和其他二价的金属氧化物粉末混合烧结而成，常温使用的矩磁

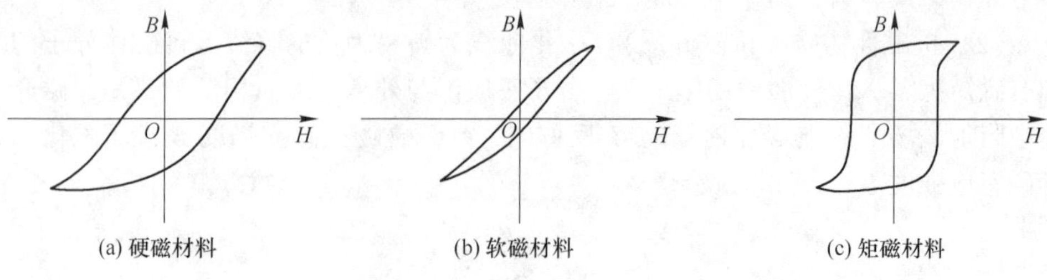

(a) 硬磁材料　(b) 软磁材料　(c) 矩磁材料

图 3-9　三种铁磁质的磁滞回线

材料有（Mn-Mg）Fe_2O_4系、（Mn-Cu）Fe_2O_4系、（Mn-Ni）Fe_2O_4系等；在 -65～125℃范围内使用的矩磁材料有 Li-Mn、Li-Ni、Mn-Ni、Li-Cu 等。这类材料包括铁氧体磁心材料和磁膜（磁带、磁盘等）材料。

另一类为钕磁铁，也称为钕铁硼磁铁，是强力磁铁的统称，具有体积小、重量轻和磁性强的特点，其化学通式为 $Nd_2Fe_{14}B$，是一种人造永久磁铁，是目前为止在常温下具有最强磁力的永久磁铁。钕铁硼磁铁可分为黏结钕铁硼和烧结钕铁硼两种。钕铁硼磁铁的优点是性价比高，具良好的机械特性；不足之处在于居里温度点低、温度特性差，且易于粉化腐蚀，必须通过调整其化学成分和采取表面处理方法使之得以改进，才能满足实际应用的要求。磁极表面磁感应强度可达到 350～1300mT。钕铁硼磁铁目前用途十分广泛，在电子、电机、机械、医疗等领域均有较多的应用。磁选设备用于中磁机、强磁机等。

B　软磁介质

软磁介质的磁滞回线细长，剩磁、矫顽力很小，磁滞现象不明显，没有外磁场时磁性基本消失，如图 3-9（b）所示。如工程纯铁、坡莫合金、硅钢片、硒钢片、铁铝合金、铁镍合金等。软磁材料磁滞损耗小，适合用于交变磁场中，如铁芯、继电器、电动机转子、定子都是用软磁材料制成，要注意减少涡流损耗。磁选设备可用做磁导体，如磁轭、磁系铠甲、磁屏蔽等场合。

磁屏蔽与电屏蔽类似，磁屏蔽在设计磁选设备时也具有一定的意义。电场屏蔽（电屏蔽）目的是减少设备（或电路、组件、元件等）间的电场感应，屏蔽体要选用良导体，制成盒装并保持良好的接地。磁屏蔽是利用磁导率高的材料，使磁场中的磁力线集中于该材料中，在磁通良导体周围造成磁力线分布稀少，不同于电屏蔽，理论上没有绝对的磁屏蔽，可利用多层磁屏蔽或超导材料磁屏蔽增强磁屏蔽效果，磁选设备上通常用磁屏蔽技术约束分选空间的磁力线分布，如磁系利用软磁材料做成的铠甲、磁轭、磁筛、磁介质填料等技术。

在各种磁性材料中，最重要的是以铁为代表的铁磁性材料，钴、镍、钆等也具有铁磁性。常用的铁磁性材料多是铁和其他金属或非金属的合金，以及某些含铁的氧化物。从磁化曲线中可知，材料的饱和磁感应强度、剩余磁感应强度、矫顽力及相对磁导率等，是标志磁性材料的磁特性参数。

磁性材料用途不同，需要的磁特性参数不同。含稀土元素的永磁材料，属于矩磁性材料，具有的剩余磁场磁感应强度 B_r 高、矫顽力 H_c 大，这两者也就决定了单位体积的磁能积（BH）$_{max}$ 大。剩磁 B_r 值高表征永磁体磁感应强度的能力大，矫顽力 H_c 值大表征保持磁感应强度不易衰减的能力。

3.1.4 充磁与退磁

（1）充磁。把磁性材料放到磁场中，使铁磁性物质磁化，当外磁场消除后这些物质的剩磁使其还保持具有磁性，此过程称为充磁。充磁过程可以由充磁机完成，充磁机实际上就是磁力较强的电磁铁，让充磁线圈中通过大电流，使线圈产生较强磁场，被充磁体处于闭合磁路中。充磁时，摆设好附加磁极和被充磁体，加上激磁电流，即可完成充磁。充磁原理如图 3-7 磁化曲线中 Oa 段所示。

充磁可采用恒流充磁或脉冲充磁。恒流充磁是在线圈中通过恒流的直流电，使线圈产生恒定磁场，适合于低矫顽力永磁材料的充磁。脉冲充磁是在线圈中通过瞬间的脉冲大电流，使线圈产生短暂的超强磁场。适合于高矫顽力永磁材料或复杂多极充磁的场合，广泛使用于永磁材料生产。

（2）退磁。又称磁清洗、消磁等，就是指磁体恢复到磁中性状态的过程，也可称为磁中性化。图 3-7 所示磁化曲线中第二象限部分的曲线称为退磁曲线。

在工业处理中，退磁的方法有三种：

1）静态退磁。加一个与磁体原磁化方向相反的矫顽磁场，这个反磁场的强度应保证当其撤去后，恰使磁性体的磁感应强度变为零。由此所得到的磁中性状态称为静态磁中性状态。在图 3-7 所示磁滞回曲线中，第二象限线段代表退磁曲线，即磁体被施加一个与充磁方向相反的磁场时，它的磁感应强度随着反向磁化场强度的增大而下降，当这个反向磁化场强度达到 H_c 时，磁体的磁感应强度降为 0，这时磁体不再具有磁性。

2）动态退磁。将开始较强的交变磁场作用于磁性体，然后逐渐减小交变磁场的振幅到 0，由此得到的磁中性状态称为动态磁中性状态。

该方法的原理是将工件置于交变磁场中，利用磁滞回线递减进行退磁。随着交变磁场的幅值逐渐衰减，磁滞回线的轨迹也越来越小。当磁场逐渐衰减到零时，会使工件中残留的剩磁接近于零，退磁原理如图 3-10 所示。

图 3-10（a）所示为外加磁场磁感应强度变化曲线，图 3-10（b）所示为磁体退磁过程的磁化曲线。由图可以看出，退磁时电流与磁场的方向和大小的变化，换向和衰减必须同时进行。

3）热退磁。热退磁是将磁性体加热到居里温度以上，然后在无外磁场作用

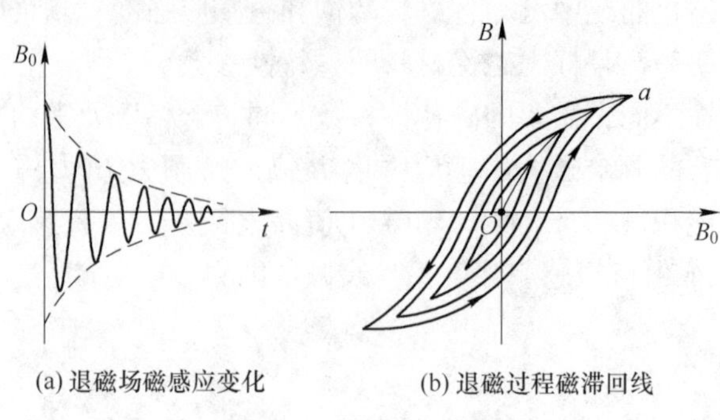

(a) 退磁场磁感应变化 (b) 退磁过程磁滞回线

图 3-10 动态退磁原理

的情况下进行冷却退磁的方式。在工作温度内，温度升高磁体磁力会下降，但是冷却后磁力大部分会恢复。如果温度达到居里温度，磁体内部分子剧烈运动并产生退磁，这种退磁是不可逆的。如钕铁硼磁块，采用热退磁的方式可在 350℃ 以上的高温下烘烤 30min 到 1h 左右。

4）振动退磁。通过摔打、敲击等强振动达到磁体内分子振动增强，分子电流方向混乱达到退磁效果。这种方式不用于主动退磁，振动退磁不会使磁体磁性消失，只是造成磁性下降，其能对使用永磁材料的设备产生影响，但对稀土永磁类材料的影响较小。

3.1.5 磁场类型

3.1.5.1 磁源类型分类

（1）电磁场。不同于电磁波，磁选研究领域所谈的电磁场指磁源由宏观直流电或交流电产生的磁场，如直导线磁场、环形线圈磁场等。

（2）永久磁场。其磁源为铁磁性磁介质（磁性体），在磁介质磁场中磁化后产生的磁场。某些铁磁性材料制成的磁性体，经外磁场磁化再除去外磁场后，还能对外界产生较强的恒定磁场，称为永久磁场。这种除去外磁场之后磁性体具有的磁性称为永久磁性。如铁氧体磁块、钕铁硼磁块等产生的磁场。

3.1.5.2 磁场变化规律特性分类

（1）恒定磁场。恒定磁场也称为稳恒磁场，磁场强度和方向保持不变，如永磁磁系或电流恒定的电铁磁铁磁系。

（2）交变磁场。磁场强度和磁场方向呈周期性连续规律变化的磁场，多由电磁磁系构成。

（3）脉动磁场。磁场强度有规律变化而磁场方向不发生变化的磁场。如通过脉动直流电磁铁产生的磁场。

（4）脉冲磁场。用间歇振荡器产生间歇脉冲电流，是间歇式出现磁场，磁场的变化频率、波形和峰值可根据需要进行调节。将间歇脉冲电流通入电磁铁的线圈即可产生各种形状的脉冲磁场。

恒定磁场又称为静磁场，而交变磁场、脉动磁场和脉冲磁场属于动磁场。

3.1.5.3 磁场磁感应强度大小分类

（1）弱磁场。真空中磁极表面磁感应强度在 0.2T 以下的磁场。在矿加磁选领域，对低于 0.08T 的磁场一般称为低弱磁场。

（2）中磁场。真空中磁极表面磁感应强度在 0.2~0.5T 之间的磁场。

（3）强磁场。真空中磁极表面磁感应强度在 0.5T 以上的磁场。大于等于 5T 的一般称为超强磁场，如超导线圈励磁产生的磁场。

3.1.5.4 磁场分布特点分类

磁场的空间各处的磁场强度相等或大致相等的称为均匀磁场，否则就称为非均匀磁场。

（1）匀强磁场。是指内部的磁场强弱和方向处处相同的磁场，其磁感线是一系列疏密间隔相同的平行直线。均匀磁场是一个常用的理想化物理概念，完全均匀的磁场是不存在的。

常见的均匀磁场：

1）较大的蹄形磁体两磁极间的磁场近似于均匀磁场；

2）通电螺线管内部的磁场；

3）相隔一定距离的两个平行放置的线圈通电时，其中间区域的磁场。

（2）非均匀磁场。磁场中各点的磁场强度大小和方向都是变化的。磁场的非均匀性用磁场梯度表示。

磁场梯度 grad$B$ 指磁场中某点沿某一路径方向上的磁感应强度 B 对距离 l 的变化率，单位 T/m，表达式为：

$$\mathrm{grad}B = \frac{\mathrm{d}B}{\mathrm{d}l} \tag{3-22}$$

磁场梯度也可以表达为磁场强度梯度，即 grad$H$，单位 A/m^2，表达式为：

$$\mathrm{grad}H = \frac{\mathrm{d}H}{\mathrm{d}l} \tag{3-23}$$

关于场的基本特征还有某点 P 的散度和旋度，散度用来判断场的正负源，高斯定律可得出稳恒磁场为无散场，散度处处为零。磁感应强度的旋度（$\nabla\times B$）为该点处电流密度与磁导率的乘积（$\mu_0 J$），磁场强度的旋度（$\nabla\times H$）为该点处传导电流密度与位移电流密度的矢量和（$\boldsymbol{J}$）。∇为拉普拉斯算子。具体计算请参阅相关专业文献。

3.2 矿物的磁性

3.2.1 物质的磁化率

磁性可看成物质内带电粒子运动的结果，是物质的基本属性之一。自然界中各种物质都具有不同程度的磁性，大多数物质的磁性都很弱，只有少数物质才有较强的磁性。表达物质磁性的物理量有物质的体积磁化率和质量磁化率。其中的质量磁化率在矿物加工领域也叫作矿物的比磁化系数。

（1）物质的体积磁化率K，是磁化强度M（单位体积磁矩）与其磁导率μ的积与外加磁场磁感应强度B的比值，无量纲常数。表达式为：

$$K = \frac{M\mu}{B} \tag{3-24}$$

体积磁化率是非标准化名称，是衡量物质被磁化难易程度的宏观物理量，K值越大，说明该物质越容易被磁化。

（2）质量磁化率（又称为物质的比磁化率、比磁化系数）χ。是物质体积磁化率K与其密度ρ（单位 kg/m^3）的比值，单位 m^3/kg，其表达式为：

$$\chi = \frac{K}{\rho} \tag{3-25}$$

常见矿物的质量磁化率（比磁化系数）见表3-1。

表 3-1　部分矿物的质量磁化率（比磁化系数）　　（m^3/kg）

序号	矿物名称	质量磁化率（比磁化系数）/$\times10^{-9}$	
		变化范围	平均值
1	磁铁矿		92000
2	含钒钛磁铁矿		73000
3	磁黄铁矿	11530. 00～2671. 02	4321. 95
4	钛铁矿	1173. 33～224. 56	315. 6
5	铬铁矿	900. 00～136. 51	286. 7
6	黄铜矿	171. 75～29. 97	67. 53
7	黑云母	57. 81～52. 60	54. 24
8	黑钨矿	42. 33～32. 03	39. 42
9	铌铁矿	39. 71～36. 41	37. 38
10	褐铁矿	36. 52～32. 00	33. 1
11	黄铁矿	70. 36～11. 30	26. 98
12	角闪石	28. 89～21. 31	25. 54

续表3-1

序号	矿物名称	质量磁化率（比磁化系数）/×10⁻⁹	
		变化范围	平均值
13	褐钇铌矿	29.20~21.16	24.13
14	赤铁矿	30.91~18.91	23.18
15	绿帘石	23.11~20.15	20.94
16	绿泥石	46.19~12.24	19.96
17	电气石	20.29~18.80	19.38
18	独居石	20.42~17.81	18.61
19	蛇纹石	17.09~13.33	15.79
20	滑　石	27.68~8.50	14.60
21	橄榄石	14.86~9.92	13.24
22	金红石	14.55~11.17	12.30
23	磷灰石	19.00~9.39	11.34
24	香花石	23.10~2.99	7.78
25	包头矿	9.57~5.08	6.50
26	绿柱石	7.14~4.29	5.27
27	辉锑矿	4.94~0.42	1.66
28	闪锌矿	2.39~1.25	1.62
29	锡　石	2.16~0.42	0.83
30	锆　石	1.06~0.64	0.79
31	毒　砂	0.81~0.57	0.63
32	萤　石	1.54~0.14	0.51
33	白钨石	1.25~0.079	0.38
34	方解石	1.52~-0.08	0.37
35	泡铋矿	0.00~-0.28	-0.096
36	辉钼矿	0.00~-0.17	-0.098
37	白铅矿	-0.23~-0.52	-0.27
38	重晶石	-0.25~-0.44	-0.30
39	正长石	-0.25~-0.61	-0.33
40	黄　玉	-0.32~-0.37	-0.36
41	石　英	-0.41~-1.03	-0.50
42	方铅矿	-0.24~-0.90	-0.62

资料来源：矿道网（mining.120.com）。

3.2.2 矿物的磁性分类

按质量磁化率（比磁化系数）χ 大小将矿物按磁性分成三类。

（1）强磁性矿物。强磁性矿物的质量磁化率$\chi>3.8\times10^{-5}m^3/kg$。磁化强度和质量磁化系数值较大，受其本身的形状、粒径和氧化程度的影响，存在磁滞现象、磁饱和现象，离开磁场有剩磁。如磁铁矿、磁赤铁矿（γ—赤铁矿）、钒钛磁铁矿、磁黄铁矿和锌铁尖晶石等。磁感应强度 10~200mT 的弱磁场即可将其有效回收。

（2）弱磁性矿物。弱磁性矿物的质量磁化率χ在 $7.5\times10^{-6}\sim1.26\times10^{-7}\mathrm{m^3/kg}$ 之间。弱磁性矿物的质量磁化率小，且基本是不随外磁场和形状、大小变化的常数，没有剩磁和磁滞现象，即使在较高的外磁场作用下，也不容易达到磁饱和。此类矿物数量众多，如赤铁矿、褐铁矿、菱铁矿、铁锰矿、钛铁矿、金红石、黑云母等。需要在磁感应强度 0.5T 以上的强磁场中进行回收。

（3）非磁性矿物。质量磁化率$\chi<1.26\times10^{-7}\mathrm{m^3/kg}$。属于这类矿物也很多。主要有部分金属矿物，如辉铜矿、方铅矿、闪锌矿、辉锑矿、白钨矿、锡石、金等；大部分非金属矿物，如硫、煤、方解石等。这类矿物有一些属于顺磁质，也有一些属于反磁质。所谓非磁性矿物并非绝对没有磁性，只是很小而已。由目前的磁选机所能达到的磁场强度尚不能选出，因此称为非磁性矿物。

3.2.3 矿物磁性及其影响

3.2.3.1 强磁性矿物的磁性与影响因素

磁铁矿是典型的强磁性矿物，又是磁选处理的主要矿石。强磁性矿物以磁铁矿为例，其磁性特点为：

（1）磁铁矿的磁化强度和磁化率很大，存在磁饱和现象，且在较低的磁场强度下就可以达到饱和。

（2）磁铁矿的磁化强度、磁化率和磁场强度间具有曲线关系。磁化率随磁场强度变化而变化；磁铁矿的磁化强度除与矿石性质有关外，还与磁场强度变化历程有关。

（3）磁铁矿存在磁滞现象，当其离开磁化场后，仍保留一定的剩磁。

（4）磁铁矿的磁性与矿石的形状和粒度有关。

影响磁铁矿磁性的因素有：

（1）颗粒形状的影响。组成相同、含量相同、当量直径相同，而形状不同的磁铁矿，在相同的磁场中被磁化时磁性特性是不同的，长条形磁铁矿比磁化系数χ和磁化强度 M 均高于球形颗粒磁铁矿。

（2）颗粒粒度的影响。研究表明磁铁矿颗粒随粒度的减小，矿粒的比磁化系数χ也随之变小，矫顽力 B_c 随之增大。

（3）矿物氧化程度的影响。磁铁矿在矿床中经长期氧化以后，局部或全部变成假象赤铁矿。随着磁铁矿氧化程度的增加，磁性减弱，比磁化率显著减小。

(4) 强磁性矿物含量的影响。磁铁矿与脉石矿物的连生体中强磁性矿物含量越高，比磁化系数越大，在生产过程中极容易混入磁性精矿中，影响精矿的质量。磁选结果与连生体的磁性、连生体的结构和分选介质有关。

3.2.3.2 弱磁性矿物的磁性及其影响因素

与强磁性矿物相比，弱磁性矿物的磁性有明显的不同：

(1) 磁导率较小，接近于真空磁导率，且变化不大。

(2) 比磁化率大小只与矿物组成有关，与磁场强度及矿物本身的形状、粒度等因素无关。

(3) 弱磁性矿物没有磁饱和现象和磁滞现象，其磁化强度与磁场强度间为直线关系。

(4) 若弱磁性矿物中混入强磁性矿物，即使量少也会对磁特性产生较大的影响。

(5) 弱磁性的矿物与非磁性矿物构成的连生体，其比磁化率大致与弱磁性矿物的含量成正比，连生体的比磁化率等于各矿物比磁化率的加权平均值。

对于弱磁性铁矿物磁选，一种是使用强磁场磁选设备，一种是通过磁化焙烧的方法提高他们的磁性再进行弱磁选。

3.2.3.3 矿物磁选中的磁团聚现象

磁团聚是矿物颗粒聚集方式之一，指磁性颗粒，尤其是较细的磁性颗粒，进入磁场被磁化后，会相互吸引产生聚集，形成团聚，表现为磁团或磁链。当离开磁场后，如果磁性颗粒的矫顽力大，使得矿粒保留较大的剩磁，还会形成剩磁团聚的现象。磁团聚现象在磁选中既有有利的作用也有有害的作用，有利的作用是细磁性颗粒聚集在一起形成磁链或磁团可以有效避免金属流失，不利的作用是形成磁链或磁团包裹一部分脉石，从而影响精矿质量。利用这两点，开发了不同功能的磁选设备，如磁团聚重选机、磁选柱等。

磁团聚在矿物加工过程中对分级和细筛作业影响较大，由于形成磁链或磁团，使细颗粒难以正常分级和落到筛下，对于剩磁较大的矿石，需在分级和细筛前用脱磁器进行退磁，消除影响。

3.3 矿物在磁场中的磁力

磁场按磁力线分布状态分为均匀磁场和非均匀磁场两种。和重力场中物体受重力作用类似，磁性物质在磁场中也受到磁力的作用，重力场中，物体位于水平面上其重力与支持力平衡，合力为零，即有效重力为零，宏观上表现为没有受力。均匀磁场中磁感应强度处处相等，没有磁场梯度，类似于重力场中的水平面，因此磁性物质所受磁场力合力为零。非均匀磁场存在磁场梯度（grad$B$ 或

gradH)，类似重力场中物体位于一定的坡度上，就会受到力的作用。矿粒在均匀磁场中只受到转矩的作用，使其长轴方向平行于磁场方向。在非均匀磁场中，矿粒不仅受转矩的作用，还受到磁力的作用，结果使矿粒既发生转动，又向磁场梯度增大的方向移动。这样，磁性不同的矿粒才得以分离，因此，磁选只能在非均匀磁场中实现，磁选设备选别空间的磁场分布都应是非均匀磁场。

磁性颗粒在磁选机中成功分选的必要条件是：作用在较强磁性矿石上的磁力 F_1 必须大于所有与磁力方向相反的机械力的合力 $F_{机1}$，同时，作用在较弱磁性颗粒上的磁力 F_2 必须小于相应机械力之和 $F_{机2}$。即：

$$F_1 > F_{机1};\ F_2 < F_{机2} \tag{3-26}$$

磁选的实质是利用磁力和机械力对不同磁性颗粒的作用不同，进而运动轨迹不同来实现不同磁性颗粒分离的。

磁选设备提供的非均匀磁场使被选矿石进入分选空间后，受到磁力和机械力的共同作用，沿着不同的路径运动，对矿浆分别截取，就可得到不同的产品。磁性较强的颗粒与磁性较弱的颗粒在磁选设备中的分离轨迹主要有两种方式：

一是吸住法。物料给入靠近磁极的区域，磁性较强颗粒受磁极的吸引被吸在磁极上或紧靠磁极的圆筒或聚磁介质上，进入磁性产品中；磁性较弱的颗粒在竞争力的作用下随料浆流或给料输送带进入非磁性产物中，如筒式磁选机。

二是吸引法。物料进入磁选机磁场中，磁性较强颗粒受磁场吸引，但又有竞争力作用而不能沉积在磁极上，只是朝磁极运动；磁性较弱的颗粒受到的竞争力大，背离磁极运动。两种不同颗粒的运动方向相反，因而得以分选。如磁力脱水槽、磁流体分选等。

3.3.1 单颗粒磁力

磁性颗粒在磁场中磁化并受到磁力作用，作用在磁性颗粒重心上的磁力计算公式为：

$$f_{磁} = m\mu_0 \chi H \mathrm{grad} H \tag{3-27}$$

式（3-27）应用时要注意颗粒尺寸，颗粒尺寸越小误差越小，计算大颗粒所受磁力时，为更准确计算，先把大颗粒分成多个较小颗粒分别计算，再积分求和。

为比较矿物颗粒磁力关系，常用比磁力表述。比磁力 $F_{磁}$ 指作用在单位质量颗粒上的磁力，单位 N/kg。

$$F_{磁} = \mu_0 \chi H \mathrm{grad} H \tag{3-28}$$

式中，$H\mathrm{grad}H$ 反映了磁选设备分选区磁场的贡献，因此也称为磁场力。由磁力公式可见，无论是提高磁场力或提高颗粒的比磁化率，都可以提高颗粒所受的磁力。

磁力、比磁力、磁场力都表明，磁选时，仅有一个适宜的磁场强度是不够的，这个磁场还必须有一定的磁场梯度。作用在磁选颗粒上的磁力取决于颗粒的磁性和磁选设备的磁场力 $H\mathrm{grad}H$。这就是在前面强调的磁选是在一个非均匀的磁场中进行的原因。

3.3.2 颗粒间磁力

磁性颗粒在磁场中被磁化，不仅和磁选设备的磁场具有相互作用，颗粒间也存在相互作用。对形成磁链、磁团聚及连生体、脉石的裹挟作用等均有着重要影响。

Senkawa 等对两个磁性颗粒间的磁相互作用进行了研究，得出了颗粒间磁作用的不同表达式；库建刚等计算了水溶液中两磁性矿粒接触所用的时间；谢强计算了强磁性矿粒形成的磁链强度。

库建刚等以磁偶极子模型为基础，分析了强磁性矿粒在矿浆中受到的各种作用力，得出了磁偶极子力和流体阻力是影响磁链形成的主要因素的结论，并采用迭代过程 Verlet 速度算法，建立了强磁性矿粒的动力学模型，模拟了在磁场作用下磁性矿粒从单颗粒到链状结构的形成过程，为磁选设备的改进和研制提供了理论依据。

磁性矿粒在磁选机分选空间中不仅受到重力、磁力和流体黏性阻力的作用，同时也受到其他磁性矿粒的磁偶极子力以及矿粒间的碰撞作用，在初始阶段，矿粒间的距离相对较远，当两个磁偶极子的极矩（大小和方向）相同，相对位置的水平夹角为 θ，以其中一个磁偶极子为原点建立极坐标系，则磁偶极子模型计算矿粒间的相互磁作用力为：

$$F_{\mathrm{mm}} = \frac{3\,|m|^2\,(1-\cos^2\theta+5\cos^4\theta)^{\frac{1}{2}}}{4\pi\mu_0\mu_{\mathrm{r}}\,|l|^4} \tag{3-29}$$

式中 μ_0——真空磁导率，T · m/A；

μ_{r}——介质的相对磁导率；

m——磁偶极矩，A · m^2；

l——两个磁偶极子中心的距离，m。

利用该模型，进而模拟多磁偶极子相互作用，得到的结论是，模拟中首先出现的是两矿粒的接触，所用时间小于 5ms；随着时间的延长，磁链会逐渐变长，矿粒最终沿外磁场方向呈链状结构排列。

关于磁性颗粒相互作用研究文献较多，模型建立的条件也有所差别，但模拟结果与实际颗粒行为存在一定的偏差，可参考使用。

3.4 磁测量

3.4.1 磁场测量

磁场测量方法较多，如磁力法、电磁感应法、磁通门法、电磁效应法、磁共振法、超导效应法等。

（1）磁力法。是利用磁针或载流线圈与被测磁场之间相互作用的机械力测量磁场的方法。其中利用小磁针的方法常称为“磁强计”法，利用载流线圈的方法称为电动法。

（2）电磁感应法。利用电磁感应定律原理，即磁通量变化产生感应电动势的现象来测量磁场的方法。包括冲击法和旋转线圈法，测量范围可达 10^{-13} ~ 10^{3}T。电磁感应法的磁传感器是一个匝数 N、截面积 S 的探测线圈。探测线圈置于探测磁场 B 中，通过线圈的抽动、旋转振动等使线圈中的磁通发生变化，则探测线圈中的感应电势：

$$e = -N\frac{\mathrm{d}\Phi}{\mathrm{d}t} = -NS\frac{\mathrm{d}B}{\mathrm{d}t} \tag{3-30}$$

若探测磁场为直流磁场，可将探测线圈用角速度为 ω 的电机带动旋转，并使旋转轴线与磁场方向垂直，由于 $\Phi = SB\sin\omega t$，则线圈的感应电势为：

$$e = -N\frac{\mathrm{d}\Phi}{\mathrm{d}t} = -NS\omega B\cos\omega t \tag{3-31}$$

若探测磁场为正弦交流磁场，设 $\Phi = \Phi_{\mathrm{m}}\sin\omega t$，则线圈的感应电势 e 为：

$$e = N\frac{\mathrm{d}\Phi}{\mathrm{d}t} = \omega N\Phi_{\mathrm{m}}\cos\omega t \tag{3-32}$$

探测磁场的磁感应强度 B 的最大值为：

$$B_{\mathrm{m}} = \frac{\Phi_{\mathrm{m}}}{S} = \frac{\sqrt{2}}{\omega NS}U \tag{3-33}$$

（3）磁通门法。用被测磁场中，铁芯在交变磁场的饱和激励下其磁感应强度与磁场强度的非线性关系来测量磁场的一种方法。测量范围为$\pm 8\times 10^{-2}$T。

（4）电磁效应法。利用金属或半导体中通过的电流和外磁场的同时作用产生的电磁效应来测量磁场的方法。其中，霍尔效应法最简单，应用最广。霍尔效应使用左手定则判断，如图 3-11 所示。

霍尔效应是电磁效应的一种，这一现象是美国物理学家霍尔（E. H. Hall，1855—1938）于 1879 年在研究金属的导电机制时发现的。当电流垂直于外磁场通过导体时，载流子发生偏转，垂直于电流和磁场的方向会产生一附加电场，从而在垂直于磁场和电流方向的导体两端产生电动势，这一现象就是霍尔效应，这个电动势也被称为霍尔电势差，磁感应强度与霍尔电势成正比。霍尔效应磁感应强度计算式为：

$$B = \frac{Ud}{iR} \tag{3-34}$$

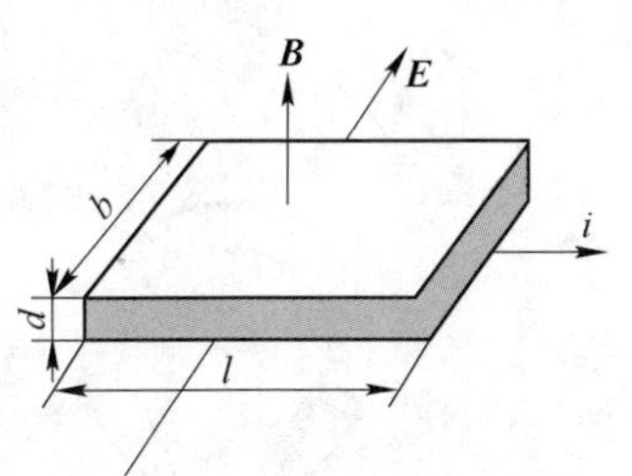

图 3-11 霍尔效应示意图

式中 U——霍尔电势，V；

d——半导体材料厚度，m；

i——半导体材料载流，A；

R——材料霍尔系数，$m^2/(A \cdot s)$。

实验室常用的特斯拉计，就是基于霍尔效应开发的用电磁效应法测量磁场的磁感应强度的仪器。霍尔效应法简单快速，能连续地、线性地读数，且能判定磁极 N、S 极性；无触点，无可动元件；方法简单，使用寿命长，霍尔变换器可以做得很小、很薄，便于测量狭小空间磁场；缺点是误差较大。

（5）磁共振法，利用物质量子状态变化精密测量磁场的一种方法。测量对象一般是均匀的恒定磁场。有核磁共振、电子顺磁共振两种方法。

超导效应法，利用弱耦合超导体中约瑟夫森效应的原理测量磁场的一种方法。

3.4.2 矿物磁性的测量

矿物磁性的测量方法可分成三大类：有质动力法、感应法和间接法。选矿中常用的是有质动力法。对一般情况，采用磁力天平就可以满足要求。有质动力法可分成古依（Gouy）法和法拉第（Faraday）法。

（1）古依（Gouy）法测矿物的比磁化率。此法是直接测量比磁化率的方法，适用于强磁性矿物和弱磁性矿物的比磁化率测定。

（2）法拉第法测量矿物的比磁化率。法拉第法一般用来测定弱磁性矿物的比磁化率。该法与古依法的主要区别是样品的体积较小，因此可近似认为在样品所占的空间内磁场力是个恒量。

即

$$\chi = \frac{f_{磁}}{\mu_0 H \mathrm{grad} H} \tag{3-35}$$

测量磁性材料的性能首先要把待测材料制成试样并在试样上绕制线圈，然后根据材料的工作条件，测量其直流或交流磁特性。测量时要求样品内部磁场必须分布均匀。试样可制成环状、棒状或条状，如图 3-12 所示。

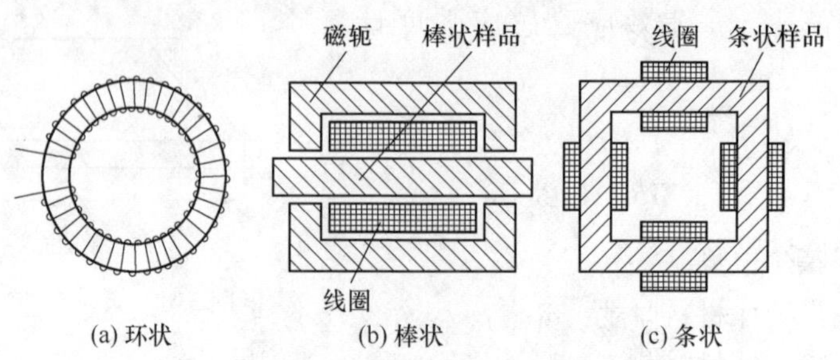

图 3-12 磁性材料测量时样品形状

3.4.3 磁性矿物含量分析

实验室常用磁选管、磁力分析仪、感应辊式磁力分离机、强磁矿物分离仪等磁力分析器分析矿石中磁性矿物的含量，确定矿石磁选可选性指标，对矿床进行工艺评价，检查磁选机的工作情况，提纯各种单矿物，进行物质组成、矿物组成、可选性等方面的工作。

磁选管是用于湿式分析矿物中强磁性矿物含量的磁分析设备，主要由电磁铁和电磁铁工作间隙内可移动的玻璃管组成，其构造如图 3-13 所示。

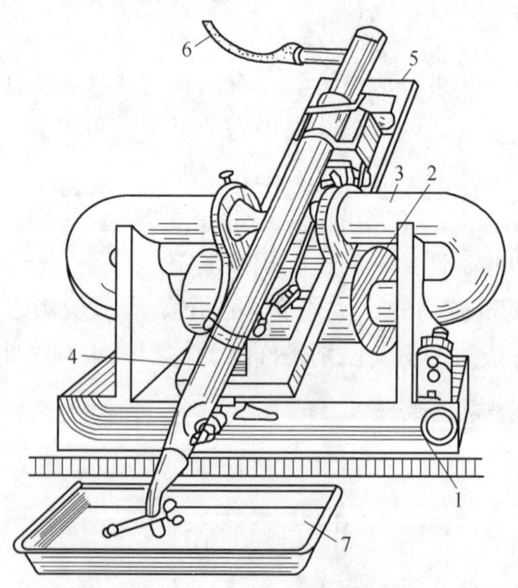

图 3-13 磁选管结构

1—机架；2—线圈；3—框架铁芯；4—可动玻璃管；
5—传动机构；6—给水管；7—收矿槽

3.5 磁系设计

磁系是磁选设备在分选区产生磁场的装置，关系到磁选设备的磁场类型、磁场强度、磁场梯度、作用深度、磁场分布、漏磁程度等多方面磁场特性。也是磁选设备分类的一个重要标准。

磁选设备的磁场由磁系产生，磁系可分开放型磁系和闭合型磁系，如图 3-14、图 3-15 所示。

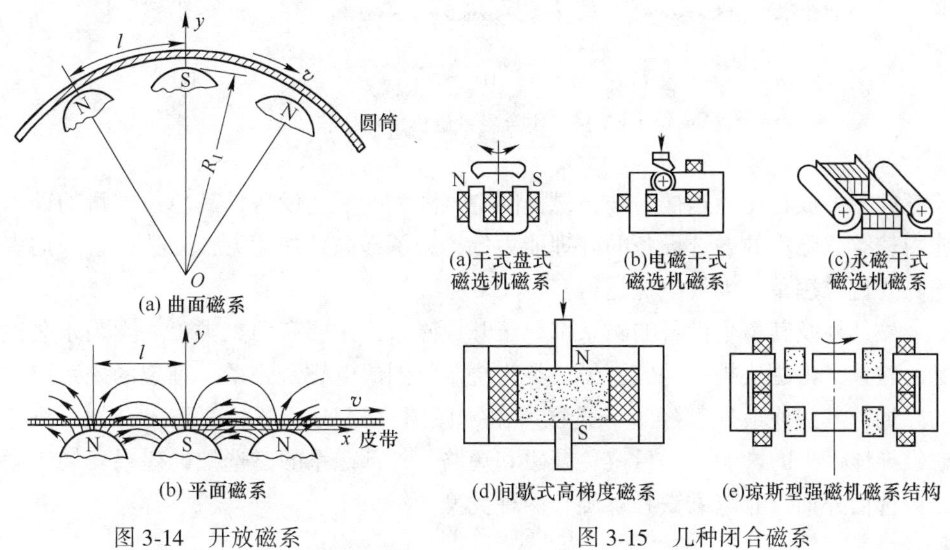

图 3-14　开放磁系　　　　图 3-15　几种闭合磁系

开放磁系即磁极同侧相邻配置，磁极之间和磁极对面无感应磁介质的磁系，按磁极的排列方式分为曲面磁系、平面磁系、塔形等，其磁场强度不高，用在弱磁场磁选设备上，适合选分强磁性矿石。

闭合磁系的磁极相对配置，如图 3-16 所示。在闭合磁系中，一种是具有一定形状的单层感应磁极与原磁极构成闭路的磁系；另一种是相对磁极间装有特殊形状的铁磁介质的磁系。

磁极中间装有特殊形状的铁磁介质（如表面带齿的圆辊，带齿的平板、网球、钢丝和网等），在磁极的磁场中被磁化以后成为感应磁极。

分选空间即为磁极间的空气隙。通常空气隙较小时，磁通通过空气隙的磁阻小、漏磁少，分选空间具有较强的磁场，这种磁系产生强磁场，且因为铁磁介质的添加会大大加强局部磁场梯度，因此强磁场磁选设备采用闭合磁系，选分弱磁性矿物。

为了提高磁选设备的处理能力，似乎应该尽量增大磁极间的空气隙，其实不然。实践表明，在磁场强度大致相同时，同样类型的磁选设备的重量大致和气隙

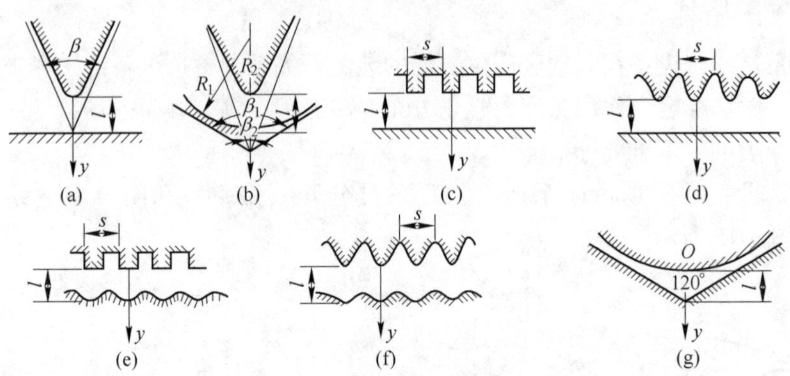

图 3-16　闭合磁系磁极常见形状

长度的平方成正比。这样一来，磁极间空气隙大的磁选设备，其单位重量的处理能力较空气隙小的磁选设备的处理能力低。为了提高处理能力，磁选设备采用多气隙要比采用单一大气隙优越得多。

磁选柱及其衍生设备的磁系都属于开放磁系，主要有两大类：一类为永久磁场的磁系，由磁块排列构成；另一类为绕制线圈或电磁铁磁系。理想的磁系产生的磁场，其磁通最好都经过分选区。由于磁路（磁通回路）都是闭合的，要考虑磁导体带来的影响，尽量避免漏磁和短路。外部磁系的磁选柱的磁系安装于紧贴分选筒外面，有电磁铁和螺旋管两种类型。

3.5.1　磁路

3.5.1.1　磁路及其基本概念

A　磁路

磁系的设计与计算与磁路分析与计算相关。磁极产生的磁力线是闭合的回路，其磁通经过的闭合路径叫做磁路。磁路分为分支磁路和无分支磁路两种，如图 3-17、图 3-18 所示。

磁路的磁通又分为主磁通和漏磁通，当线圈中通以电流后，沿铁芯、衔铁和工作气隙构成回路的这部分主要路径的磁通称为主磁通，占总磁通的绝大部分；少量的磁通不在主路径通过，没有经过工作气隙和衔铁，而是经空气自成回路的这部分磁通称为漏磁通。一般无分支磁路都忽略了漏磁，如图 3-18 所示，其中主磁通集中在磁导率较高磁路中，路径较长；漏磁通分布在磁导率较低的空气中，路径较短。为减少漏磁，通常人为地制造磁通的路径，使磁通主要集中在此路径之内，而路径之外的周围空间因为磁阻大而磁通较少。磁路上的工作气隙是磁选设备的分选空间。

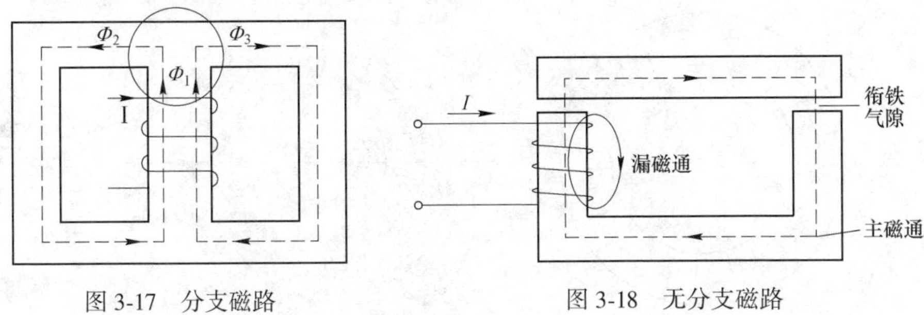

图 3-17 分支磁路　　图 3-18 无分支磁路

按照产生磁场的电流不同，磁路可以分为直流磁路和交流磁路两种。直流磁路是由直流激磁的磁路。此时，磁路中的磁通、磁势、磁感应强度等都是恒定的，不随时间而改变。交流磁路是指由周期性交流电激磁的磁路。由于电压，电流均是时间的函数，它所建立的磁场也是时间的函数。与直流磁路不同的是交流磁路中铁芯始终处于周期性反复磁化之中。铁磁材料存在磁饱和、磁滞、涡流、趋肤等效应。

标准的磁选设备磁路由磁源（线圈或永磁磁极）、回路（铁芯、磁轭、聚磁介质等）、工作气隙三部分构成。磁选设备要求磁路中的磁通集中通过分选区，就需要设计合理的磁路，尽量减少漏磁通。如 Halbach 永磁阵列，平面 Halbach 永磁阵列如图 3-19 所示，环形 Halbach 永磁阵列如图 3-20 所示。

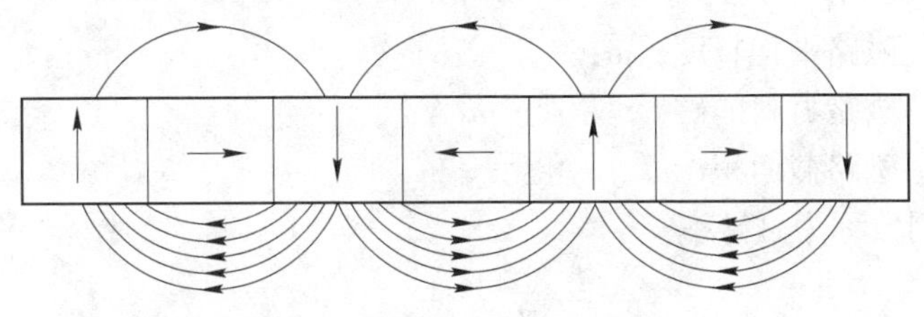

图 3-19 平面 Halbach 永磁阵列

作为一种静态磁场产生装置，Halbach 永磁阵列结构具有优异的磁场特性，使磁场高效率的作用于分选空间，在不增加磁块体积的前提下，既可增加分选空间的磁密，又可有合理减少非分选空间的磁通量，有效提高磁场的利用率、磁能的利用效率。

良好的电磁磁系磁路结构或设计应该包括以下三个基本条件：一是铁芯和磁极头接近磁饱和时，应能在磁极工作隙或磁介质中产生符合要求的磁场强度，要求有足够的磁极头或铁芯截面面积，合适的空气隙大小。二是铁磁导体磁饱和出现的位置应尽可能靠近磁极头，避免磁轭先饱和，造成磁通势（安匝数）浪费。

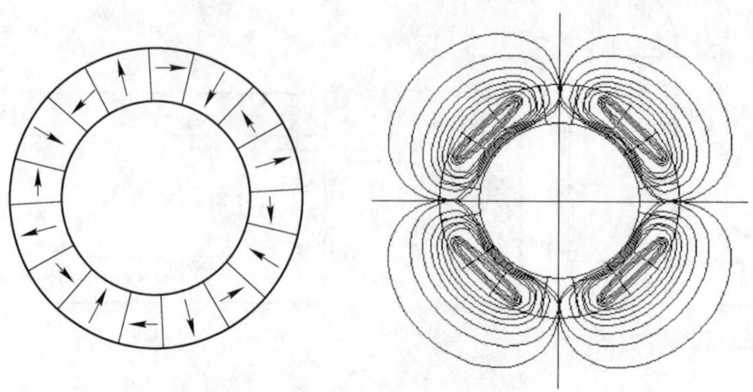

图 3-20 环形 Halbach 永磁阵列

三是激磁线圈应尽可能靠近磁极工作隙，尽量采用短磁路，减少漏磁。

B 磁阻与磁导率

研究磁路问题和磁场问题与电路与电场类似。电流在导体中会存在阻力，称为电阻。同样，在磁路中磁通通过磁导体与空气时也会受到相应的阻力，称为磁阻。磁阻 R_m 的大小与磁路长度 l 成正比，与磁路的截面积 S 和磁导率 μ 成反比，公式为：

$$R_m = \frac{l}{\mu S} \tag{3-36}$$

式中 R_m——磁阻，1/H；

l——磁路平均长度，m；

μ——磁路材料的磁导率，T · m/A；

S——磁路截面积，m^2。

磁阻的倒数称为磁导率：

$$G = \frac{1}{R_m} \tag{3-37}$$

式中 G——磁导率，H；

R_m——磁阻，1/H。

3.5.1.2 磁路计算

A 磁路计算基本定律

(1) 磁路欧姆定律。电磁磁路中磁通量 Φ 等于线圈磁通势（安匝数）IN 与磁阻 R_m 的比值。表达式为：

$$\phi = \frac{IN}{R_m} \tag{3-38}$$

式中 ϕ——磁通量，Wb；

IN——线圈磁通势（安匝数，I 为电流，N 为匝数），A。

（2）基尔霍夫磁通定律。基尔霍夫磁通定律又称磁路第一定律，即磁通连续性定理，指有分支磁路，任取一闭合面，根据磁通连续性原理，进入闭合面的磁通，必等于流出闭合面的磁通，即穿过闭合面的磁通的代数和为零。

$$\oint\!\!\!\oint_S B \cdot \mathrm{d}S = 0 \tag{3-39}$$

（3）基尔霍夫磁位差定律。基尔霍夫磁位差定律又称磁路第二定律，即磁路的安培环路定律。磁路中沿任意闭合曲线磁位差（Hl，也叫磁压降）的代数和等于沿该曲线磁通势（IN）的代数和，此称基尔霍夫磁位差定律。

$$\sum IN = \sum Hl \tag{3-40}$$

式中 IN——磁路的磁通势，A；

Hl——磁位差，A。

首先在磁路图中规定磁通方向，一般顺时针为正，逆时针为负，再判断磁压降与磁通势符号。磁压降 Hl 的符号由磁场强度 H 与规定的磁通绕行方向一致时取正号，反之为负；磁通势 NI 由电流方向与规定的磁通绕行方向决定，符合右手螺旋定则为正号，即与规定的磁通方向一致为正，反之为负。

B 磁路计算简介

磁路计算主要根据基尔霍夫磁位差定律，先选取独立回路，再设定正方向，判断磁压降、磁通势方向，列方程组求解回路磁通和支路磁通，由磁通量计算励磁电流或反之求解。由励磁电流计算磁通量时有图解法和试探法两种，深入学习可参考磁路计算相关文献。

注意：励磁电流为直流或励磁线圈两端电压为直流电压，则磁路中磁通是恒定的，属于恒定磁通磁路，计算时各部分的特性与其材料、形状、尺寸有关。铁芯的磁特征取其平均磁化曲线；磁路长度取平均长度（即中线的长度）；磁路面积按有效面积（如为减小涡流，采用薄钢片叠加铁芯，有效面积系数可取 0.9）；空气隙注意边缘（扩张）效应，要加上扩张面积，为半周长的空气隙倍数。

关于气隙磁导的计算有分析法和分割磁场法两种。分析法适用于极面上磁感应均匀分布、无边缘磁通的理想模型，如磁极为规则的几何形状、气隙内磁通分布和等位线分布均匀、忽略边缘效应的场合。分割磁场法就是把磁极间包括边缘扩散磁场在内的整个磁场沿磁通路径分割成若干个具有简单几何形状的磁通管，如棱柱体、圆柱体、半球体等。先计算出每个磁通管的磁导，这些并联着的磁导的总和就是整个磁极间的气隙磁导。

关于永磁体的串并联。把永磁体设想成为电池，则串联永磁体的磁势增加而磁通不变（相当于串联的电池电势增加而电流不变）；并联永磁体的磁势不变，而磁通增加（相当于并联的电池电势不变而电流增加）。

3.5.2　电磁铁磁系

3.5.2.1　电磁铁磁系结构与吸力

电磁铁由线圈、铁芯及衔铁三部分组成，常见的结构和磁路如图 3-21 所示。

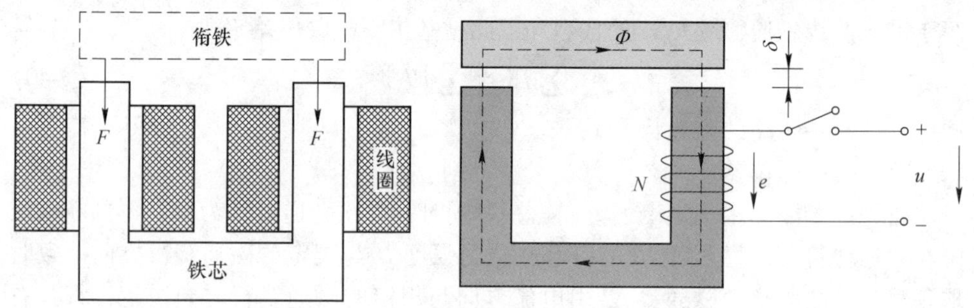

图 3-21　直流拍合式电磁铁结构与磁路

电磁铁是可以通电流产生磁力的器件，属非永久磁铁，可以很容易地将其磁性启动或是消除。根据励磁电流特性电磁铁可以分为直流电磁铁和交流电磁铁两大类型。

磁选设备使用的电磁铁没有衔铁，由两部分构成，一是中心的铁芯，二是绕在铁芯上的导电绕组（线圈），其产生的磁力用于吸引分选物料中的磁性颗粒。当电流通过导线时，会在导线的周围产生磁场，使这种通有电流的线圈像磁铁一样具有磁性。通常把它制成条形或蹄形，以使铁芯更加容易磁化。另外，为了使电磁铁断电立即消磁，需采用消磁较快的软磁性材料，如工程纯铁或硅钢材料来制作铁芯，这样的电磁铁在通电时有磁性，断电后磁性随之消失。硬磁性材料做的铁芯一旦被磁化后，将长期保持磁性而不能很快退磁，其磁性的强弱就不能用电流的大小来控制，失去了电磁铁应有的优点。

当在通电螺线管内部插入铁芯后，铁芯被通电螺线管的磁场磁化。磁化后的铁芯也变成了一个磁体，这样由于两个磁场互相叠加，从而使螺线管的磁性大大增强。为了使电磁铁的磁性更强，通常将铁芯制成蹄形。但要注意蹄形铁芯上线圈的绕向相反，一边顺时针，另一边必须逆时针。如果绕向相同，两线圈对铁芯的磁化作用将相互抵消，使铁芯不显磁性。

一般而言，电磁铁产生的磁场与电流大小、线圈匝数及中心的铁磁体有关。在设计电磁铁时，应注重线圈的分布和铁磁体的选择，并利用电流大小来控制磁场。由于线圈的材料具有电阻，这限制了电磁铁所能产生的磁场大小，但随着超导体的发现与应用，使电磁铁产生的磁场得以大大增强。

直流电磁铁磁系端面的吸力：

$$F = \frac{B^2 S}{2\mu_0} = \frac{\Phi^2}{2\mu_0 S} \tag{3-41}$$

式中 F——电磁铁吸力，N；

B——磁系端面磁感应强度，T；

Φ——磁系端面磁通量，Wb；

S——磁系端面面积，m。

3.5.2.2 电磁铁磁系设计

磁选设备电磁铁磁系一般为直流电磁铁，通常设计方法是已知电磁铁的吸力和工作条件要求，确定其结构形式、几何尺寸和磁感应强度（决定线圈参数）。根据电磁铁的结构类型、所需磁感应强度和电磁铁工作气隙磁感应强度曲线，选取对应结构因数。

具体步骤如下。

（1）根据负载的反力特性选择电磁铁的结构形式。磁选设备所用电磁铁，通常选择导线绕制螺线管，再用环氧树脂浇注，形成螺线管加铁芯的形式，如图 3-22 所示。

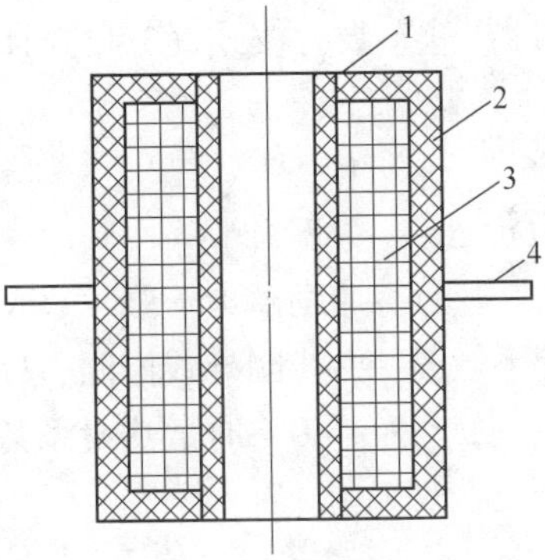

图 3-22 环氧树脂浇注线圈

1—绝缘层；2—环氧树脂；3—导线；4—接线端子

（2）初步设计确定电磁铁的结构参数。电磁铁的结构参数包括所需铁芯直径和安匝数、线圈参数和铁芯尺寸、其他重量、电阻等工程参数。

电磁铁吸力，工程上常按照千克力计算，公式为：

$$F = \left(\frac{B}{5000}\right)^2 S = \left(\frac{B}{5000}\right)^2 \frac{\pi}{4} d^2 \tag{3-42}$$

（3）铁芯直径：

$$d_c = \frac{5800\sqrt{F}}{B} \tag{3-43}$$

铁芯直径决定磁极面尺寸，为了提高磁极工作隙或磁介质中的磁场强度，磁极头面积收缩是有利的，而且还可以避免铁芯先饱和。磁极面有高度和宽度两个尺寸，极面高度大，磁介质的高度就大，对增加选分时间就有利；极面宽度大，有利于提高磁选设备的处理量。为保证磁极或者磁介质气隙中的磁场强度，磁极面尺寸应该满足：

$$H \leqslant B_m\left(1 - \frac{l_g}{\sqrt{r^2 + l_g^2}}\right) \tag{3-44}$$

式中　H——磁极工作隙或磁介质中应达到的磁场强度，A/m；

B_m——饱和磁感应强度，T；

r——磁极面等效半径，m；

l_g——工作隙或等效工作隙长度之半，m。

铁芯长度的选择。一般来说，铁芯直径越大，单位安匝数所能提供的磁通就越多。例如铁芯长度为L，设计时应尽量使$L \leqslant d_c$，以便在磁极间的气隙内得到较高的磁场强度。当$L>1.5d_c$时，工作隙的磁感应强度会大幅度下降。

磁轭截面积的选择。强磁场磁选机的磁轭所用的材料多为工业纯铁，工业纯铁的磁化曲线的膝点在$B/B_m=0.7$左右，超过这一点，磁感应强度随着磁场强度的增加缓慢增加。一般选取磁轭面积为铁芯截面积的1.4倍左右。

（4）根据确定的尺寸和数据，验算线圈的发热特性，计算电磁铁的静态吸力特性及其他特性。发热量按式（3-45）计算，发热量测试参考第5章式（5-11），静态吸力按式（3-42）计算。

$$\Delta\theta = \frac{I^2R}{\mu_{40}^{\circ}S} \tag{3-45}$$

式中　$\Delta\theta$——温升，℃；

I——励磁电流强度，A；

R——线圈导线电阻，Ω；

μ_{40}°——40℃时散热量系数，J/(s·m²·℃)。

（5）外壳内径：

$$D_2 = nd_c \tag{3-46}$$

式中　D_2——外壳内径，mm。

在螺管式电磁铁产品中，外壳内径D_2与铁芯直径d_c之比值n约为2~3。

（6）线圈厚度的确定：

$$b = \frac{D_2 - d_c}{2} - \Delta \tag{3-47}$$

式中　b——线圈厚度，mm；

Δ——线圈骨架及绝缘厚度，mm。

（7）线圈长度。线圈的高度h与厚度b比值为β，则线圈高度：

$$h = \beta b \tag{3-48}$$

式中 h——线圈长度，m；

β——线圈高度与厚度比值，经验数据3~4。

（8）导线直径的确定。

导线直径 d 的计算公式：

$$d = \sqrt{\frac{4\rho D_{av} IN}{U}} \tag{3-49}$$

式中 D_{av}——线圈平均直径，$D_{av} = d_c + b$，mm；

IN——线圈磁通势（也叫磁动势、安匝数），A；

ρ——导线电阻率（60℃），Ω · m。

（9）线圈导线电阻。线圈导线电阻 R 计算式：

$$R = \frac{\rho l}{S} \tag{3-50}$$

式中 l——导线长度，m；

S——导线横截面积，m^2。

（10）特性验算。由于初步设计中做了简化，为电磁铁工作可靠，还需要根据设计的结构尺寸和数据做进一步详细的验算，工程应用中还需计算质量、温升特性等参数，计算过程请参阅相关专业文献。

3.5.3 螺线管磁系

在磁选设备中，电磁螺线管线圈广泛用作励磁磁系。通过一个或几个线圈的组合，产生具有一定特点的磁场作用于选别空间，达到有效选别的目的。这主要是由于电磁线圈产生的磁场不仅稳定性好、线性度高、磁场强度可调，而且通过若干线圈的组合还可以达到使选别空间的磁场强度均匀、磁场强度沿空间某一方向的梯度均匀的目标，并在此基础上可有效分离磁性颗粒和非磁性颗粒。

在电磁线圈的设计和使用中，为了达到设计和使用的目的，并且保证设备正常工作，通常情况下要考虑以下几个问题：

（1）在选分空间能够产生足够大的磁场强度和磁场梯度，使磁性颗粒能够被有效捕收。

（2）磁场强度和磁场梯度均匀，使颗粒在选分过程中受力均匀，保证选分精度。

（3）磁场利用效率较高，减少不必要的能量损失。通常采用适当几何形状的电磁线圈，使线圈的法布里因子最大，从而相应地使电功功率最小。

（4）线圈温升以及如何保证线圈工作在正常的温度范围内。

磁选柱是一种低弱磁场磁选设备，其所处理的对象主要是比磁化系数较大的强磁性矿物，因此其磁场强度较小；另外其他几组线圈采用周期通电方式，线圈温升较低，而且热量很快就能带走，所以温升的影响也不大。因此，磁场强度的均匀性和磁场利用系数高低的问题就是设计时应重点考虑的问题。

3.5.3.1　电磁线圈种类

在工业上应用较多的电磁线圈主要有三种，分别为均匀电流密度线圈、比特线圈（Bitter）、高姆线圈（Gaume）。三种常规线圈中，由于导线的缠绕方式不同，导致线圈具有不同的结构形式，从而产生不同的磁场分布特性，磁场能的利用效率也有所不同。

A　均匀电流密度线圈

此类线圈就是我们所说的线绕线圈，一般由绝缘铜导线密绕成多层多匝，由于导线的截面积与线圈的其余尺寸相比较小，所以可以认为导线的电流密度沿径向是均匀的。

均匀电流密度线圈的 G 因子（也叫法布里因子）$G_M(\alpha, \beta)$ 在 $\alpha = 3$，$\beta = 2$ 时达到最大值，即 $\max G_M(\alpha, \beta) = 0.142$。法布里因子，是线圈的功率表达式中的一个因子，法布里公式为：

$$P = \frac{H_p^2 \rho r_1}{G\lambda} \tag{3-51}$$

式中　H_p ——轴线某点磁场强度；

r_1 ——线圈内半径，m；

ρ ——导线电阻率，1/Ω；

G ——线圈的功率因子；

λ ——线圈充填系数。

对于均匀电流密度线圈来说，相同的功耗下，应尽量使线圈的形状满足 $\alpha=3$，$\beta=2$（α 为线圈外内半径之比，β 为线圈轴长之半与内半径之比）这一条件，从而使该线圈产生的磁场强度最大。也就是说，要产生给定的磁场强度，这种线圈消耗的功率应最小。因此，当磁选设备对线圈产生的磁场的空间特性没有特别要求时，应尽可能选取这种形状。

B　比特（Bitter）线圈

除了均匀电流密度线圈之外，目前应用较广泛的另一类常规线圈是比特线圈。比特线圈就是通常所说的带绕线圈，其结构形式为：把一些内外半径分别为 r 和 R，厚度相同的垫圈状导电圆盘沿它们的半径切开，然后把他们相互绝缘地垒成所需的线圈长度，把相邻圆盘的切缝交错连接起来成螺旋盘状，这就构成了比特线圈。

比特线圈可以看成是电流绕轴流动的导电圆筒。绕组内的电流密度 j 沿轴向是均匀的，j 沿径向是不均匀的。

对于比特线圈来说，当$\alpha=6$，$\beta=2.2$时，比特线圈的G因子$G_B(\alpha, \beta)$达到最大值，$\max G_B(\alpha, \beta)=0.166$。因此比特线圈的效率比均匀电流密度线圈的效率高17%。也就是说，要获得同样大小的磁场强度，比特线圈比均匀电流密度线圈可节省17%的功耗。

C 高姆（Gaume）线圈

还有一种线圈，即高姆线圈，其功率系数更高。该线圈也是由一些垫圈状的导电圆盘构成，只不过每个圆盘的厚度各不相同。圆盘沿线圈的轴线对称排列，在线圈中部最薄，越到线圈两端越厚。因此，高姆线圈绕组内的电流密度不仅沿径向不均匀，而且沿轴向也是不均匀的。

对于高姆线圈来说，当$\alpha=8$，$\beta=8$时，$G_g(\alpha, \beta)$达到最大值，$\max G_g(\alpha, \beta)=0.185$，因此高姆线圈的效率较比特线圈的效率还要高11%。

三种常规厚壁线圈比较见表3-2。

表3-2 三种常规厚壁线圈特点比较

线圈名称	形状特点	$G_{因子}$
均匀电流密度线圈	$\alpha=3$，$\beta=2$	0.142
比特线圈	$\alpha=6$，$\beta=2.2$	0.166
高姆线圈	$\alpha=8$，$\beta=8$	0.185

通过分析这三种常规线圈的结构和功率，可以发现高姆线圈尽管效率因子比较高，磁能利用率较高，但由于制作较复杂，成本相对较高，所以只有极特殊场合才考虑应用，其应用较少。

均匀电流密度线圈的最大特点是易于加工，易于成型，因而成本低廉，所以在实际应用中使用最为广泛。磁选柱的磁系由6个线圈构成，每一个线圈都是均匀电流密度线圈。

3.5.3.2 组合线圈

线圈组合的目的是通过选取若干个厚壁线圈进行搭配，适当选择这些线圈的参数，可以提高整个线圈系统磁场均匀度，使选分空间的磁场满足一定特性来达到选分目的。通常情况下，应用较多的线圈组合形式是亥姆霍兹线圈，除此之外，其他一些线圈组合方式还有蒙哥马利线圈、加莱特厚壁线圈和亥姆霍兹-比特线圈等，但不多见。这些线圈具有比亥姆霍兹线圈更高阶的磁场均匀度，常用于强磁场的产生，但是由于加工、装配精度的限制，许多参数不可能准确满足线圈系统要求的参数关系，因此实际上并不能达到理论计算的那么高的磁场均匀度。再加上成本上的考虑，所以真正用于磁选设备上的很少。

在磁选设备上用得最多的组合线圈就是类亥姆霍兹线圈，磁场强度适中，磁场均匀度基本满足要求，易于加工、易于装配，因此应用很广，磁选柱的励磁线圈结构如图3-23所示。

其电磁磁系是由6个厚壁直流线圈组成，其中1和4、2和5、3和6为一组，总共3组线圈，每组2个线圈串联。在供电系统控制下，每组线圈由上至下顺序通断电，产生阶段下移的磁场和磁场力。这种特殊的供电方式，可以使磁性颗粒经过多次团聚—分散—团聚过程，向下运动，同时在上升水流的作用下，向上冲出单体脉石及中贫连生体，完成选分过程。

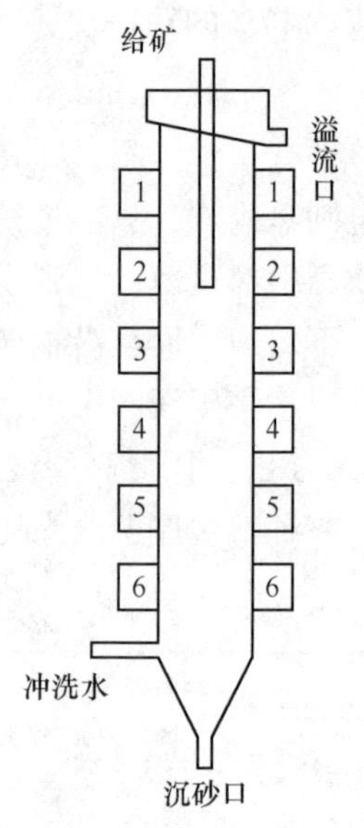

图3-23　磁选柱磁系结构

由于团聚—分散—团聚这样的过程反复进行多次，因而在一机上能实现多次精选。与其他类型磁重选矿设备相比，由于其磁场是断续存在的，并且场强大小可调，磁场变换周期可调，因此能够有效破坏磁团聚，提高选分效果。

就整个磁系来说，从单一线圈形式来看，每个线圈都是均匀电流密度线圈；从线圈组合形式来看，属于类亥姆霍兹组合线圈；从整体磁路来看，这一磁系在一定程度上保持了马斯顿磁路的特点，其优点是漏磁小、磁路短、激磁功耗小、线圈较易绕制、铜材利用率高、成本低、有较高的可靠性。

3.5.4　磁选柱磁系

磁选柱磁系设计通常采用反向设计法，首先进行探索试验，初步确定磁力作用点所需的磁场磁感应强度和梯度范围；再根据探索试验，设计磁系并验证。

如对0.2mm磁性颗粒，探索试验表明，在5mT的磁感应度强度背景下，平均梯度2.3(mT/cm)即可满足静态水介质中强磁性矿物（磁铁矿）向磁极运动的要求，而0.1mm时则需要10mT以上的磁感应度强度，平均梯度2.3(mT/cm)才能实现磁铁矿颗粒向磁极运动。

反向设计首先设计磁系结构参数，即确定匝数（列数与层数）、铁芯直径，再计算其在作用点（通常距离定位于竖向分选筒的水平截面中心）产生的磁感应强度与磁场梯度。

3.5.4.1　磁选柱电磁线圈磁感应强度计算

线圈匝数的计算用简图如图3-24所示。由电磁学理论可知，单层螺绕环线

圈在其轴线上 P 点产生的磁感应强度计算公式为：

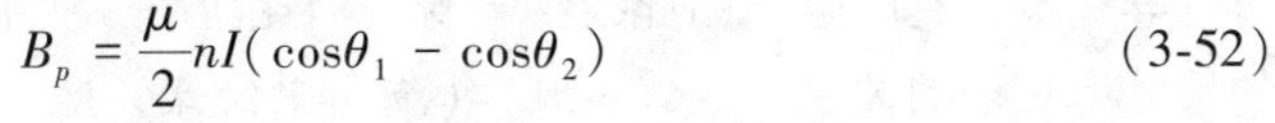

$$B_p = \frac{\mu}{2} nI(\cos\theta_1 - \cos\theta_2) \tag{3-52}$$

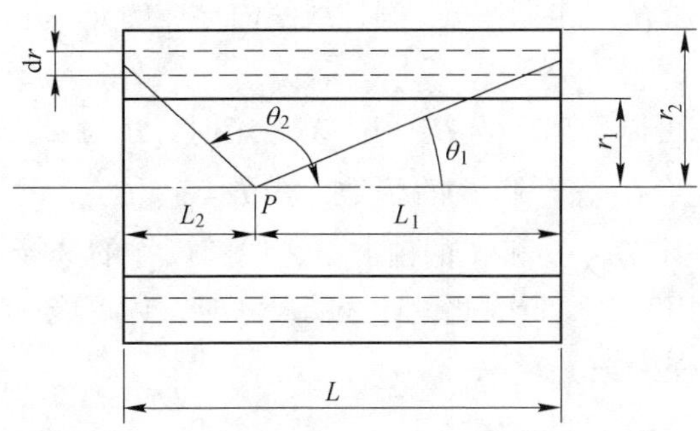

图 3-24 线圈轴线上磁感应强度计算用简图

多层螺绕环线圈轴线上的磁感应强度可以从对式（3-52）的积分中得到。多层螺绕环线圈轴线上 P 点的磁感应强度，积分计算结果为：

$$\begin{aligned} B_p &= \int_{r_2}^{r_1} \mathrm{dB} = \int_{r_2}^{r_1} \frac{1}{2} \mu nI(\cos\theta_1 - \cos\theta_2) \frac{\mathrm{d}r}{r_2 - r_1} \\ &= \frac{1}{2} \frac{\mu nI}{r_2 - r_1} \left(L_1 \ln \frac{r_2 + \sqrt{r_2^2 + L_1^2}}{r_1 + \sqrt{r_1^2 + L_1^2}} + L_2 \ln \frac{r_2 + \sqrt{r_2^2 + L_2^2}}{r_1 + \sqrt{r_1^2 + L_2^2}} \right) \end{aligned} \tag{3-53}$$

3.5.4.2 磁选柱电磁铁磁系

磁选柱电磁铁磁系一般不要求吸力计算，更关注磁极头表面磁感应度和在作用空间的磁场梯度、作用深度等参数，因此在设计计算时，与上述电磁铁设计略有不同。

电磁铁线圈剖面图如图 3-25 所示。

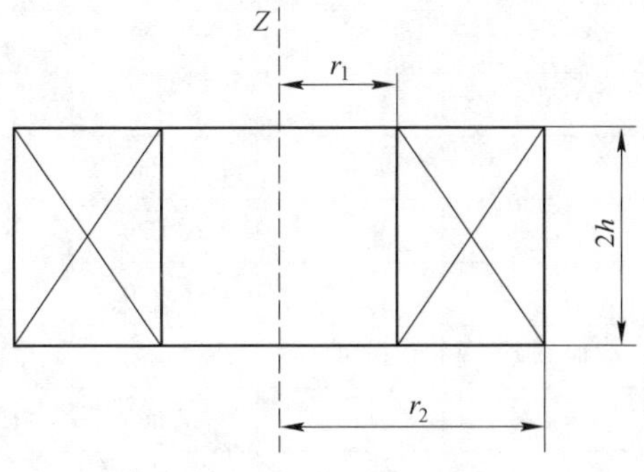

图 3-25 磁选柱电磁铁线圈剖面

设内半径为 r_1、外半径为 r_2、高为 $2h$。令 $\alpha = r_2/r_1 \quad \beta = h/r_1$，在空心圆柱线圈较短（$\beta<2$）时，磁感应强度增加较快；当线圈长度较长（$\beta>2$）时，磁感应强度增加则较慢，最后趋于饱和。这说明线圈较短时漏磁较多，随着线圈的增长，漏磁逐渐减小，最终趋于零。设计时应使 $\beta \leqslant 2$，可以避免浪费过多的材料。

导线本身有电阻，因此线圈本身会消耗功率，所消耗的功率与圆柱线圈本身的尺寸有直接的关系。式（3-51）（法布里公式）表示的就是圆柱形线圈消耗功率与线圈中心处场强 H_0、电阻率 ρ、圆柱线圈内导体的充填率 λ 以及法布里函数 $G(\alpha,\ \beta)$ 的关系。

由式（3- 51）可以看出，当 H_0、ρ、λ 一定时，P 与 α、β 有关。当 r_1 一定时，P 与 G^2 成反比。G 是 α 和 β 的函数，当 $\alpha=3$、$\beta=2$ 时 $G(\alpha,\ \beta)$ 最大为 0.179，这说明在一定 H_0、ρ 和 λ 的情况下，线圈尺寸的选择适当，则其消耗的功率最小，能量利用率最高。因此设计线圈尺寸时，尽可能取 $\alpha=3$、$\beta=2$。以下设计计算以磁选环柱为例。

A 磁选环柱粗选区电磁铁磁系

励磁线圈端面中心磁感应强度达到多大才能保证分选区选别效果的要求，这需要由试验确定。为此，首先试制一个线圈，为增强磁感应度和作用深度，线圈中加铁芯，形成电磁铁磁系，通以不同的电流强度以获得不同的磁感应强度；然后通过试验探索，观察矿粒的运动情况，试验观察认为磁场作用深度可以基本满足分选区的要求后，再去除铁芯，测定线圈表面磁感应强度。结论是励磁线圈端面中心的磁感应强度达到 11mT 以上时，基本能够满足粗选区的选别效果要求。

掌握了选别精度要求的励磁线圈表面磁感应强度范围，又知道了计算其表面磁感应强度的公式，就可以方便地确定电磁铁线圈的列数和层数了。

根据式（3-53），在电流为 2A 的条件下，采用 1.2mm 铜导线，线圈内径 16mm，不同列数与层数线圈表面中心的磁感应强度计算结果见表 3-3。

表 3-3 不同列数与不同层数的线圈表面中心场强计算结果 （mT）

层数	列数					
	16	18	20	22	24	26
10	8.261	8.560	8.799	8.991	9.148	9.277
11	8.959	9.300	9.574	9.797	9.978	10.127
12	9.635	10.020	10.331	10.585	10.792	10.964
13	10.289	10.720	11.069	11.354	11.590	11.785
14	10.925	11.400	11.789	12.107	12.370	12.592
15	11.542	12.063	12.490	12.843	13.137	13.383
16	12.140	12.707	13.175	13.562	13.886	14.160
17	12.722	13.334	13.842	14.265	14.621	14.921

续表 3-3

层数	列数					
	16	18	20	22	24	26
18	13.287	13.945	14.493	14.953	15.340	15.669
19	13.834	14.539	15.129	15.625	16.045	16.402
20	14.368	15.119	15.750	16.282	16.735	17.122

分析对比表 3-3 计算结果，设计电磁铁线圈端面中心的磁感应强度应为 11mT 以上，考虑到表 3-3 计算时电流取的是 2A，电流强度调整留有很大空间，所以磁感应强度有很大的调节范围，足以满足粗选区选别的要求。

设计电磁铁磁系的铁芯直径为 15mm，长度为 34mm。选取线圈内半径为 16mm，取 $\alpha=3$，则线圈外半径应为：

$$r_2 = 3 \times r_1 = 24\text{mm}$$

取 $\beta=2$，则线圈高应为：

$$2h = 2 \times 2 \times 8 = 32\text{mm}$$

综合考虑上述因素，因此确定电磁铁励磁线圈为：每层 20 列，共 14 层，总匝数为 280 匝；采用直径 1.2mm 铜导线；实际制作的电磁铁线圈内半径为 16mm，外半径为 25 mm，长度为 25 mm。

选用 1.2mm 的圆铜线，则当工作电流强度最大 $I=7\text{A}$ 时，电流密度为：

$$j = 7/(3.14 \times 0.6^2 \times 10^{-6}) = 6.19 \times 10^6\text{A/m}^2$$

符合反复短时工作制的电磁铁所允许的电流密度范围 $5\times10^6 \sim 12\times10^6\ \text{A/m}^2$。

电磁铁磁系水平排列使用，为减少漏磁，在其外侧设计一导磁材料（Q235 钢）做的环形磁轭，减少磁路的磁阻，四极头磁系如图 3-26 所示。

实验室小型磁选柱分选区为外直径 80mm，内直径 70mm，铁芯长 34mm，磁轭厚度 5mm，设计电磁铁环轭内直径为 150mm，外直径为 160mm，高度为 30mm，电磁铁铁芯为 Q235 钢，长度为 34mm，直径采用 15mm。

B　磁选环柱精选区电磁铁磁系

设计思路与方法同上，确定的磁系结果与磁场分布示意图如图 3-27 所示。

精选区新型磁系采用了六极头电磁铁环轭磁系，较粗选区电磁铁环轭磁系增加了两个极头，因此磁场作用深度相对较小，磁场作用空间大部分集中于精选环腔内，只有相对较少的一部分作用于尾矿腔中。这有利于提高精选区磁场能量的利用率，减少不必要的磁能浪费。

由于精选区的磁系中，相邻两组电磁铁环轭磁极头成一定角度，因此磁性颗粒的运动路径不再是顺水流方向向下的螺旋线，而是逆水流方向向下的螺旋线，这样就增强了水流对磁团聚的冲刷淘洗作用，使精选得以更充分地进行，有利于

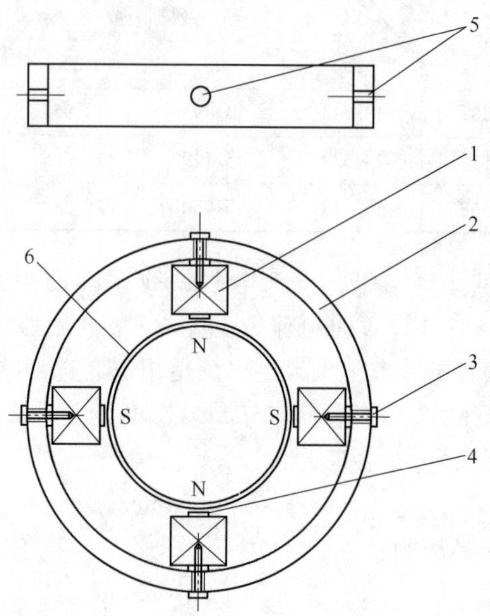

图 3-26　加环轭电磁铁磁系示意图

1—电磁铁励磁线圈；2—环形磁轭；3—固定螺栓；4—电磁铁；5—螺栓孔；6—分选筒

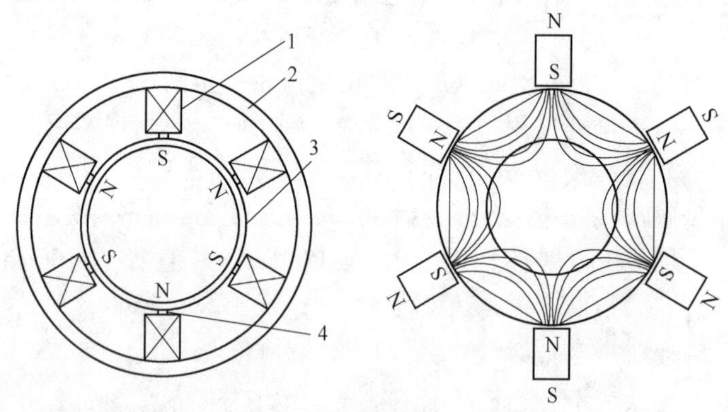

图 3-27　六极头电磁铁环轭磁系及其磁场分布示意图

1—电磁铁励磁线圈；2—环形磁轭；3—分选筒；4—铁芯

精矿品位的提高。

经计算，六极头电磁铁环轭磁系采用 1.2mm 铜导线绕制，长方形铁芯，励磁线圈为 14 列、7 层。电流强度为 2A 时测定，磁极头轴线上距分选筒内壁 0mm 处，磁场磁感应强度为 19.45mT。

3.5.4.3 螺线管线圈磁系

磁选柱螺线管磁系也叫励磁线圈，考虑绝缘特性，通常安装于筒体外侧，如图 3-28 所示，线圈结构如图 3-29 所示。

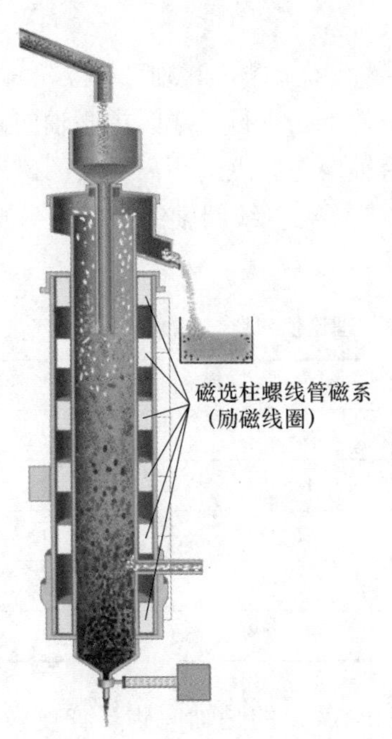

图 3-28 磁选柱励磁线圈位置示意图

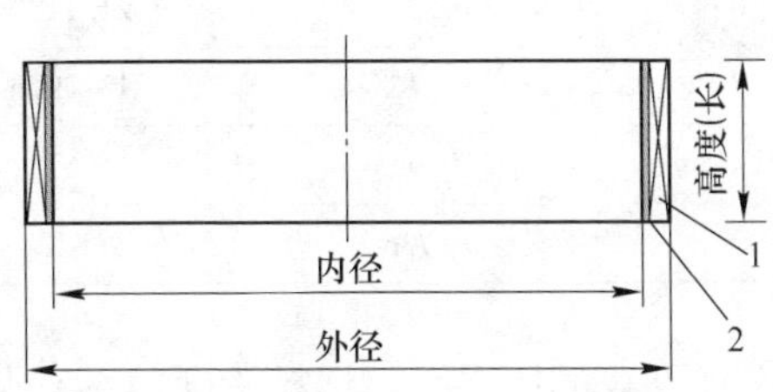

图 3-29 磁选柱励磁线圈结构

1—螺旋管线圈；2—绝缘纸板

表 3-4 为采用直径 1.2mm 铜导线绕制，不同列数与不同层数的线圈中心场强

表 3-4 不同列数与不同层数的线圈中心场强计算结果 (mT)

层数	列数				
	10	15	20	25	30
20	4.854	7.214	9.498	11.686	13.764
25	5.778	8.593	11.322	13.946	16.447
30	6.625	9.857	12.999	16.025	18.919
35	7.407	11.026	14.548	17.950	21.211
40	8.133	12.112	15.990	19.741	23.346
45	8.810	13.126	17.337	21.416	25.344
50	9.446	14.076	18.600	22.989	27.221

理论的计算结果，用于选择合适的线圈参数。表 3-4 计算时采用 2A 电流，电流强度调整留有很大空间，所以磁感应强度调节范围能够满足选别要求。

设计实验室小型磁选柱分选筒外径为 80mm，选取线圈内半径为 41mm，取 $\alpha=3$，则线圈外半径应为，$r_2=3\times r_1=123\text{mm}$。

取 $\beta=2$，则线圈高度应为，$2h=2\times2\times41=164\text{mm}$。

为验证理论计算结果，制作了 1.2mm 铜导线绕制的 20 列、35 层、内径 82mm 的线圈。在电流强度分别为 2A 和 3A 的条件下，进行了线圈中心轴向磁感应强度的实际测定。原点为线圈中心，距离为沿轴向与原点的距离。线圈磁感应强度测定值与理论计算值对比见表 3-5。由表 3-5 可见，线圈轴线上的磁感应强度理论值和实测值吻合得相当好。

表 3-5　线圈磁感应强度测定值与理论值对比

距离/mm	测定值/mT		理论值/mT	
	$I=2$A	$I=3$A	$I=2$A	$I=3$A
0	14.275	21.112	14.552	21.828
15	12.365	18.297	13.232	19.842
30	10.053	14.678	10.304	15.457
45	6.736	9.852	7.377	11.071

综合考虑上述因素，根据实际需要，励磁线圈需要的是轴向磁场梯度较大。线圈高度大，不利于轴向磁场梯度的提高，同时考虑到 4 个线圈之间有一定的间距以及分选过程中磁场的作用范围，将其高度定为 25mm，外直径 90mm。

励磁线圈设计是按照线圈中心最大磁感应强度为 15mT 左右来计算的。由表 3-4 可见，在电流为 2A 的条件下，每层 20 列，共 35 层；采用 1.2mm 铜导线，总匝数为 700 匝的线圈中心的磁感应强度为 14.55mT，而且电流强度还可以增强。所以这样外形尺寸的线圈已经能够满足分选区对磁场特性的要求。

因此确定分选区采用螺旋管励磁线圈参数为：1.2mm 铜导线，每层 20 列，共 35 层；总匝数为 700 匝。

选用 1.2mm 的圆铜线，则当工作电流强度最大 $I=5$A 时，电流密度为：

$$j=5/(3.14\times0.6^2\times10^{-6})=4.42\times10^6\text{A/m}^2$$

小于反复短时工作制的电磁铁所允许的电流密度范围 $5\times10^6\sim12\times10^6$ A/m^2。

3.5.5　工业磁选柱磁系

工业磁选柱磁系参数是核心，在线圈设计的基础上才能展开筒体等其他部件的设计，与理论计算不同，工业用磁选柱的线圈不仅要使分选空间产生的磁感应强度满足要求，还要从成本、安全性等方面解决线圈质量、电阻、匹配励磁电流与电压等问题。

3.5.5.1 导线类型与线径选择

绕制线圈的导线需采用导电性较好的铜质导线，也是国家规范中规定的绕组材质。由于铝制线圈重量轻、成本低，有些设备厂家采用铝制导线绕制线圈，但铝导线的电导率低于铜质导线电导率，电阻率较大，在固定空间内产生相同的磁感应强度所需的线圈会体积较大，易出现电阻大、发热高的问题，极容易发生故障，也不安全。

线径的大小影响线圈体积、质量、电阻、最大允许励磁电流、功率等，选择时一般要通过多方案比较选取最佳。这个最佳值的判断条件是以固定空间内磁感应强度满足要求为基础，实现线圈体积小、重量轻、功率低、满足最大允许励磁电流。导线线径不同，横截面积不同，在一定温度下的安全电流要求不同，如 6.0mm^2 的铜导线 60℃时的安全电流为 30A，而 90℃时的安全电流为 40A。磁选柱线圈一般工作温度控制在 75℃左右，安全电流控制在 6A/mm^2。标准线径规格有多种，实验室常用 0.8mm、1.0mm、1.2mm，工业磁选柱常用 1.6mm、1.8mm、2.0mm、2.6mm、3.2mm 等系列标准线径。

3.5.5.2 线圈的绕制

线圈绕制有密绕法、间绕法、脱胎法、蜂房法、多层分段绕法等，磁选柱励磁线圈采用密绕方式。先把铜线烘热至 45℃左右，戴上手套或用布片裹住铜线再绕。这样，铜线冷却后就箍紧线圈架，不致松脱，线圈绕制较松会导致交变电流励磁时发生振动，使其绝缘漆皮磨损，发生短路，降低有效安匝数，甚至发热起火。当线圈初步成型之后，需要测量该线圈电阻，对线圈进行微调。绕制完成后需浸漆处理，加强绝缘性能。宜采用水平搬运和放置方式，以免线圈椭圆率不达标，影响线圈的安装。

3.5.5.3 线圈电感

线圈是由金属导线绕制而成，所以会有电感存在，主要特性是能储存磁场能。对于励磁线圈来说，电感的存在是不利因素，因此应尽量减少电感。线圈电感可通过马氏电桥测量。磁选柱线圈电感的大小主要影响因素有两个方面：一是励磁电流不能瞬时到达设计值，时间较短可以忽略；二是在断电瞬间，会造成附近线圈的磁通量剧变，产生较大的感生电流，这种感生电流往往较正常励磁电流大得多，经常会引起供电装置的电器元件击穿，需加以避免，通常采用二极管和电容来抑制反冲电流和缓解瞬间大电流。

3.5.5.4 其他要求

要求较为严格的线圈，可从导线的直接公差、导线电阻、导线伸长率，耐热性、耐压性能、耐刮性能、针孔度等方面进行详细考查。如漆包铜导线耐热性由导线绝缘层材料的耐热等级决定，耐热性的作用就是对线圈导线长期工作耐热下的保护作用。耐压性能，漆包线的绝缘层越厚耐压越高。如线径 0.4mm 漆包线耐压可达 1200V。

3.5.5.5 设计实例

以分选筒外径 1200mm 磁选柱为例，为避免因线圈椭圆率等问题引起线圈安装困难，线圈设计内径需大于筒体直径 6~12mm；然后根据线圈中心所需磁感应强度大小进行多方案试算。设直径 1200mm 磁选柱中心磁感应强度需要 8.5mT 左右，选取计算机程序的两个方案进行计算，做对比分析：

方案 1：

励磁电流	10A；	导线直径	2.0mm（绝缘漆厚 0.080mm）；
线圈内径	1212mm；	线圈电阻	18.94Ω；
导线列数	83；	线圈质量	89.94kg；
线圈层数	10；	单线圈功率	1894.19W；
线圈匝数	830；	安全电流	18.85A；
导线长度	3216.64m；	线圈可承受安全电压	357.05V；
线圈厚度	21.60mm；	励磁电压	189.42 V；
线圈高度	179.28mm；	中心磁感应强度	8.32mT。

方案 2：

励磁电流	10A；	导线直径	2.6mm（绝缘漆厚 0.104mm）；
线圈内径	1212mm；	线圈电阻	11.73Ω；
导线列数	66；	线圈质量	159.02kg；
线圈层数	13；	单线圈功率	1172.63W；
线圈匝数	858；	安全电流	31.86A；
导线长度	3365.32m；	线圈可承受安全电压	373.55V；
线圈厚度	36.50mm；	励磁电压	126.69V；
线圈高度	185.33mm；	中心磁感应强度	8.50mT。

由上述计算结果可见，线径不同，在获得基本相同的线圈中心磁感应强度条件下，其重量、电阻、功率和安全电流相差较大，2.0mm 线径线圈的重量轻、成本低，但功率大；2.6mm 线径线圈的功率较小，工作电流均低于安全电流较多。

选择时可综合考虑实际情况选取较优方案。

3.6 磁选柱磁场特性

磁场特性研究包括电磁铁磁系和螺线管磁系两部分。从磁场力的作用上看，电磁铁磁系的主要作用是将磁性颗粒吸引到分选筒周壁上，其磁场梯度以径向梯度分量为主；螺线管磁系的作用是加速磁性颗粒下降并产生反复“团聚—分散—团聚”，磁链或磁团忽上忽下的效果，创造使旋转上升水流动力冲刷淘洗磁团聚中夹杂的单体脉石和连生体的条件，其磁场梯度以轴向梯度分量为主。由于他们要实现的功能不同，因此需要的磁场特性不同，需要分别加以测定和研究。

3.6.1 电磁铁磁系磁场

电磁铁磁系要求磁场较大，产生的磁场力也要有足够的作用深度，这样才能确保磁性颗粒被充分地吸到分选筒周壁附近。构成磁场力的基本要素是磁场强度和磁场梯度，小型磁选柱采用四极头电磁铁磁系能兼顾磁场强度、磁场梯度和作用深度。

为简单起见，从具有代表性的水平面和垂直面入手，测定不同水平面上的磁场分布，以对应磁极头轴线上分选区内磁感应强度随距离的变化为代表来对各平面的磁感应强度、径向磁场梯度和磁场作用深度进行分析；测定具有代表性的垂直面上的磁场分布，以此对垂直方向上的磁感应强度、轴向磁场梯度和磁场作用深度进行分析，从而获得分选区磁系磁场特性的空间分布规律。

3.6.1.1 测定方案

以磁极头中心轴所在水平面为 0 平面，考虑到磁场特性在 0 平面上下对称，所以只按 10mm 为间距向上共分为 5 个水平面；考虑到四极头电磁铁磁系为圆形磁系，在水平面产生的磁场分布的对称性，确定其测定区域为 1/8 圆面积；每个平面以对应的磁极中心为原点，以 5mm 为间距设置测定点，具体测定区域和测定点如图 3-30（a）所示，该图所示为电磁铁极头中心轴所在水平面。随着分选筒直径增大，电磁铁极头数量也要增加，图 3-30（b）所示为六极头测定区域和测定点。

3.6.1.2 粗选区四极头电磁铁磁系水平面的磁场特性

四极头磁系采用 N-S 相邻交替配置方式。根据实测数据，绘制了四极头磁系磁场 0、1、2 平面的磁感应强度等位线图，测定结果为图 3-30 所示区域，为体现整体磁场特性，进行了对称处理，形成分选筒水平面磁场分布图，分别如图 3-31~图 3-33 所示。

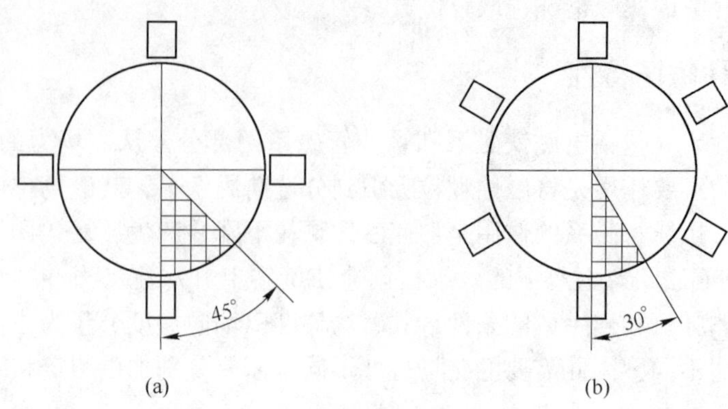

图 3-30　测定区域及测定点位置图

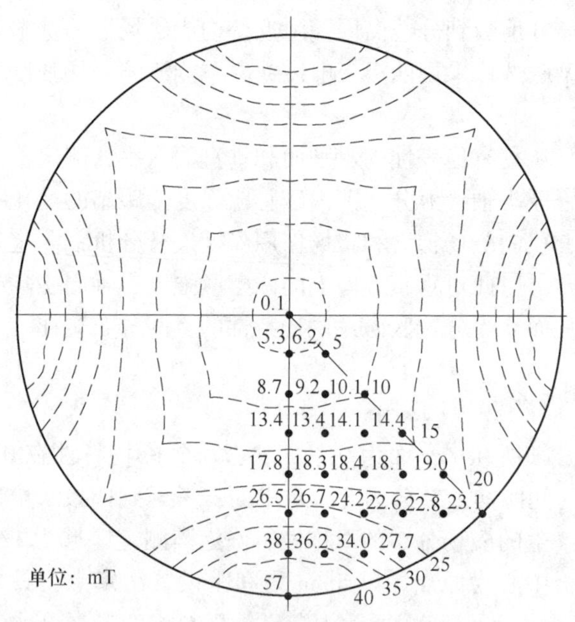

图 3-31　0 平面磁场分布图（$I=4$A）

从 3 个典型面的磁场分布可以看出，3 个平面的磁场分布形式具有一些共同的特点：一是磁感应强度等位线形状类似；二是磁感应强度均为四周强、中间弱；三是径向磁场梯度均为四周大、中间小。

除了这些共同的特点外，它们还存在以下一些不同。

(1) 平均径向磁场梯度不同。径向磁感应强度梯度不同。从磁极头轴向，即筒径方向看，3 个平面平均径向磁场梯度不同，以 0 平面为最大，1 平面次之，

2 平面最小。

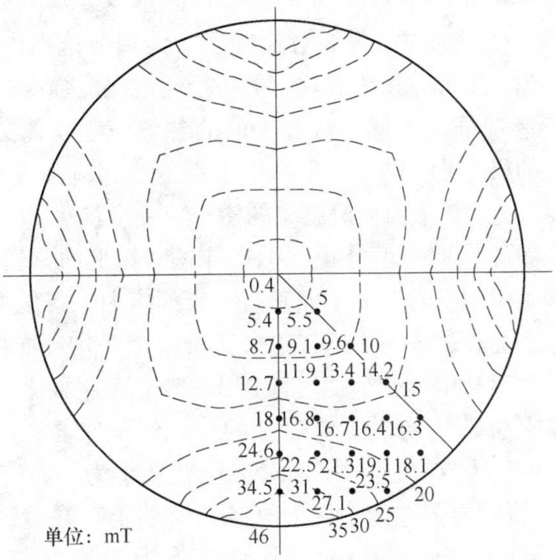

图 3-32 1 平面磁场分布图（$I=4$A）

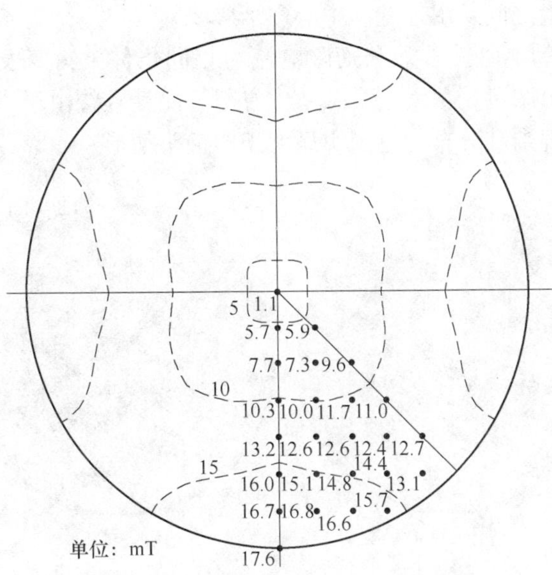

图 3-33 2 平面磁场分布图（$I=4$A）

由图 3-31 可知，0 平面在磁极头轴线上距离分选筒内壁 0cm 和 3cm 处的磁感应强度分别为 57mT 和 5.3mT，平均径向磁感应强度梯度为 17.2mT/cm。

由图 3-32 可知，1 平面在对应磁极头轴线上距离分选筒内壁 0cm 和 3cm 处的磁感应强度分别为 46mT 和 5. 4mT，平均径向磁感应强度梯度为 13. 5mT/cm。

由图 3-33 可知，2 平面在磁极头对应轴线上距离分选筒内壁 0cm 和 3cm 处的磁感应强度分别为 17. 6mT 和 5. 7mT，平均径向磁感应强度梯度为 4. 0mT/cm。

（2）对应点磁感应强度不同。从各平面的磁感应强度值分布来看，除了分选筒中心及其附近的极个别点外，0 平面上各点的磁感应强度最大，1 平面上对应点的磁感应强度次之，2 平面上对应点的磁感应强度最小。

另外，从各平面磁感应强度等位线分布来看，0 平面紧密，1 平面次之，2 平面显著稀疏。这也说明随着与 0 平面垂直距离的增大，其他水平面上等间距的等位线条数逐渐由密变疏，证明了不仅磁极头轴线上平均径向磁场梯度随着与 0 平面垂直距离的增大逐渐由大变小，而且分选区整个水平面上都遵循这个规律。

从磁极头轴线上分选筒内磁感应强度的变化情况来看，0 平面分选筒内壁 0cm 处磁感应强度最高为 57mT，1 平面对应位置减小为 46mT，2 平面对应位置减小为 17. 5mT，这说明沿分选筒边壁的这条垂直线上存在着轴向磁场梯度；另外，0 平面上距离分选筒内壁 3cm 处磁感应强度为 5. 3mT，1 平面对应位置为 5. 4mT，2 平面对应位置为 5. 7mT，三点的磁感应强度值差别不大，这说明在这个位置的垂直线上基本不存在轴向磁场梯度。在这两点之间其他位置上的轴向磁场梯度界于这两者之间，由边壁向中心逐渐减小。

图 3-34 所示为电磁铁参数和励磁电流均相同条件下，四极头和六极头磁系磁力线实测图。由图可见，六极头磁系中心附近磁性颗粒由于磁场趋于对称、受力平衡作用，呈现杂乱分布的范围明显大于四极头情形。

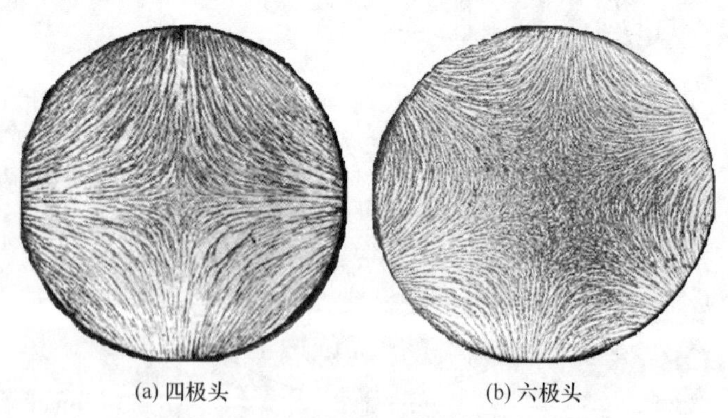

(a) 四极头　　(b) 六极头

图 3-34　实测磁力线分布图

四极头与六极头 0 平面磁场分布如图 3-35 所示。由图 3-35（a）可知，在磁极头轴线上距离分选筒内壁 0cm 和 3cm 处，四极头磁系的磁感应强度分别为 57mT 和 5. 3mT；六极头磁系的磁感应强度分别为 66. 4mT 和 0. 9mT。

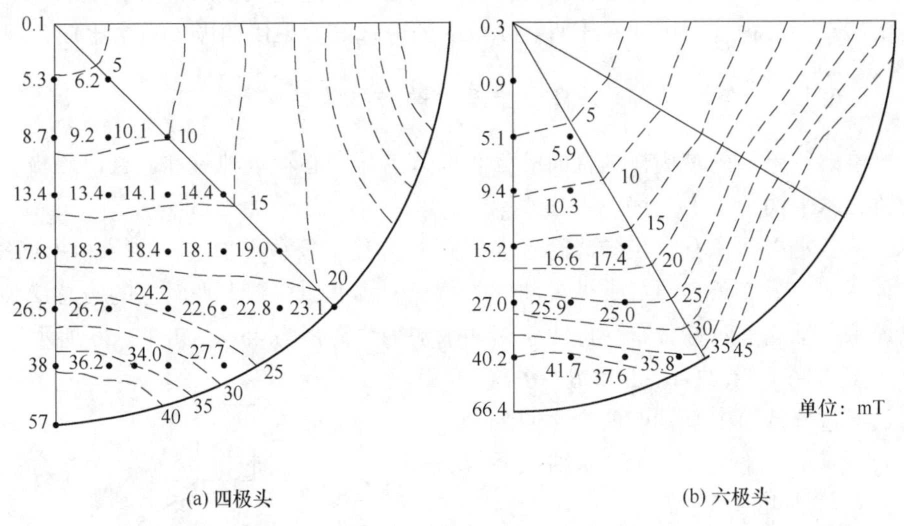

(a) 四极头　　(b) 六极头

图 3-35　四极头磁系与六极头磁系磁场 0 平面分布图（$I=4$A）

从 0cm 处磁感应强度来看，六极头磁系比四极头磁系有较大增强，从 57mT 增加到 66.4mT。磁极头表面磁感应强度增大的原因是相邻磁极都会在对方磁极中产生附加磁感应强度，且因为间距减小，其增加幅度较四极头磁系大，使磁极头表面磁感应强度增大比较显著。

从磁场作用深度来看，六极头磁系的磁场作用深度远不如四极头磁系。在磁极头轴线上距离分选筒内壁 3cm 处，四极头磁系的磁感应强度值为 5.3mT，六极头磁系为 0.9mT，而具有相似值 5.1mT 的位置在距离分选筒内壁 2.5cm 处。之所以产生这种结果，其主要原因是增加了两个磁极头，六极头磁系相邻磁极头间距离较四极头磁系减小了 33.33%，异极性相邻极头相互吸引，造成分选筒周壁附近磁力线较四极头磁系更加相对集中，轴线上分选筒中心附近磁力线密度更加相对减小，因而使轴线上磁场作用深度较四极头磁系减小比较多。

由图 3-35（b）可知，在磁极头轴线上距离分选筒内壁 0cm 和 3cm 处，六极头磁系的平均磁感应强度梯度为 21.8mT/cm；而在相同位置，图 3-35（a）中四极头磁系的平均磁感应强度梯度为 17.2mT/cm。

从平均磁场梯度对比来看，六极头磁系明显优于四极头磁系。产生这种结果的原因是六极头磁系的磁极头表面磁感应强度增大比较显著，而其磁场作用深度又减小比较多，所以平均磁场梯度增大较多。

由四极头磁系和六极头磁系的对比结果来看，四极头磁系磁场作用深度明显优于六极头磁系，六极头磁系的磁场梯度明显优于四极头磁系。虽然平均磁场梯度六极头磁系占优，但磁场作用深度是控制粗选区选别效果的主要影响因素，四极头磁系明显占优，因此对于直径 70mm 的分选筒，采用四极头磁系比较合理。

3.6.1.3　四极头电磁铁磁系垂直面的磁场特性

电磁铁磁系的磁场在垂直面的分布以分选筒中心轴呈轴对称，且以磁极头中心所在水平面呈上下对称。

从各水平面来看，在分选筒各水平面上均有 4 条水平轴线，2 条在两对磁极头轴线上，另 2 条在两对磁极头轴线的角平分线上，在该水平面上的磁感应强度以该水平轴线呈对称分布，每两条相邻水平轴线夹角为 45°，如图 3-36 所示。

图 3-36 所示的 *A—A* 和 *B—B* 直线是通过分选筒中心轴的两个垂直面的俯视图，与两条水平对称轴线重合，夹角是 45°。

另外，从各垂直面来看，在以 *A—A* 和 *B—B* 直线通过的两个垂直面为界的 0°～45°范围内，任何通过分选筒中心轴的垂直面的磁感应强度分布相似但不相同；0°和 45°之间的无数垂直面反映整个磁系磁场强度空间分布情况。就是说，整个粗选区磁场空间是由 8 个这样的扇形端面柱体组成，0°和 45°这两个垂直面互为这个扇形端面柱体的始末端面，因此这两个垂直面的磁场特性具有代表性。

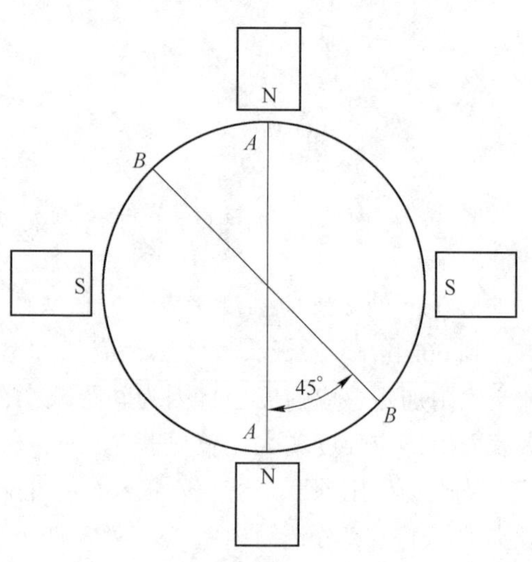

图 3-36　电磁铁磁系俯视图

根据实测数据，绘制了电磁铁磁系 *A—A* 和 *B—B* 垂直面的磁场分布和等位线图，如图 3-37 和图 3-38 所示。

由图 3-37 和图 3-38 可知，两个垂直面的磁感应强度分布形式具有相似性。等位线形状类似；磁感应强度均为分选筒周壁磁极附近强，分选筒中心附近弱；轴向磁场梯度均为分选筒四周大、中间小。

除了这些共性的特点外，他们也还存在以下一些区别。

A　对应点磁感应强度不同

从 *A—A* 垂直面和 *B—B* 垂直面上对应点的磁感应强度值分布来看，除了分选筒中心及其附近的极个别点外，*A—A* 垂直面上对应各点的磁感应强度大，*B—B* 垂直面上对应各点的磁感应强度小。

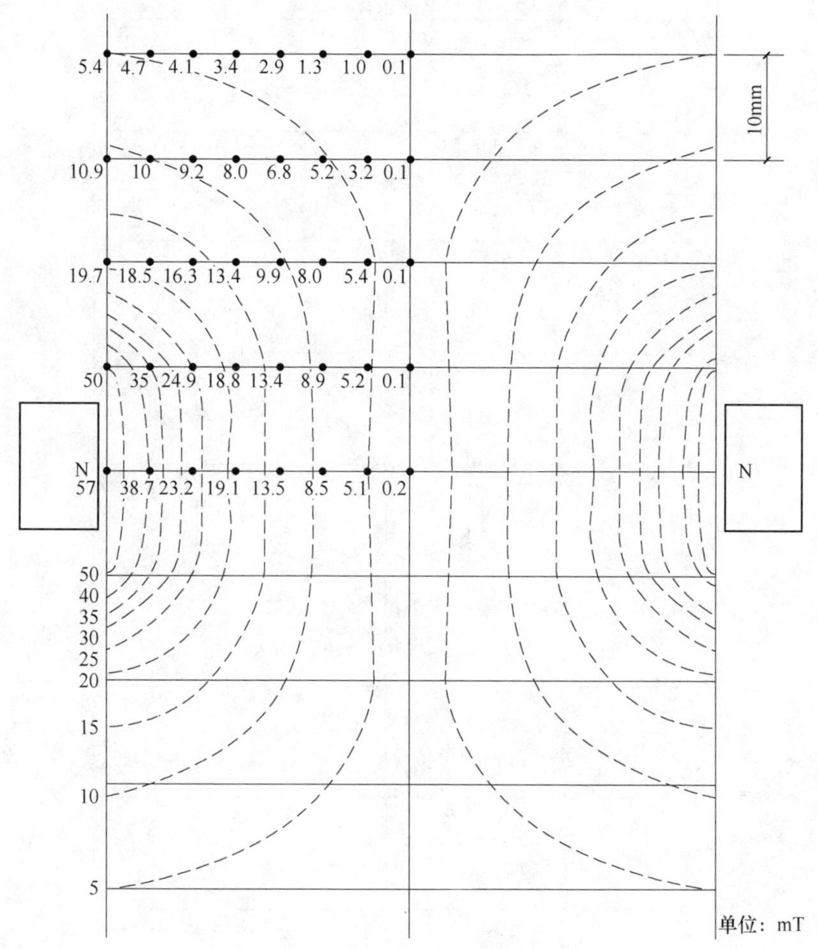

图 3-37 *A*—*A* 垂直面磁场分布图（*I*=4A）

B 轴向磁感应强度梯度不同

由图 3-37 可知，*A*—*A* 垂直面距分选筒内壁 0cm 的垂线在 0 平面到 4 平面的 4cm 间距上，平均轴向磁感应强度梯度为 12.9mT/cm；同样，距分选筒内壁 1cm 的垂线，平均轴向磁感应强度梯度为 4.8mT/cm；距分选筒内壁 2cm 的垂线，平均轴向磁感应强度梯度为 2.7mT/cm；距分选筒内壁 3cm 的垂线，平均轴向磁感应强度梯度为 1.0mT/cm。

由图 3-38 可知，对应 *B*—*B* 垂直面距分选筒内壁 0cm 的垂线，平均轴向磁感应强度梯度为 4.0mT/cm；距分选筒内壁 1cm 的垂线，平均轴向磁感应强度梯度为 2.9mT/cm；距分选筒内壁 2cm 的垂线，平均轴向磁感应强度梯度为 2.0mT/cm；距分选筒内壁 3cm 的垂线，平均轴向磁感应强度梯度为 1.0mT/cm。

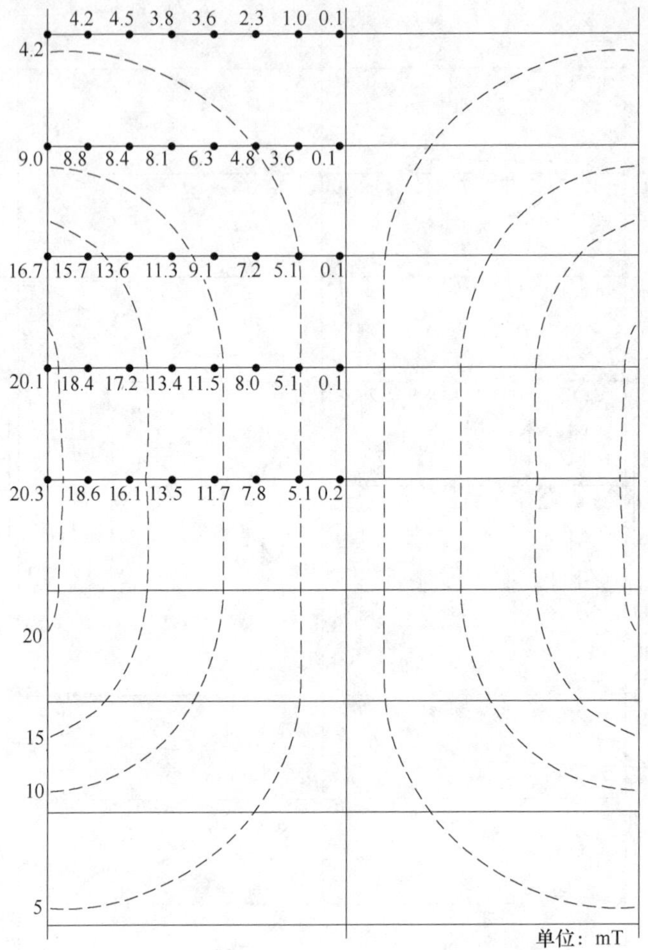

图 3-38　*B*—*B* 垂直面磁场分布图（$I=4A$）

从平均轴向磁场梯度来看，*A*—*A* 垂直面距分选筒内壁 0cm 垂线的平均轴向磁场梯度最大，为 12.9mT/cm，随着向分选筒中心距离的增大平均轴向磁场梯度逐渐减小；*B*—*B* 垂直面也是同样规律，但其最大平均轴向磁场梯度仅为 4.0mT/cm。由于 *A*—*A* 垂直面和 *B*—*B* 垂直面是始末面，因此可以推断介于此两面之间的其他垂直面与之规律相同，最大平均轴向磁场梯度介于 4.0mT/cm 和 12.9mT/cm 之间，其他相应各点具有同样规律，即垂直面随着与 *A*—*A* 垂直面偏转角度的增大，对应位置不仅磁感应强度减小，而且轴向磁场梯度也越来越小，直至 *B*—*B* 垂直面两者均达到最小值。这从图中看就表现为等位差的等位线条数逐渐由密变疏。

另外，从筒壁到分选筒中心，等位线在 0 平面上下有一部分基本上处于垂直状态，且随着与筒壁距离的增加，垂直部分越来越长，这说明轴向磁场梯度从分选筒壁到中心的变化趋势是逐渐减小的。可以推断存在着一个洗衣机波轮形状的轴向梯度为零的空间，该空间以分选筒中心为对称轴，空间中心位于0平面与分选筒中心轴的交点处，在此空间内磁性颗粒将只受到径向磁场力的作用。

C 径向磁感应强度梯度不同

由图3-37可知，*A*—*A*垂直面与0、1、2、3、4平面交线上距离分选筒内壁0~3cm的平均磁感应强度梯度分别为17.3mT/cm、14.9mT/cm、4.8mT/cm、2.6mT/cm、1.5mT/cm。

由图3-38可知，*B*—*B*垂直面与0、1、2、3、4平面交线上距离分选筒内壁0~3cm的平均磁感应强度梯度分别为5.1mT/cm、5.0mT/cm、3.9mT/cm、1.8mT/cm、1.1mT/cm。

从与各个平面交线的平均径向磁感应强度梯度来看，对应位置，*A*—*A*垂直面大于*B*—*B*垂直面；这两个垂直面的磁感应强度梯度均随着与0平面交线距离的增大而逐渐减小。

另外，从*A*—*A*垂直面和*B*—*B*垂直面的磁感应强度变化情况来看，*A*—*A*垂直面与0平面交线内壁处磁感应强度最高为57mT，*B*—*B*垂直面对应位置减小为20.3mT，这说明沿分选筒边壁存在指向*A*—*A*垂直面的磁场梯度分量；*A*—*A*垂直面与0平面交线上距内壁1.5cm处磁感应强度为19.1mT，*B*—*B*垂直面对应位置减小为13.5mT，在这个位置也存在指向*A*—*A*垂直面的磁场梯度分量；分选筒中心及其附近两个垂直面对应位置的磁感应强度相近，说明在此位置从*B*—*B*垂直面指向*A*—*A*垂直面的磁场梯度分量很小。*A*—*A*垂直面和*B*—*B*垂直面与1平面、2平面交线上的情况与此类似，但对应位置的磁场梯度分量随着与0平面垂直距离的增大而减小。以上讨论可以说明在这两个垂直面之间对应位置都存在着指向*A*—*A*垂直面的磁场梯度分量，且由边壁向中心逐渐减小。结合平面磁场分布情况，可以认为，某个垂直面随着与*A*—*A*垂直面偏转角度的增大，对应位置的磁感应强度越来越小，到达*B*—*B*垂直面对应位置的磁感应强度为最小。

3.6.1.4 四极头磁系沿电磁铁轴线上的磁感应强度与电流强度关系

以上讨论的是电流强度为4A时四极头磁系磁感应强度的空间分布情况。下面就该磁系的励磁电流强度与其在电磁铁极头轴线上产生的磁感应强度的对应关系进一步阐述粗选区磁系的磁场特性。

图3-39所示为0平面磁极头轴线上分选筒内4个不同测定点的磁感应强度与电流强度的关系曲线。图3-40所示为1平面磁极头轴线上分选筒内4个不同测定点的磁感应强度与电流强度的关系曲线。各测定点以10mm为间距，分别为距分选筒内表面0mm、10mm、20mm、30mm，形成4条曲线。图3-40中各点是图3-39各测定点在1平面上的垂直对应点。

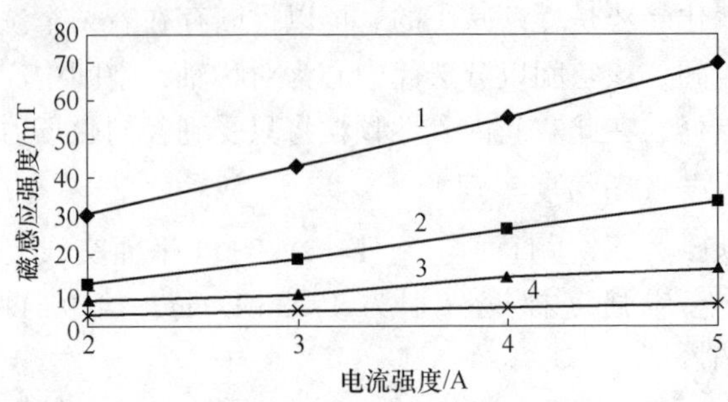

图 3-39　0 平面磁极轴线上磁感应强度与电流强度关系曲线

1—距分选筒内表面 0mm；2—距分选筒内表面 10mm；
3—距分选筒内表面 20mm；4—距分选筒内表面 30mm

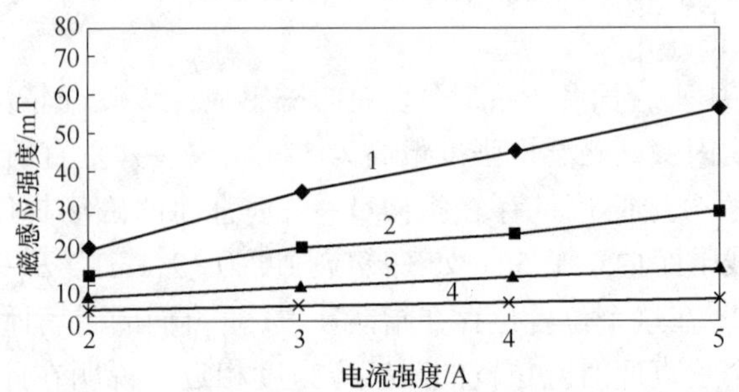

图 3-40　1 平面对应点磁感应强度与电流强度关系曲线

1—距分选筒内表面 0mm；2—距分选筒内表面 10mm；
3—距分选筒内表面 20mm；4—距分选筒内表面 30mm

从图 3-39、图 3-40 中可以看出，各测定点的磁感应强度与电流强度呈线性关系，这与理论公式（3-53）指明的磁感应强度与电流强度的关系是一致的。由图可以看出，测定点与磁极头距离的不同，其增加幅度有较大差别。随着测定点位置向分选筒中心靠近，直线斜率逐渐减小。磁极头附近的磁感应强度变化最为敏感，随电流强度的增加磁感应强度增加较快（见曲线 1）；分选筒中心附近则随电流强度的增加磁感应强度变化很小（见曲线 4）；曲线 2 和曲线 3 介于两者之间。

对比两个平面测定点的磁感应强度与电流强度的关系曲线可以看出，两个平面的磁感应强度变化幅度是有一定区别的，0 平面上的曲线 1、2、3、4 的斜率分别为 13.7、7.5、2.9、1.0；1 平面上的曲线 1、2、3、4 的斜率分别为 12.5、5.9、2.7、1.0。从总体上讲，0 平面上各点磁感应强度随电流变化的斜率大于对应的 1 平面上的各点。

另外，0 平面曲线 1 与对应的 1 平面曲线 1 磁感应强度差值大，其他相互对应曲线的磁感应强度差值依次减小，直至趋于相同。

由此可见，通过改变电流强度可以明显改变分选筒筒壁附近的磁感应强度，但随着向分选筒中心的靠近，这种作用逐渐减弱，直至消失。这说明通过调节电流强度可以使该磁系在分选空间产生的磁场梯度发生明显变化，但不能明显提高磁场的作用深度。

以上讨论的是单组电磁铁环轭的磁场特性，磁选环柱粗选区磁系由 4 组电磁铁环轭组合构成，4 组电磁铁环轭相互独立，其磁场作用空间不相互叠加，因此粗选区磁系的磁场特性与单组电磁铁磁系相同，只不过是 4 组电磁铁环轭磁场互不影响的重复应用。

3.6.1.5 精选区六极头电磁铁磁系水平面的磁场特性

由前文讨论结果可知，六极头电磁铁磁系的磁场作用深度没有四极头具有优势，作为粗选区磁系不适宜。四极头磁系轴线上磁场作用深度明显高于六极头磁系的磁场作用深度。产生这种结果的主要原因是增加了 2 个极头，六极头磁系相邻磁极头之间距离较四极头磁系相邻磁极头之间距离减小了。由于异极性使相邻极头相互吸引，造成了六极头磁系分选筒周壁附近磁力线较四极头磁系更加相对集中，轴线上分选筒中心附近磁力线密度更加相对减小，因而使轴线上磁场作用深度较四极磁系减少得比较多。

但对于磁选环柱，精选区为一环腔，较粗选区并不需要其作用深度达到分选筒中心，且精选区所需磁感应强度小于粗选区磁感应强度，如图 3-31 所示。所以六极头作为精选环腔磁系是可行的。其磁系中心 0 平面磁场测定结果如图 3-41 所示。

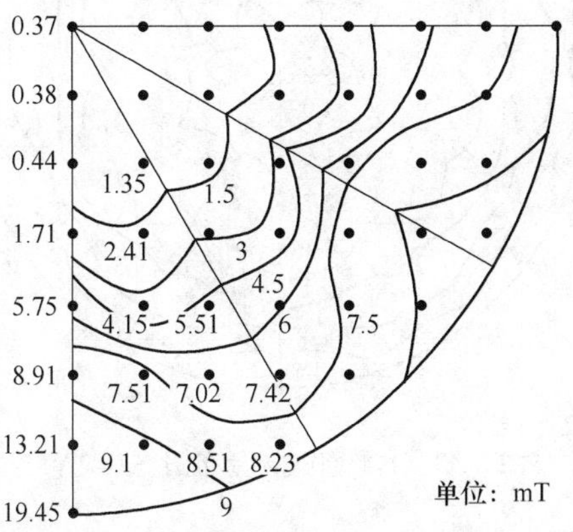

图 3-41 六极头 0 平面磁场分布图（$I=2A$）

以电流为 2A 条件下的 0、1、2 水平面的磁场分布为典型代表，对精选区电磁铁环轭磁系各水平面的磁场特性进行较为详细的分析和讨论。

根据实测数据，绘制了 0、1、2 平面的磁场分布和磁场强度等位线图，分别如图 3-42~图 3-44 所示。

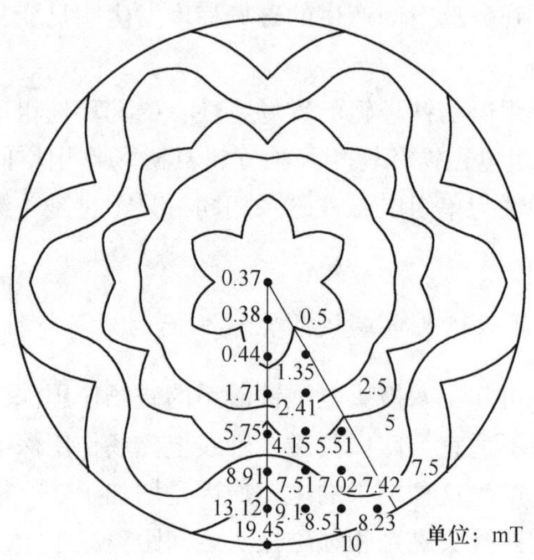

图 3-42　0 平面磁场分布图（$I=2$A）

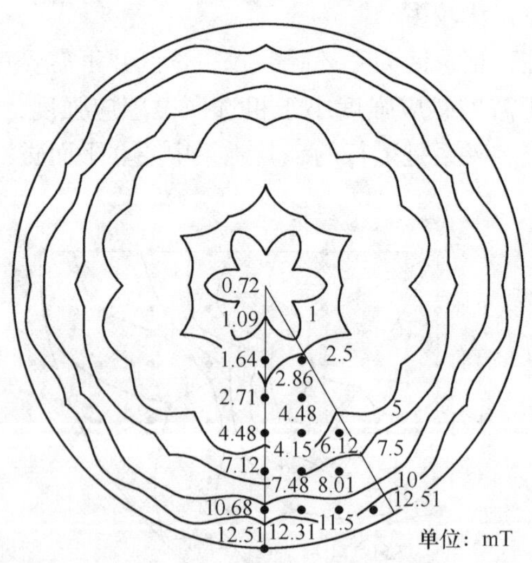

图 3-43　1 平面磁场分布图（$I=2$A）

从图 3-42~图 3-44 典型平面的磁场分布图可以看出，3 个平面的磁场分布具有一些共同特点：一是磁场强度等位线形状类似；二是磁场强度均为四周强、中间弱；三是径向磁场梯度均为四周大，中间小；四是磁场强度比较大的区域主要集中在如图 3-45 所示的阴影部分。

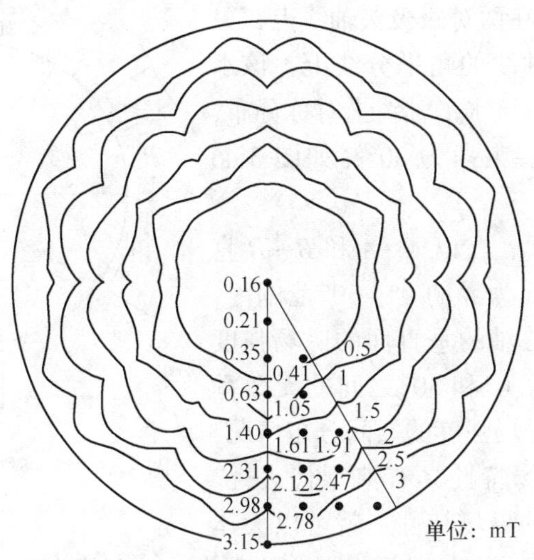

图 3-44　2 平面磁场分布图（$I=2A$）

除了这些共同特点外，他们之间还有一些明显区别。

（1）各个平面磁场强度变化范围明显不同。从各平面的磁场强度值分布来看，0 平面上各点磁场强度值处于 0.37～19.45mT 之间，变化范围最大；1 平面上各点的磁场强度值处于 0.72～12.51mT 之间，变化范围较大；2 平面上各点的磁场强度值处于 0.16～3.15mT 之间，变化范围最小。从以上对比可以看出，随着距离从 0 平面变化到 1 平面再变化到 2 平面，各个平面的磁场强度值变化范围越来越小。

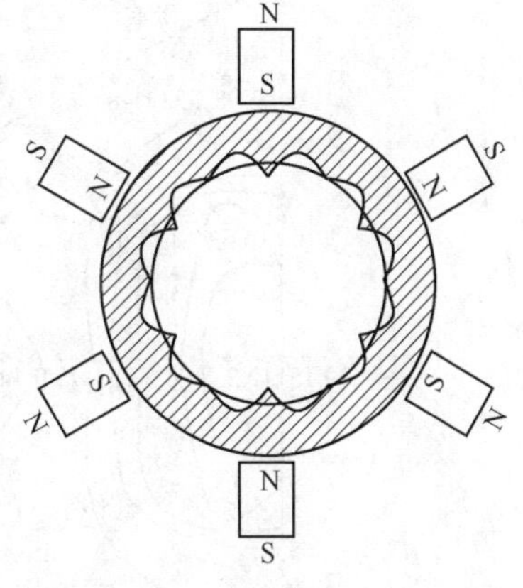

图 3-45　0 平面磁场强度大于 5mT 的区域（$I=2A$）

（2）径向磁场强度梯度不同。从磁极头轴向上平均磁场梯度来看，以 0 平面为最大，为 0.54mT/mm；1 平面次之，为 0.28mT/mm；2 平面最小，为 0.05mT/mm。

3.6.1.6　六极头电磁铁环轭磁系垂直面的磁场特性

电磁铁环轭磁系的磁场在垂直面上分布以分选筒中心轴呈轴对称，且以磁极头中心所在水平面呈上下对称。

从各水平面看，在分选筒各水平面均有6条水平轴线，3条在两对磁极头轴线上，另3条在两对磁极头轴线的角平分线上，该水平面上的磁场强度以该水平轴线呈对称分布，每两条相邻水平轴线夹角为30°，如图3-46所示。

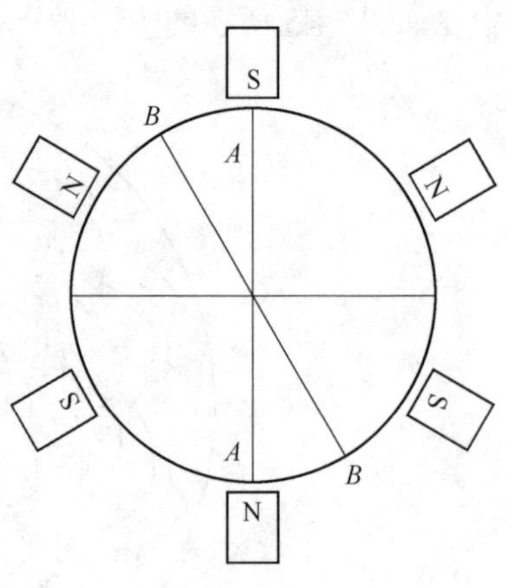

图3-46 电磁铁环轭磁系的剖面图

从各垂直面来看，在以*A*—*A*和*B*—*B*直线通过的两个垂直面为界的0°~30°范围内，任何通过分选筒中心轴的垂直面的磁场强度分布相似但不相同。0°和30°之间的无数垂直面反映整个磁系磁场强度的空间分布情况，这两个垂直面的磁场特性具有典型代表性。分析这两个垂直面的磁场特性，就可以大体看出整个空间的磁场分布状况。根据实测数据，绘制了电磁铁环轭磁系*A*—*A*和*B*—*B*垂直面磁场分布和等位线图，如图3-47和图3-48所示。

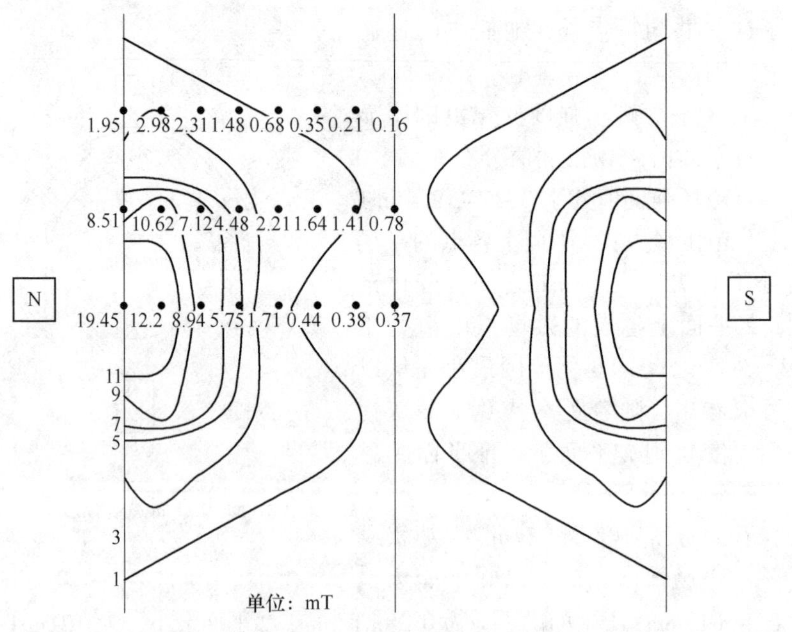

图3-47 *A*—*A*垂直面磁场分布图（$I=2$A）

从平均轴向磁场梯度来看，*A*—*A*垂直面距分选筒内壁0mm垂线的平均轴向磁场梯度最大，为0.88mT/mm，随着向分选筒中心距离的增大平均轴向磁场梯

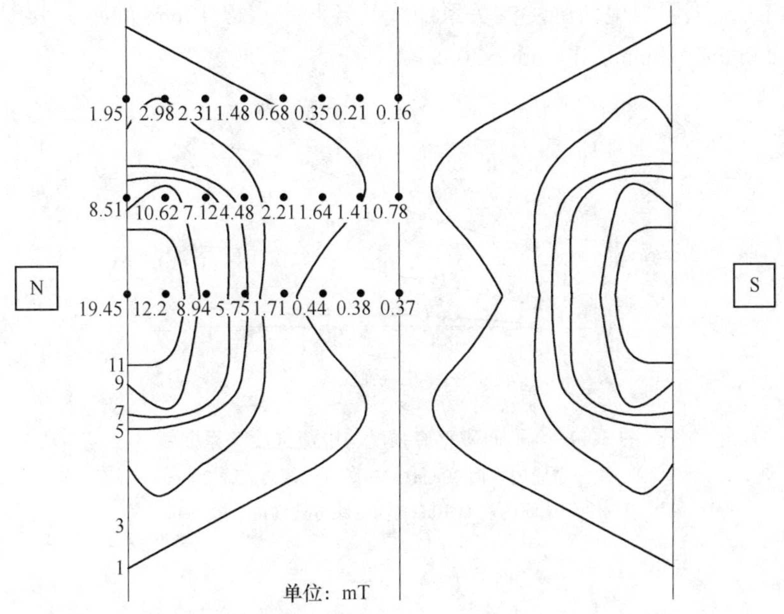

图 3-48 *B—B* 垂直面磁场分布图（*I*=2A）

度逐渐减小；*B—B* 垂直面也是同样规律，但其距分选筒内壁 0mm 垂线平均轴向磁场梯度仅为 0.61mT/mm。由于 *A—A* 垂直面和 *B—B* 垂直面是始末面，因此可以推断介于此两面之间的其他垂直面与之规律相同。最大平均轴向磁场梯度介于 0.88mT/mm 和 0.61mT/mm 之间，其他相应各点具有同样规律，即垂直面随着与 *A—A* 垂直面偏转角度的增加，平均轴向磁场梯度越来越小，直至 *B—B* 垂直面达到最小值。

从平均径向磁场梯度来看，*A—A* 垂直面与 0、1、2 平面交线上距离分选筒内壁 0~30mm 的平均磁场梯度分别为 0.64mT/mm、0.25mT/mm、0.05mT/mm。*B—B*垂直面与 0、1、2 平面交线上距离分选筒内壁 0~30mm 的平均磁场梯度分别为 0.47mT/mm、0.28mT/mm、0.07mT/mm。

由此可见，*A—A* 垂直面与 0 平面交线上的平均磁场梯度大于 *B—B* 垂直面与 0 平面交线的平均磁场梯度；*A—A* 垂直面与 1、2 平面交线上的平均磁场梯度和 *B—B* 垂直面与 1、2 平面交线上的平均磁场梯度大体相等。

以上讨论的是电流强度为 2A 时的六极头电磁铁环轭磁系磁场强度的空间分布情况，下面就该磁系的电流强度与其在电磁铁环轭极头轴线上产生的磁场强度的对应关系进一步阐述精选区电磁铁磁系的磁场特性。

3.6.1.7 电磁铁轴线上磁场强度与电流强度的关系

图 3-49~图 3-51 所示分别是 0、1、2 平面磁极头轴线上分选筒内 4 个不同测

定点的磁感应强度与电流强度的关系曲线，各测定点以 10mm 间距，分别距分选筒内表面 0mm，10mm，20 mm，30mm。

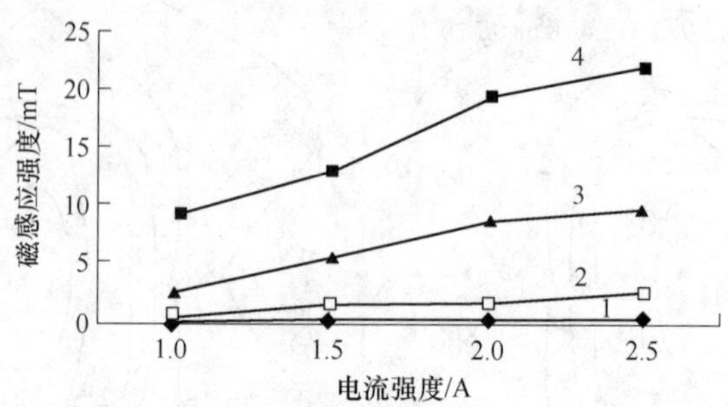

图 3-49　0 平面磁感应强度与电流强度关系曲线

1—距分选筒内表面 30mm；2—距分选筒内表面 20mm；3—距分选筒内表面 10mm；4—距分选筒内表面 0mm

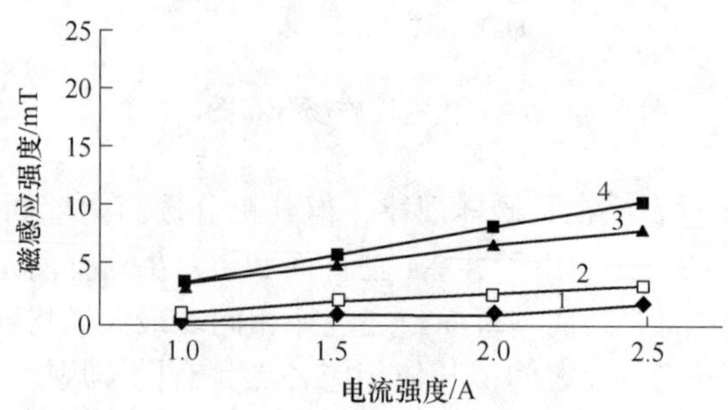

图 3-50　1 平面磁感应强度与电流强度关系曲线

1—距分选筒内表面 30mm；2—距分选筒内表面 20mm；3—距分选筒内表面 10mm；4—距分选筒内表面 0mm

从图中可见，各测定点的磁感应强度与电流强度关系基本呈线性关系，测定点与磁极头距离不同，其增加幅度有较大差别。磁极头附近的磁感应强度变化最为敏感，随电流强度增加磁感应强度增加较快（见曲线 4），分选筒中心附近则随着电流强度的增加磁感应强度变化很小（曲线 1），曲线 2 和曲线 3 介于两者之间。

由此可见，通过改变电流强度可以明显改变分选筒壁附近的磁感应强度，但随着向分选筒中心靠近，这种作用逐渐减弱，直至消失。这说明通过调节电流强度可以使该磁系在分选空间产生的磁场梯度发生明显变化，但不能明显提高磁场的作用深度。

通过以上讨论可以看出，磁选环柱精选区采用六极头磁系，磁系的磁场分布特性如下：

（1）磁场能量主要集中于精选环腔内，只有相对较少的一部分磁场能量作用于尾矿腔；

（2）磁场梯度随着与磁极头距离的增大而逐渐减小；

（3）通过调节电流强度可以使该磁系在分选空间产生的磁场梯度发生明显变化，但不能明显提高磁场的作用深度。

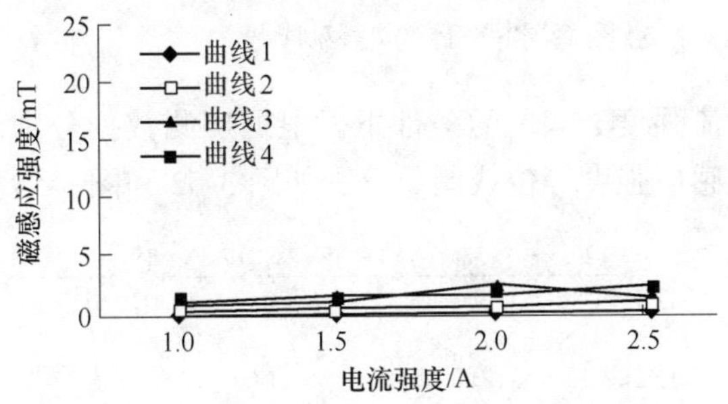

图 3-51　2 平面磁感应强度与电流强度关系曲线

1—距分选筒内表面 30mm；2—距分选筒内表面 20mm；3—距分选筒内表面 10mm；4—距分选筒内表面 0mm

3.6.2 螺线管磁系磁场

除了电磁铁磁系，磁选柱还广泛采用螺线管磁系，直接套装于磁选柱分选筒外壁。采用螺线管磁系，足够的轴向磁场力是必须保证的，径向磁场力以小一些为好。因为这样的磁场特性可以使磁性颗粒在精选区既能充分分散，又能交替受到向下和向上的磁场力，产生均匀的忽下忽上的分散效果，有利于旋转上升水流将磁团聚中夹杂的单体脉石和连生体淘洗出去，达到提高精矿品位的目的。

3.6.2.1 测定方案

考虑到圆柱螺线管线圈中心轴对称，过励磁线圈中心水平面上下对称，所以研究精选区磁场特性只要选取圆形励磁线圈中心为原点，以过原点的圆形励磁线圈直径为 X 轴，励磁线圈中心轴为 Y 轴，则在以此构成的垂直平面直角坐标系中，任意一个 1/4 象限的磁场特性就可以反映出整个线圈的磁场空间分布特性。

为简化测定过程，以线圈中心所在水平面为基准面，按 15mm 间距向上设平行水平面，另外选取一过分选筒直径的垂直平面，垂直平面与各水平面相交形成长度为直径的若干条直线，选取其中任一侧长度为半径的若干条直线为测定线。每条测定线上的测定值代表其所在平面上的磁感应强度分布；若干条测定线上测定值的组合就代表垂直平面上的磁感应强度分布。通过测定这些直线上各点的磁感应强度值，就可以知道分选筒内部空间磁感应强度与距离的关系，从而可以对磁感应强度、磁场作用深度和磁场梯度进行分析。

最后确定测定方案为：以线圈中心所在水平面为 0 平面，以 15mm 为间距向上分为 1、2、3 平面；每个平面测定 1/4 圆面积，测定点间距为 5mm。在进行测定时，选取的励磁电流强度分别为 1A、2A、3A、4A。

3.6.2.2　螺线管磁系各水平面的磁场特性

在励磁线圈电流强度 $I=2\mathrm{A}$ 的条件下，根据实测数据分别绘制了 0、1 水平面的磁场分布和磁感应强度等位线图。分别如图 3-52 和图 3-53 所示。

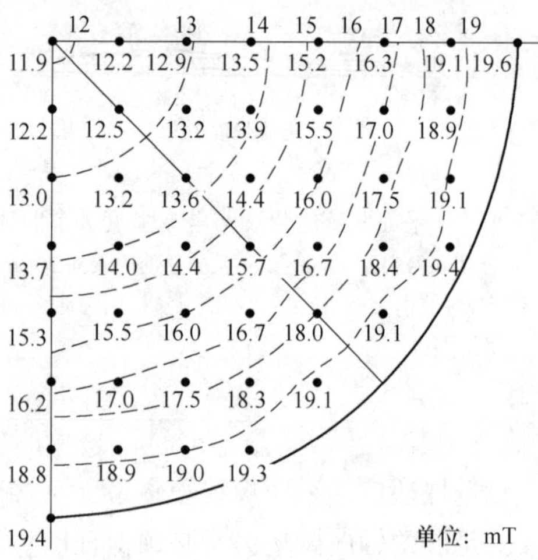

图 3-52　精选区 0 平面磁场分布图（$I=2\mathrm{A}$）

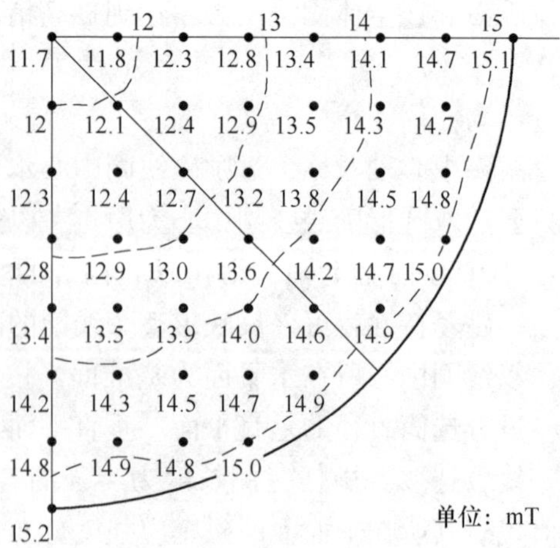

图 3-53　精选区 1 平面磁场分布图（$I=2\mathrm{A}$）

（1）磁感应强度。从精选区0、1平面的磁感应强度等位线分布可以得到如下结论：两个平面的等位线形状相同，都是以水平面中心为圆心的同心圆。磁感应强度四周强、中间弱。随着由内筒壁向分选筒中心的靠近，磁感应强度逐渐减小，0平面筒壁附近磁感应强度最高为19mT，中心为12mT。

（2）磁场作用深度。从磁场作用深度来看，0、1平面磁场作用深度基本相当，但1、2、3平面随着磁场强度和径向磁场梯度降低，径向磁场力逐步减弱。另外从实际测定的2、3平面具体数据看，随着垂直距离的继续增大，磁感应强度逐步减弱。

（3）径向磁场梯度。由图3-52和图3-53可见，各平面平均径向磁场梯度基本呈均匀分布。随着与0平面垂直距离的增大，其他平面上等位差的磁感应强度等位线条数逐次由密变疏，这说明各平面平均径向磁场梯度随垂直距离增大逐渐由大变小。其中以0平面为最大，平均径向磁场梯度为2.3mT/cm；1平面次之，为1.1mT/cm；2、3平面依次减小。从测定数据看，3平面平均径向磁场梯度只有0.4mT/cm，再向外侧的平面径向磁场梯度则进一步减小。

3.6.2.3 螺线管磁系垂直面的磁场特性

在电流强度$I=2A$的条件下，根据实测数据绘制了螺线管线圈垂直面的磁感应强度等位线图，如图3-54所示。

（1）磁感应强度。由图3-54可知，垂直面磁场分布的基本规律是：磁感应强度随着与线圈0平面垂直距离的增加而逐渐减小。在0平面到2平面的分选空间内，磁感应强度均为分选筒周壁附近强，分选筒中心附近弱；在2平面到3平面的分选空间内，磁感应强度等位线形状基本接近水平状，一定高度的水平面上磁感应强度分布从筒壁到分选筒中心呈近似均匀分布；在3平面的以外的分选空间内，磁感应强度已经非常小，对矿物分选的作用可以忽略。

（2）磁场梯度。从磁场梯度来看，分选区上部（2平面以上）空间内以轴向磁场梯度为主，径向磁场梯度很小；分选区中部（2平面到0平面）空间内磁场梯度逐步过渡到以径向磁场梯度为主，这说明磁性颗粒在分选区上部主要受到向下的磁场力作用，当进入分选区中部后，逐渐转为受到指向分选筒周壁的磁场力为主的作用；分选区下半部分的情况与之对称而方向相反。另外，从平均磁场梯度来看，靠近分选筒周边位置的平均轴向磁场梯度最大，为3.1mT/cm，随着向分选筒中心距离的增加平均轴向磁场梯度逐渐减小，到达分选筒中心降低为1.2mT/cm；平均径向磁场梯度以0平面为最大，其他各平面依次减小。从图3-37可知，线圈周壁附近磁场等位线较为密集，而远离线圈周壁的位置磁场等位线较为稀疏。

（3）磁场作用深度。从磁场作用深度来看，随着垂直距离的增大，磁感应

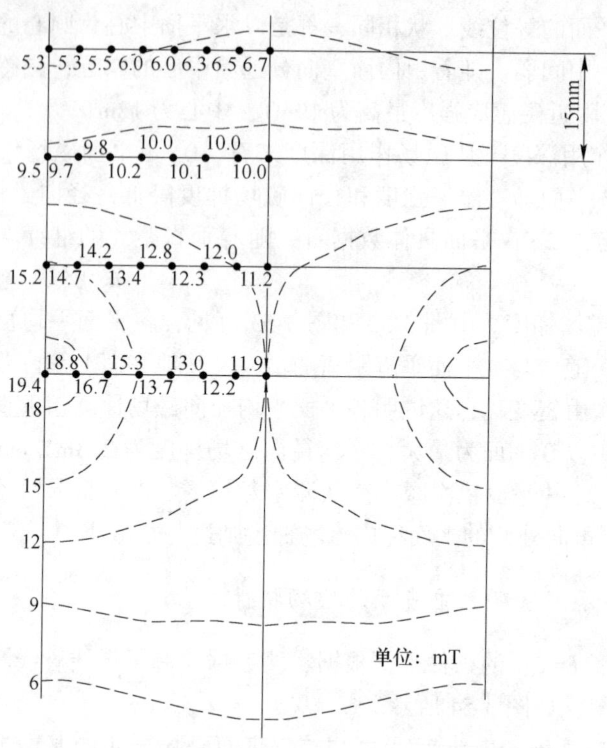

图 3-54　精选区垂直面磁场分布图（$I=2A$）

强度等位线逐渐变得平缓，与 0 平面相距 3cm 左右处开始变得平缓，其磁感应强度值为 10mT 左右。磁感应强度和轴向磁场梯度随距离的增大而降低，磁场力逐步减弱。

3.6.2.4　精选区磁感应强度与励磁线圈电流强度的关系

以上讨论的是励磁线圈磁感应强度在分选区的空间分布情况。下面由精选区磁感应强度与不同励磁电流强度的对应关系进一步阐述其磁场特性。

图 3-55～图 3-57 分别是 0、1、2 平面对应的在分选筒直径上的 4 个不同距离处的磁感应强度与电流强度的关系曲线。其中 0mm 处是分选筒内壁，35mm 处是分选筒中心。

从图 3-55～图 3-57 可以看出，每个点的磁感应强度与电流强度基本呈线性关系；不同平面对应点的磁感应强度值不同，以 0 平面对应点为最大，其他各平面的对应点依次减小。这说明各平面对应各点间存在着轴向磁场梯度，以 0mm 位置的平均轴向磁场梯度最大，30mm 位置平均轴向磁场梯度最小。

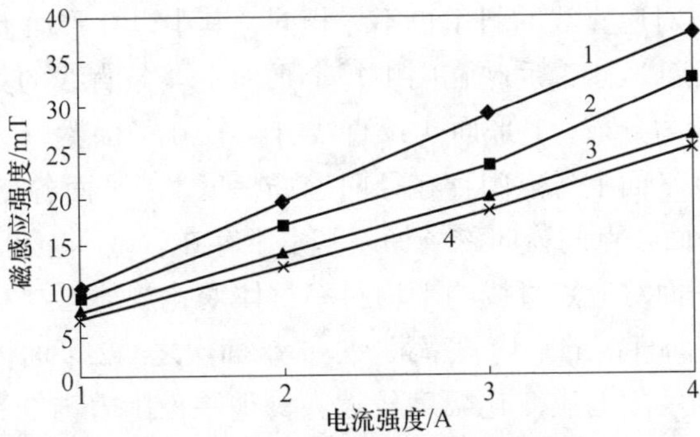

图 3-55　0 平面磁感应强度与电流关系曲线

1—距分选筒内表面 0mm；2—距分选筒内表面 10mm；
3—距分选筒内表面 20mm；4—距分选筒内表面 30mm

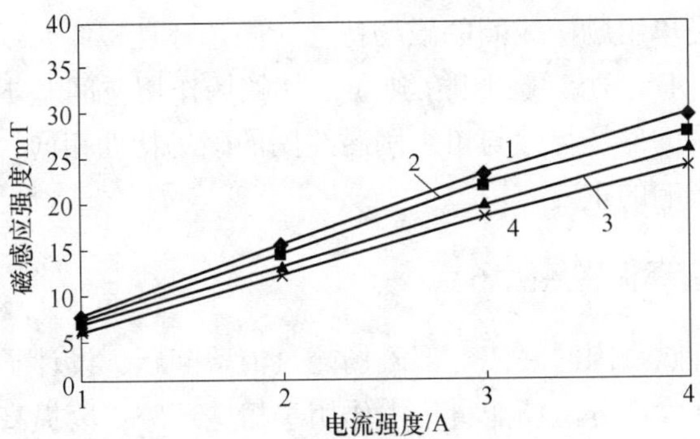

图 3-56　1 平面磁感应强度与电流关系曲线

1—距分选筒内表面 0mm；2—距分选筒内表面 10mm；
3—距分选筒内表面 20mm；4—距分选筒内表面 30mm

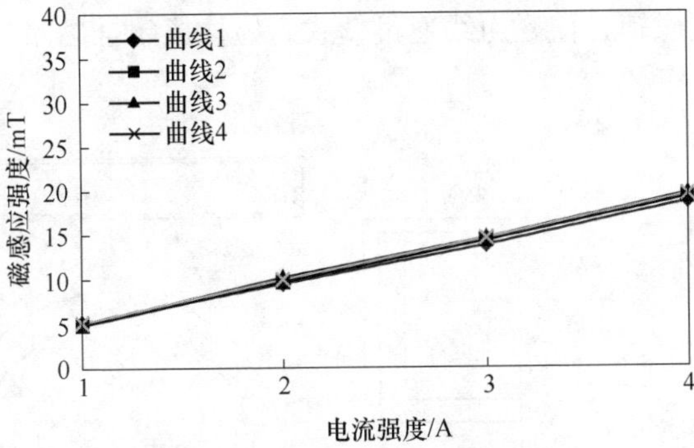

图 3-57　2 平面磁感应强度与电流关系曲线

1—距分选筒内表面 0mm；2—距分选筒内表面 10mm；
3—距分选筒内表面 20mm；4—距分选筒内表面 30mm

各平面上各点对应直线的斜率也不尽相同，其中以 0 平面上各点直线的差异最大，其他平面逐渐减小，反映在图中每个平面上 4 条直线的集聚状态上，0 平面 4 条直线相对较为分散，1 平面 4 条直线分布较 0 平面紧密，2 平面基本重叠在一起。这说明 0 平面上各点间存在径向磁场梯度，1 平面各点间的径向磁场梯度相对较小，2 平面各点间径向磁场梯度基本不存在，基本上可认为是等位面。

另外从 3 个平面对应点直线的平均斜率整体变化规律看，3 个平面依次呈下降变化趋势，0 平面直线的平均斜率最大，1 平面次之，2 平面最小。这说明 0 平面上各点磁感应强度随电流变化幅度较大，其他平面随着与 0 平面距离的增加，平面上各点磁感应强度随电流变化幅度越来越小。

总之，这些曲线既反映了每个测定点的磁感应强度随电流的变化规律；又反映了同一平面上不同点之间磁感应强度随电流而变化的差异情况；还反映了不同平面之间磁感应强度随电流的变化差异情况。

以上讨论的是单组励磁线圈的磁场特性，磁选环柱螺线管线圈磁系由 4 组励磁线圈组合构成，4 组励磁线圈相互独立，其磁场作用空间基本不相互叠加，因此螺线管线圈磁系的磁场特性与单组励磁线圈的磁场特性相同，只不过是 4 组励磁线圈磁场互不影响的重复应用。

3.6.3　带盒式聚磁环轭磁系磁场

为解决螺线管磁系因漏磁使外部磁场能量浪费问题，设计了带有铠甲磁轭的螺旋管磁系，使绝大部分磁场能量集中作用于粗选环腔，以提高粗选区磁场强度和磁场能量利用率。每组励磁线圈外部加置一枚厚 2. 5mm 的导磁性金属外壳，构成盒式磁轭，简称聚磁环轭。使磁力线通过聚磁环轭构成闭合磁路，减少漏磁，使磁场力集中作用于分选区内，提高分选区内的磁场强度和作用深度。

带聚磁环轭磁螺线管磁系结构如图 3-58 所示，聚磁环轭为厚 2. 5mm 的导磁性金属，构成盒式磁轭，使磁力线通过盒式磁轭构成闭合磁路。设备整体结构如图 3-59 所示。

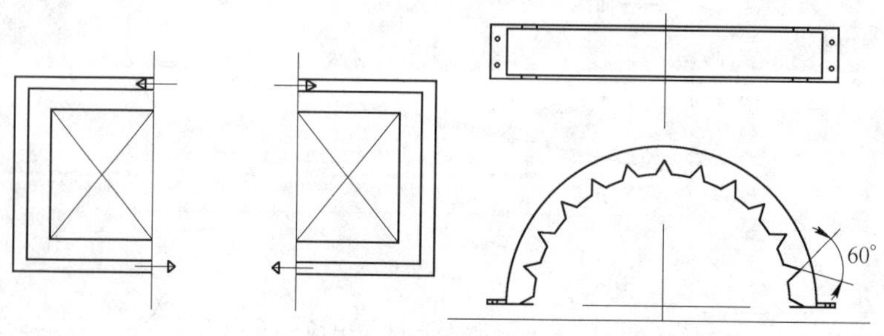

图 3-58　带盒式磁轭的线圈剖面与磁轭结构图

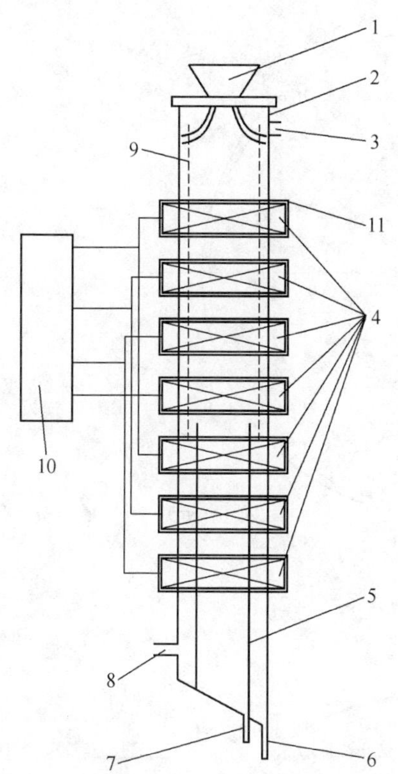

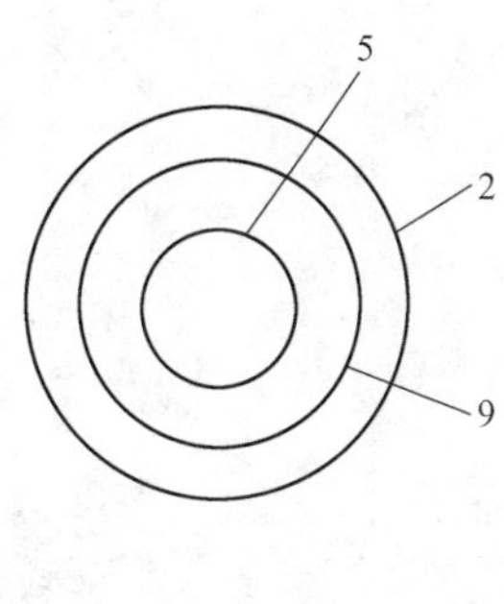

图 3-59 磁选环柱结构图

1—给矿斗；2—分选筒；3—溢流管；4—励磁线圈；5—内筒；6—精矿排矿管；7—尾矿排矿管；8—精选腔给水管；9—筛网；10—电控装置；11—盒式聚磁环轭

除加装聚磁环轭外，线圈参数同上文螺线管磁系。以 25mm 为间距，测定磁系中心所在平面及向上两个平面的磁场分布，编号为 0、1、2 平面，磁场分布和磁感应强度等位线图分别如图 3-60 ~ 图 3-62 所示，图中虚线代表磁感应强度等位线。

从上面 3 个含盒式聚磁环轭的线圈磁场分布可以看出，与不含聚磁环轭的线圈磁场特性的共同点是磁感应强度等位线形状相同，为同心圆；0 平面与 1 平面磁感应强度为中间弱、四周强，磁场梯度两边大、中间小；2 平面磁感应强度为中间强、四周弱；从 0 平面到 2 平面磁感应强度在相对位置逐渐减小。

对比不加聚磁环轭和带有聚磁环轭励磁线圈的磁场特性发现，同一平面上带有聚磁环轭的线圈磁感应强度在对应点上明显增大，说明盒式聚磁环轭对增大分

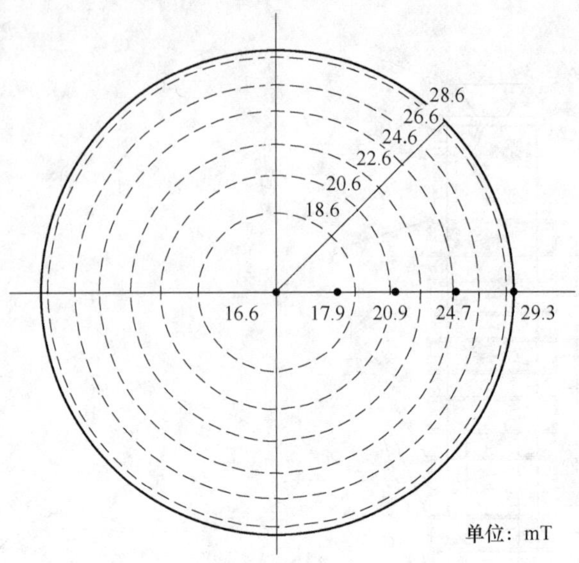

图 3-60　0 平面磁场分布（$I=2A$）

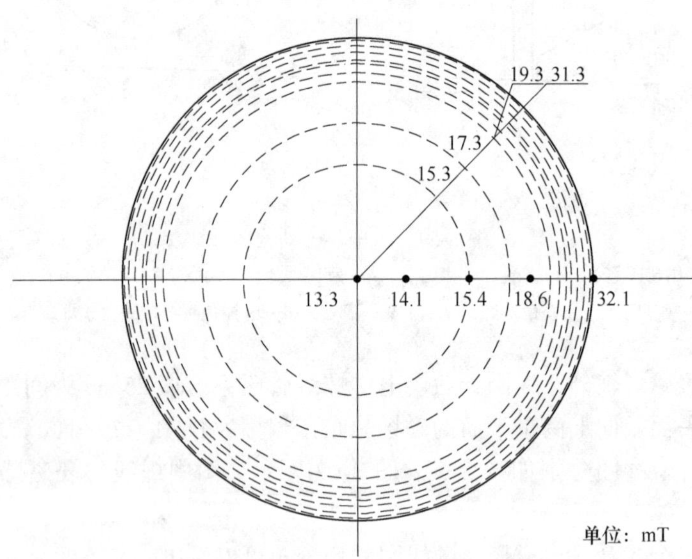

图 3-61　1 平面磁场分布（$I=2A$）

选区内磁感应强度、提高磁场利用率具有明显作用。如 0 平面磁系内壁附近，没有磁轭时磁感应强度为 19. 4mT，加装磁轭后磁感应强度上升到 29. 3mT，磁系几何中心的磁感应强度也从原来的 12mT 上升到 16. 6mT。

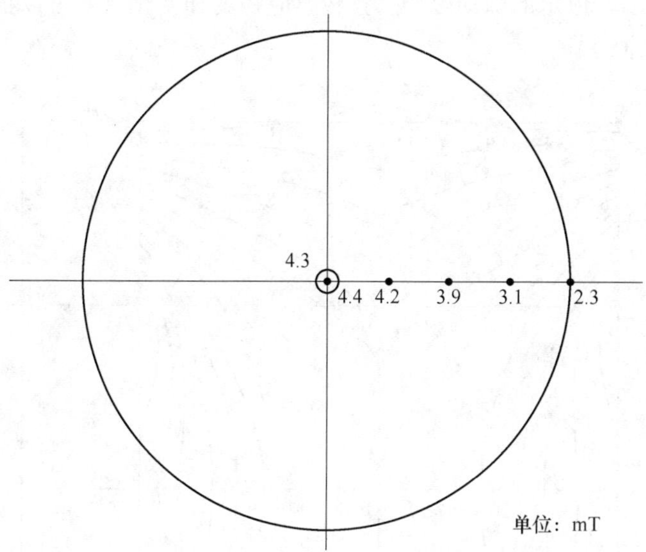

图 3-62　2 平面磁场分布（$I=2$A）

垂直面磁场分布如图 3-63 所示。通过对比不加磁轭磁系的垂直面磁场特性图 3-54 和加装磁轭后的图 3-63，可以看出，从边壁到中心平均径向磁感应强度逐渐减小，保持了线圈边缘磁场梯度大、中间小的规律，含聚磁环轭的励磁线圈测得梯度变化情况基本与不带磁轭的线圈相同，筒内依然全部有磁场覆盖，但对应点磁感应强度较不含聚磁环轭的线圈明显增大，磁感应强度边壁附近为 29. 3mT，中心为 16. 6mT，说明改进后含聚磁环轭的励磁线圈内部磁感应强度比不加聚磁环轭内部的对应点的磁感应强度增强。磁场梯度类似，磁性颗粒所受的磁场力会加大，而且磁场作用深度没有影响。从磁场分布看，励磁线圈磁系在整个分选空间不存在磁场力作用空白区域，没有四极头或六极头电磁铁环轭磁系所存在的磁场空白区域的问题。

3.6.4　工业磁选柱磁场特性

以直径 600mm 磁选柱磁场特性为例，磁选柱电磁磁系由多个直线圈构成，线圈由上而下分成几组，供电采用由上而下的断续周期变化的方式，在磁选柱内形成主要为连续向下，且上下浮动的磁场力的作用，构成磁选柱的特殊励磁机制。磁选柱线圈中心磁感应强度与电流强度的关系如图 3-64 所示。

直径 600mm 磁选柱的磁场特性如图 3-65 和图 3-66 所示。

由图 3-65、图 3-66 可见，磁选柱磁系磁感应强度在 0～20mT 之间，分选区磁感应强度在 10～20mT 之间，约为筒式磁选机的 1/5。磁场的特点为低弱、不均匀、时有时无、非恒定的脉动磁场。且磁感应强度和变化周期可以根据入选物料的性质不同任意调节。

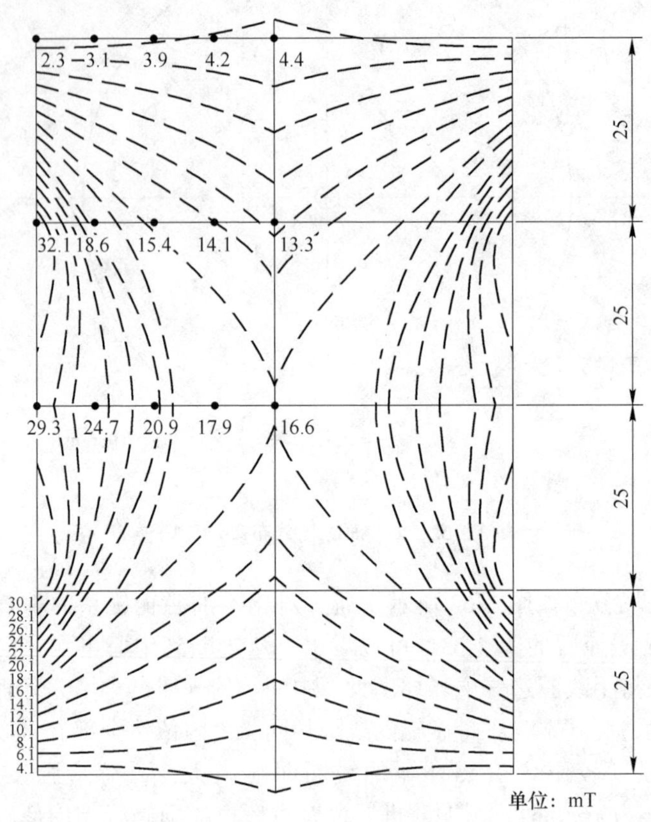

图 3-63　带有聚磁环轭励磁线圈的垂直面磁场分布（$I=2$A）

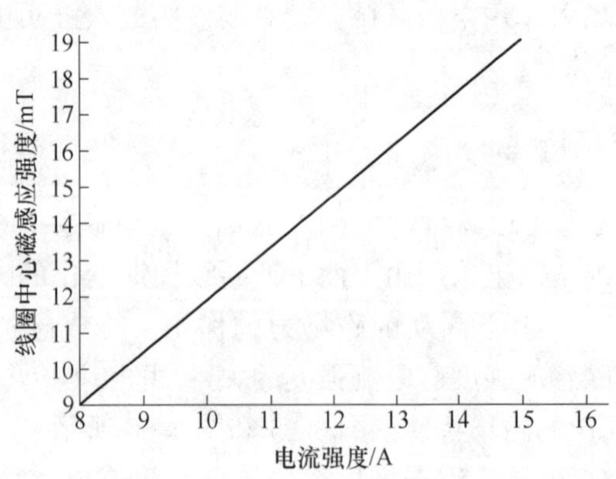

图 3-64　CXZ 60 磁选柱线圈中心磁感应强度与电流强度的关系

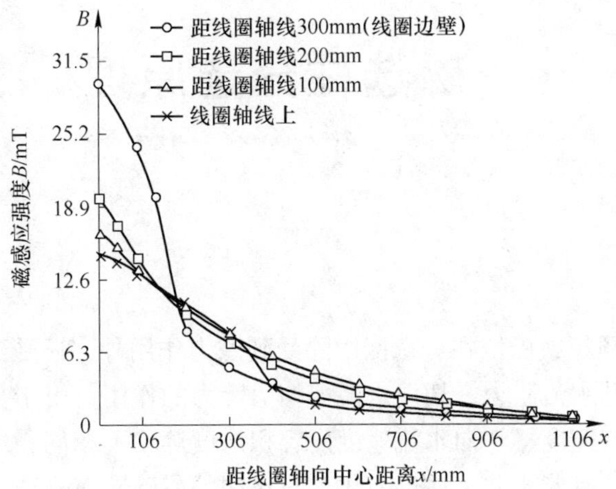

图 3-65 直径 600mm 磁选柱磁场特性（$I=12A$）

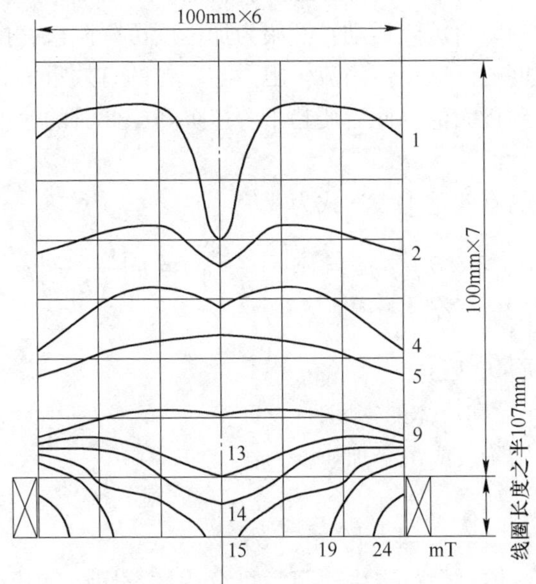

图 3-66 直径 600mm 磁选柱磁场等位线（$I=12A$）

由图 3-66 可见，直径 600mm 磁选柱励磁线圈产生的磁场有效作用空间（磁感应强度大于等于 5mT 区域）主要集中在线圈中心平面上下 320mm 左右的范围内，因此磁选柱磁系线圈的间距应小于等于 215mm，这样磁性颗粒才能在两个线圈交换产生磁场时形成磁力的接力。

4　磁选柱分选原理

4.1　单颗粒分析

体积为 V 的颗粒或磁链在分选区中除受到磁力作用外，还受到有效重力、上升水流动力、上升水流阻力、切向水流剪切力等力的作用。由于分选区中各处的磁场力、上升水流速度、切向水流速度、容积浓度等均不相同，难以用一个严格的运动方程表达，有鉴于此，适当简化，只对颗粒或磁链在分选区中垂直方向的受力及运动状态进行分析，受力方向以向下为正，向上为负。

所有的矿物颗粒在磁选柱的分选区，受周期变化的磁场作用，会经历有磁场和无磁场的两种不同时期阶段。在无磁场阶段，矿粒仅受重力和上升水流的作用，可近似理解为颗粒自沉降运动：开始为加速度沉降阶段，由于流体的阻力作用使颗粒沉降加速度逐渐减小；当流体阻力与颗粒的有效重力相等时，颗粒沉降速度不再增加而达到极大值；此后便趋于等速沉降，此时的速度即为颗粒自由沉降末速。

颗粒在流体中的有效重力表达式为：

$$G_0 = V(\delta - \rho)g = V\delta\left(\frac{\delta - \rho}{\delta}\right)g = m\left(\frac{\delta - \rho}{\delta}\right)g \tag{4-1}$$

式中　V——颗粒体积，m^3；

m——颗粒质量，kg；

δ，ρ——固体颗粒和流体的密度，kg/m^3。

故自由沉降初始阶段的沉降加速度为：

$$g_0 = \left(\frac{\delta - \rho}{\delta}\right)g \tag{4-2}$$

在自由沉降中流体对颗粒产生的阻力可分为摩擦阻力和压差阻力两种形式，如图 4-1 所示。

（1）摩擦阻力，又称为黏滞阻力。它是由于颗粒运动时牵动周围流体也产生运动，自颗粒表面向外各层流体间产生速度梯度，从而引起各流层间产生内摩擦力。

（2）压差阻力。沉降颗粒运动途径的后部由于形成漩涡，故压力降低，这样就产生运动颗粒前后部位的压力差，构成压差阻力。

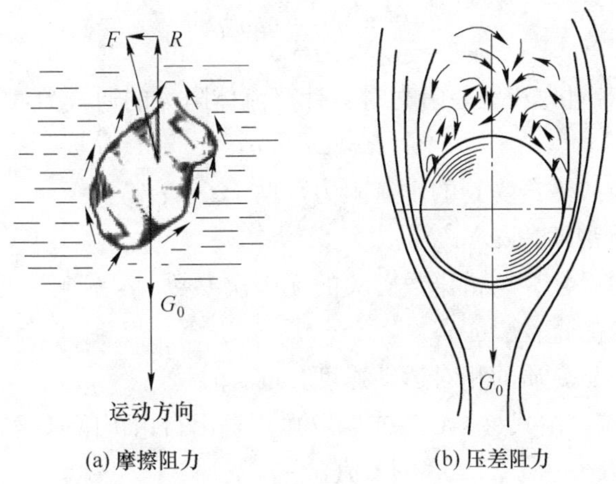

图 4-1　自由沉降流体阻力形式

F—合力；R—阻力；G_0—有效重力

在具体情况下上述两种阻力以何为主，可用雷诺数 Re 进行判断。雷诺数是流体质点作紊流运动的惯性力损失和流体作层流运动的黏滞力损失的比值，是无因次量，其数学表达式为：

$$Re = \frac{dv\rho}{\mu} \tag{4-3}$$

式中　d——颗粒直径，m；

　　v——颗粒与流体的相对运动速度，m/s；

　　ρ——流体密度，kg/m^3；

　　μ——流体黏滞系数（即黏度）。

矿物颗粒大小对流体阻力影响较大，与流体介质相对运动时，介质的雷诺数不同，阻力类型也不同。

（1）当颗粒直径 d 很小，流体黏滞系数 μ 也很小时，$Re<1$；在这种情况下压差阻力可忽略不计，流体阻力可视作主要为黏滞阻力。斯托克斯（G. G. Stokes）推导出的计算黏滞阻力 R_s 的公式为：

$$R_s = 3\pi\mu dv \tag{4-4}$$

（2）当颗粒直径 d 较大时，流体黏滞系数 μ 也增大；当 $Re>10^3$ 时，黏滞阻力可忽略不计，流体阻力以压差阻力 R_{N-R} 为主，牛顿-雷廷智（R. H. Richards）等推导出计算压差阻力公式为：

$$R_{N-R} = \left(\frac{\pi}{16} - \frac{\pi}{20}\right) d^2 v^2 \rho \tag{4-5}$$

（3）当 Re 处于 25~500 时，可用阿连（A. AIIen）公式计算阻力 R_A：

$$R_A = \frac{1.35\pi}{\sqrt{Re}} d^2 v^2 \rho \tag{4-6}$$

同时考虑黏滞阻力和压差阻力时，计算流体阻力的通式为：

$$R = \varphi d^2 v^2 \rho \tag{4-7}$$

式中 R——颗粒或磁链受到的水流阻力，向上，N；

ρ——介质密度，kg/m^3；

φ——阻力系数，与雷诺数有关的无因次参数；

d——颗粒的直径，m；

v——颗粒与介质的相对运动速度，m/s。

对于球形颗粒，由式（4-1）~式(4-7) 可解出自由沉降末速的数学通式为：

$$v_0 = \left[\frac{\pi d(\delta - \rho) g}{6\varphi\rho}\right]^{0.5} \tag{4-8}$$

根据式（4-8)，可得相同尺寸的磁铁矿颗粒和石英颗粒的沉降末速度之比为：

$$n_1 = \sqrt{\frac{\delta_{磁} - \rho}{\delta_{石英} - \rho}} \tag{4-9}$$

不同直径的颗粒的相同沉降末速度之比为：

$$n_2 = \sqrt{\frac{d_1}{d_2}} \tag{4-10}$$

在直径较小，颗粒自由沉降条件下，由式（4-8）可以计算相同直径颗粒的沉降末速比。

经计算，相同直径的磁铁矿和石英颗粒沉降末速度之比 n_1 为 1.632；不同直径，相同颗粒沉降末速度的磁铁矿和石英颗粒直径最大比 n_2 为 1.414。

与非磁性颗粒不同，由前文可知，磁性颗粒或磁链在磁选柱分选区还受到径向磁场力，指向为梯度方向，大小为：

$$f_m = \mu_0 k_0 V H \mathrm{grad} H \tag{4-11}$$

式中 f_m——颗粒或磁链受到的径向磁场力，水平方向，N；

μ_0——真空磁导率，$\mu_0 = 4\pi\times10^{-7}$ T · m/A；

k_0——颗粒或磁链的物质体积磁化率，无因次；

V——颗粒或磁链的体积，m^3；

H——颗粒体积中的磁场强度，A/m。

磁性颗粒与非磁性颗粒分离的重要条件是沉降速度不同。磁选柱分选区利用上升水流带动以石英为主的非磁性脉石矿物上升，成为溢流（尾矿），如果上升水流的速度大于颗粒沉降末速度，那么颗粒在不受其他力场的作用时，就会被水流冲向上方。如果调节磁选柱中上升水流速度大于最大尺寸颗粒的石英的沉降末速度，那么所有的石英颗粒就会被上升水流带走，流入尾矿。但此时，较小尺寸颗粒的磁铁矿沉降末速度也较小，如水流控制不当，或在励磁周期的磁场暂停阶段，较小颗粒的磁铁矿就极易进入尾矿，造成磁选柱的“跑黑”问题。如果我们调小水速，防止较小尺寸颗粒的磁铁矿被水流带走，则对于大颗粒的石英颗粒，就不能保证水流速度足够把其排出。相关讨论见变径磁选柱相关章节。

4.2 颗粒群分析

上节对单个颗粒在磁选柱中受力及运动情况进行了分析，这样的分析其实在实际的选别过程中并不存在，因为在磁选柱运行过程中，都是连续不断给矿，磁选柱分选区的浓度较大；而且由于矿粒重力和磁场力的作用，大部分磁性颗粒向下运动，大部分非磁性颗粒向上运动，最终形成由上至下浓度逐渐增加、品位逐渐增加的一个动态平衡体系。在这样的体系中，磁选柱的中下部矿浆的容积浓度较大，矿粒的沉降末速度须考虑以干涉沉降的情况进行分析。各部分的矿浆容积浓度不同，干涉沉降的末速度也就会发生变化。目前对这一过程还没有严格进行过理论上的分析与求证，因此只能对这个过程进行定性分析。

干涉沉降末速度的公式满足：

$$v_{hs} = (1 - \lambda)^n v_0 \tag{4-12}$$

式中 v_{hs}——干涉沉降末速度，m/s；

λ——矿浆容积浓度，%；

n——一个与物料颗粒大小和形状有关的常数；

v_0——自由沉降末速度，m/s。

式中的 n 值与物料粒度和形状的关系分别见表 4-1 和表 4-2。通常层流范围内 n 值取上限，紊流范围内 n 值取下限，过渡区取中间值。

表 4-1 n 值与物料粒度的关系（多角形）

颗粒平均粒度/mm	2.0	1.4	0.9	0.5	0.3	0.2	0.15	0.08
n 值	2.7	3.2	3.8	4.6	5.4	6.0	6.6	7.5

表 4-2 n 值与物料形状的关系（$d \approx 0.1$cm）

颗粒形状	类球形	多角形	长条形
n 值	2.5	3.5	4.5

在磁选柱中，所有颗粒的大小与形状系数 n 值和自由沉降末速度都是定值，不会变化。由于磁选柱中的浓度自上而下逐渐增大，容积溶度 λ 就会逐渐变大，干涉沉降末速度就会逐渐变小，而在选别过程中，上升水流的总流量不变，由于

矿粒体积对分选筒空间的占有作用，分选筒的相对横截面积就相当于变小了，上升水流的速度就相对变大，这有利于石英等非磁性脉石颗粒的排出，但同时，较小尺寸的磁铁矿颗粒的沉降末速度就与较大尺寸的石英等脉石颗粒的沉降末速接近，小磁性颗粒难以下降成为精矿，就会造成磁选柱回收率的下降。在粒级群的运动中，还会有很多磁团聚和磁包裹的现象。这些磁团聚和磁包裹会形成一些贫富分布不均的连生体被裹挟夹杂。相同直径情况下，连生体颗粒的沉降末速度介于单体脉石颗粒和单体磁铁矿颗粒的沉降末速度之间，从而降低磁选柱的选别效果。

4.3　磁选环柱分选原理

本节以磁选环柱分选为例，简要分析其分选原理。磁选环柱主要由给矿斗、分选筒、溢流管、粗选区磁系、精选区磁系、锥形导向杆、给水管、精矿排矿管、尾矿排矿管、电控装置等构成。在分选筒内部设有一个内筒，内筒内部为尾矿腔，内筒和外筒之间为精选环腔。以内筒上边缘为界，将分选筒分为上部区域和下部区域。上部区域为粗选区，下部区域为精选区，如图 4-2 所示。

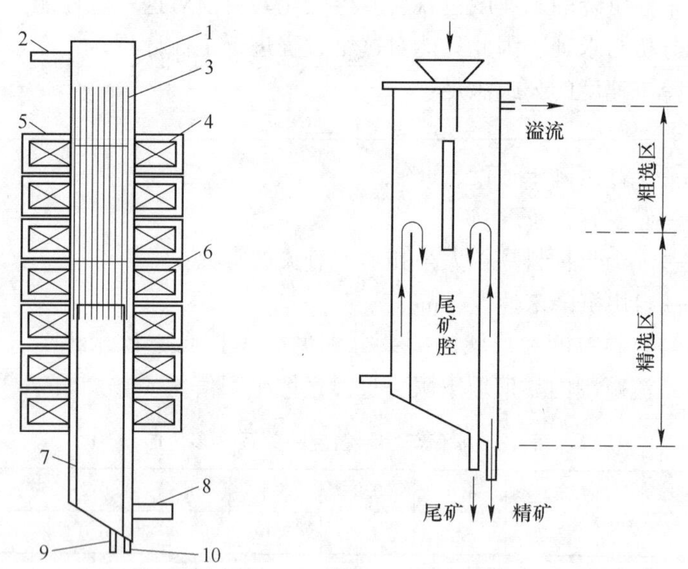

图 4-2　装备铠甲的螺线管励磁线圈磁系磁选环柱结构及物料走向

1—分选筒；2—溢流管；3—丝状介质；4—磁系架；5—磁系铠甲；6—磁系线圈；7—内筒；8—给水管；9—尾矿排矿管；10—精矿排矿管

粗选区的磁系由 4 组四极头电磁铁环轭磁系构成，其磁场力主要以径向为主，目的是将给矿矿浆中的磁性颗粒和富连生体颗粒吸引到分选筒周边区域，实现粗选。锥形导向杆的作用是防止给矿直接进入粗选区分选筒的中心区域，因为这一区域磁场力作用比较弱，容易造成尾矿品位过高。

精选区的磁系由4组励磁线圈磁系构成，其磁场力以轴向为主，在分选筒的侧下部设有切向给水管，在精选环腔和内筒的底部分别设有精矿排矿管和尾矿排矿管。目的是对粗选区得到的磁性产品做进一步精选，使精矿得到进一步净化。

4.3.1 粗选区分选原理

在粗选区分选空间内，非磁性颗粒主要受到如下几种力的作用：有效重力(重力与浮力之差)、上升水流动力、水流阻力、切向水流剪切力、颗粒间摩擦力等；磁性颗粒除了受到上述各种力作用之外，还受到磁场力和磁性颗粒之间存在的磁相互作用力。

对颗粒在粗选区的受力情况，本节作适当简化，忽略上升水流动力、切向水流剪切力、颗粒间摩擦力、磁相互作用力，只考虑径向磁场力。在此前提下，非磁性颗粒和磁性颗粒的受力分析如图4-3所示，图4-3（a）为非磁性颗粒受力分析，图4-3（b）为磁性颗粒受力分析。

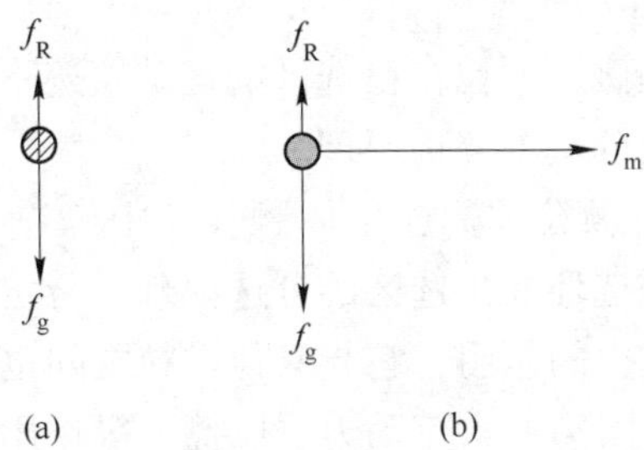

图4-3 非磁性颗粒和磁性颗粒受力分析图

磁性颗粒或磁链在粗选区所受到的径向磁场力为

$$f_m = \mu_0 k_0 VH\text{grad}H \tag{4-13}$$

式中 f_m——颗粒或磁链受到的径向磁场力，水平方向，N；

μ_0——真空磁导率，$\mu_0 = 4\pi\times10^{-7}$ Wb/(m · A) 或 H/m；

k_0——颗粒或磁链的物质体积磁化率，无因次；

V——颗粒或磁链的体积，m^3；

H——颗粒体积中的磁场强度，A/m。

磁性颗粒或磁链在粗选区所受到的有效重力为

$$f_g = V(\delta - \rho)g \tag{4-14}$$

式中 f_g——颗粒或磁链受到的有效重力，向下，N；

δ——粒或磁链密度，kg/m^3；

ρ——水密度，kg/m^3；

g——重力加速度，m/s^2。

磁性颗粒或磁链在粗选区所受到的水流阻力为

$$f_R = \varphi d^2 v^2 \rho \tag{4-15}$$

式中　f_R——颗粒或磁链受到的水流阻力，向上，N；

ρ——介质密度，kg/m^3；

φ——阻力系数，与雷诺数有关的无因次参数；

d——颗粒的直径，m；

v——颗粒与介质的相对运动速度，m/s。

非磁性颗粒在粗选区受到的有效重力见式（4-14），受到的水流阻力见式（4-15）。

由图 4-3 可见，磁性颗粒或磁链将在径向磁场力、有效重力和水流阻力的合力作用下向分选筒周边运动，然后沿筒壁向下运动进入精选环腔进行精选作业；非磁性颗粒将在有效重力和水流阻力的合力作用下垂直向下运动，直接进入尾矿腔成为尾矿。

磁性颗粒或磁链和非磁性颗粒在粗选区的运动轨迹不同，这是粗选区能够分离磁性物料和非磁性物料的基本分选原理。

下面分别就单体脉石颗粒、贫连生体颗粒、中等连生体颗粒、富连生体颗粒、单体磁铁矿颗粒在磁选环柱粗选区的分选原理进行定性分析。

单体脉石颗粒不受磁力的作用，它与其他颗粒之间也不存在磁相互作用，因此主要受有效重力、水流阻力、水流动力、摩擦力等作用。在外磁场存在时，单体脉石颗粒相对不易进入磁团聚，若夹杂于磁团聚中，其受到的摩擦力将随磁场强度的增大而增加，当外磁场消失时，其受到的摩擦力降到最小。单个存在的单体脉石颗粒在其自身有效重力作用下克服流体阻力直接垂直下降进入尾矿腔，成为尾矿产品；夹杂在磁团聚中的单体脉石在进入粗选区下部时受到向内指向尾矿腔的流体动力作用，既有可能被从磁团聚中冲洗出来进入尾矿腔，成为尾矿产品，也有可能冲洗不出来而进入精选环腔进行精选淘洗。

贫连生体颗粒在磁场作用下大部分向分选筒周壁运动，并沿周壁附近继续向下运动；少部分可能到达不了分选筒周壁附近而落入尾矿腔。贫连生体颗粒相对单体脉石容易进入磁团聚，但受到的比磁力相对富连生体颗粒和单体磁铁矿颗粒要弱。夹杂于磁团聚中的贫连生体颗粒，受到的摩擦力相对单体脉石有所增加，但在一定的流体动力作用下，它与其他颗粒之间比较弱的磁相互作用可能受到破坏，并且可能克服其受到的摩擦力而从磁团聚中冲洗出来。粗选区的磁场循环周期可以根据需要进行调整，这样，沿筒壁向下运动的磁性产品会受到时有时无、时上时下的磁场力作用，磁团聚呈现忽上忽下、忽紧忽松的运动方式，批次顺序下移。因此，当夹杂在磁团聚中的贫连生体颗粒进入粗选区下部时，由于受到向内的流体动力作用，有可能被从磁团聚中冲洗出来进入尾矿腔，但其成为尾矿产品的可能性相对单体脉石要小，冲洗不出来进入精选环腔进行精选淘洗的可能性稍大。

中等连生体颗粒在粗选区的行为界于贫连生体颗粒和富连生体颗粒之间，其冲洗不出来进入精选环腔进行精选淘洗的可能性较大。

富连生体颗粒在磁场作用下所受比磁力较大，与单体磁铁矿颗粒之间的磁相互作用也较强，因此很容易与单体的磁铁矿颗粒形成磁团聚，在磁团聚中受到的摩擦力也较大，在流体动力的作用下不容易被分离出来，因此进入精选环腔的可能性更大。

单体磁铁矿颗粒在磁场作用下所受比磁力相对最大，在磁场作用下可形成强烈的磁团聚，在流体动力作用下更不容易被分离出来，因此进入精选环腔的概率相对最大。

由以上的分析讨论可知，粗选区的粗精矿产品是以单体磁铁矿颗粒和富连生体为主，夹杂一部分中、贫连生体及少量细粒脉石的混合物，粗精矿产品将进入精选区的精选环腔进一步精选；粗选区的尾矿产品以粗颗粒单体脉石为主，细颗粒单体脉石次之，另外夹杂一部分贫连生体和少量中、富连生体及微细粒单体磁铁矿的混合物。

4.3.2 精选区分选原理

磁选环柱精选区分选原理与磁选柱分选区原理相同。

（1）磁场力：

$$f_m = \mu_0 K_0 V H \mathrm{grad} H \tag{4-16}$$

（2）有效重力：

$$f_g = V(\delta - \rho) g \tag{4-17}$$

（3）上升水流阻力：

$$f_r = kV^{\frac{2}{3}}\left(U + \frac{U_a}{1 - \lambda}\right)^2 \rho \tag{4-18}$$

颗粒或磁链所受合力的大小和方向决定了他们运动速度的大小和方向。颗粒或磁链在分选空间运动的动力学方程可写成：

$$\begin{aligned} m\frac{\mathrm{d}u}{\mathrm{d}t} &= f_g + f_m - f_r \\ &= V(\delta - \rho) g + \mu_0 K_0 V H \mathrm{grad} H - kV^{\frac{2}{3}}\left(U + \frac{U_a}{1 - \lambda}\right)^2 \rho \end{aligned} \tag{4-19}$$

式中 f_m——颗粒或磁链受到的磁力，向下或向上，N；

f_g——颗粒或磁链受到的有效重力，向下，N；

f_r——颗粒或磁链受到的上升水流阻力，向上，N；

m——颗粒或磁链质量，kg；

λ——颗粒或磁链所在点矿浆容积浓度，纯数；

K_0——物质的体积磁化率；

k——与颗粒或磁链形状和水流流态有关的系数；

U_a——上升水流速度，m/s；

U——颗粒或磁链沉降速度，m/s。

平衡时，$\frac{du}{dt}=0$，整理得到颗粒或磁链的沉降速度为：

$$U=\frac{1}{1-\lambda}\left[\frac{(1-\lambda)^2V^{\frac{1}{3}}(\delta-\rho)g}{k\rho}+\frac{(1-\lambda)^2\mu_0K_0V^{\frac{1}{3}}H\text{grad}H}{k\rho}\right]^{\frac{1}{2}}-\frac{U_a}{1-\lambda} \tag{4-20}$$

令 $A_0=\frac{1}{1-\lambda}$，$A_1=\frac{(1-\lambda)^2g}{k\rho}$，$A_2=\frac{(1-\lambda)^2\mu_0}{k\rho}$，得颗粒或磁链的沉降速度方程为：

$$U=A_0\{V^{\frac{1}{6}}[A_1(\delta-\rho)+A_2k_0H\text{grad}H]^{\frac{1}{2}}-U_a\} \tag{4-21}$$

设磁铁矿、脉石、连生体的密度分别为 δ_1、δ_2、δ_3，体积磁化率分别为 k_{01}、k_{02}、k_{03}，沉降速度分别为 U_1、U_2、U_3，由于 $\delta_1>\delta_2$，$k_{01}\gg k_{02}$，所以对同体积颗粒而言，有 $U_1\gg U_2$。因为 k_{02}趋近于0，因此，

$$[A_1V^{\frac{1}{3}}(\delta_2-\rho)]^{\frac{1}{2}}<U_a<[A_1V^{\frac{1}{3}}(\delta_1-\rho)+A_2k_{01}V^{\frac{1}{3}}H\text{grad}H]^{\frac{1}{2}} \tag{4-22}$$

$$U_1=A_0\{[A_1V^{\frac{1}{3}}(\delta_1-\rho)+A_2k_{01}V^{\frac{1}{3}}H\text{grad}H]^{\frac{1}{2}}-U_a\} \tag{4-23}$$

当 $U_2=A_0\{[A_1V^{\frac{1}{3}}(\delta_2-\rho)]^{\frac{1}{2}}-U_a\}$ 时，脉石颗粒上浮，磁性颗粒下沉，从而实现磁性矿物与脉石矿物的分离。同理，由于 $\delta_1>\delta_3$，$k_{01}>k_{03}$，因此有 $U_1>U_3$。当连生体向下运动的速度小于上升水流速度，而磁铁矿颗粒或磁链向下运动速度大于上升水流速度，在磁链松散时，处于磁链中的中、贫连生体也会被上升水流带动向上运动由内筒上边缘进入尾矿腔，从而可提高磁铁矿精矿品位。

此外磁链的体积和磁化率均大于单个磁铁颗粒的体积和磁化率，因此磁链的形成有利于磁性矿物的回收。

总而言之，在精选区分选空间中，颗粒或磁链受到不同的磁场力，当他们体积相同时，磁铁矿颗粒或以其为主的磁链的沉降速度最大，连生体矿粒或以其为主的磁链的沉降速度次之，脉石的沉降速度最小。这样，只要通过适当控制上升

水流速度和磁场强度就可以将他们分离开来。

下面结合磁场特性来分析颗粒或磁链的运动情况。

4.3.2.1 磁选柱分选区情况

为了更好地理解分选原理，首先对单个颗粒或磁链通过单个励磁线圈磁场作用空间全过程的运动情况进行分析，然后过渡到许许多多颗粒或磁链的情况对分选原理加以讨论。

当某个励磁线圈开始供电时，假设颗粒或磁链位于该线圈上方磁场作用不到的空间内，磁链仅靠剩磁维系，处于相对松散状态；又经旋转上升水流动力作用，其松散度又趋于增加。此时，颗粒或磁链靠其有效重力向下沉降。

当进入励磁线圈上部磁场作用空间范围时，在磁场作用下，松散的磁链被磁化，在颗粒间的磁相互作用下形成较紧密的磁团聚，而后沿磁力线方向迅速选择性地形成更大的磁链，该磁链在磁场力和磁链重力作用下克服上升水流动力加速向下运动。可以认为，当磁链在松散状态和重新形成磁团聚的过程中，都是旋转上升水流动力淘洗出夹杂于其中的细粒单体脉石和贫连生体的有利时机。由于旋转上升水流动力大于贫连生体的有效重力和磁场力的合力，更大于脉石的有效重力，因此贫连生体和脉石被向上冲带，运动到上部排出成为尾矿。

磁链在下移过程中，由于磁场强度增强引起颗粒间磁相互作用增强，磁链收缩、加粗、变短，磁性强的单体磁铁矿颗粒趋向于收缩至磁链的内侧，富连生体趋向于收缩至磁链的中间带，中等连生体趋向于分布在磁链的外侧。磁链向下的加速运动，导致旋转上升水流动力对其外侧冲涮作用增强，磁链外侧的中等连生体则可能被冲涮掉一部分；另外，下移收缩加粗变短的众多磁链逐渐加大了线圈中部矿浆体积浓度，致使线圈中部实际过水面积大大减小，实际上升水流速度高于其上部松散处的上升水流速度，增强了对磁链冲洗的力度，从而又可将中等连生体冲涮掉一部分；当然还有极少量位于磁链外侧粒度微细、相对比磁化率较低的单体磁铁矿颗粒也会随较高的上升水流速度上移，但他们中绝大多数会在线圈上部形成新的磁链聚合过程中得到回收。

当磁链继续下移到达线圈中心平面位置时，就开始进入励磁线圈下部磁场作用空间。

磁链通过线圈中心平面时，其沉降速度最大且向下加速度最大，并开始受到突然改变为反方向的磁场力作用。在通过线圈中心平面一瞬间，颗粒或磁链在其向下速度最大时，由受到向下最大的磁场力突然改变为受到向上的最大磁场力，使颗粒或磁链瞬间产生方向相反的最大加速度，这与高速行驶的列车紧急刹车的状况类似，会导致磁链突然剧烈变形，甚至磁链破坏，磁链又经历一次最剧烈的重新组合。磁链突然剧烈变形或破坏引起旋转上升水流紊乱，大大加强了旋转上升水流动力对磁链外侧或分散的磁链碎块的冲涮淘洗力度，从而使绝大部分中等连生体甚至富连生体被冲涮掉。随后在逐渐减弱的向上的磁场力作用下，磁链减速下行，直至沉降速度为零；而后在向上的磁场力和旋转上升水流动力作用下反转开始向上运动。

总之，单个颗粒或磁链通过单个励磁线圈磁场作用空间的运动轨迹如下：(1) 加速下降过程；(2) 减速下降过程；(3) 反转上升过程。

连续向下、时有时无、循环往复的磁场力造成磁性颗粒团聚与分散交替进行，磁链上下浮动，断续下移运动。处于这种状态下的磁链，受到由下而上的旋转上升水流动力的强烈冲洗作用，使夹杂于磁团颗粒中的单体脉石及中贫连生体不断得到冲涮淘洗，由上升水流带动上升，最后成为尾矿；而净化后的磁链在相对强大的连续向下的磁场力及其有效重力作用下克服旋转上升水流动力断续向下运动，并在运动中继续不断被净化，最后由分选区下部排矿管排出，成为高品位磁铁矿精矿。

4.3.2.2　磁选环柱精选区情况

精选区励磁线圈中心 0 平面的磁场最强，该平面上方和下方随距离的增加磁场均减弱。因此，磁性颗粒或磁链在线圈上方和下方对称位置时，将分别受到指向该平面上同一点的大小相等、方向基本相反的磁场力的作用。

当精选区某个励磁线圈开始供电时，假设颗粒或磁链位于该线圈上方磁场作用不到的空间内，磁链仅靠剩磁维系，处于相对松散状态；又经旋转上升水流动力作用，其松散度又趋于增加，此时颗粒或磁链靠其有效重力向下沉降。

当进入励磁线圈上部磁场作用空间范围时，在磁场作用下，松散的磁链被磁化，在颗粒间的磁相互作用下形成较紧密的磁团聚，而后沿磁力线方向迅速选择性地形成更大的磁链，该磁链在磁场力和磁链重力作用下克服上升水流动力而加速向下运动。可以认为，小磁链在松散状态和重新形成磁团聚的过程中，都是旋转上升水流动力淘洗出夹杂于其中的细粒单体脉石和贫连生体的有利时机。由于旋转上升水流动力大于贫连生体的有效重力和磁场力的合力，更大于脉石的有效重力，因此贫连生体和脉石被向上冲带到内筒上边缘，然后进入内筒向下运动成为尾矿。

磁链在下移过程中，由于磁场强度增强，磁链向下加速运动，导致旋转上升水流动力对磁链冲涮作用增强，磁链中的连生体可能被冲涮掉一部分；另外，众多磁链的聚集加大了线圈中部矿浆体积浓度，致使线圈中部实际过水面积大大减小，实际上升水流速度高于其上部松散处的上升水流速度，也增强了对磁链冲洗的力度，从而又可将连生体冲涮掉一部分。

当磁链继续下移到达线圈中心平面位置时，就开始进入励磁线圈下部磁场作用空间。

磁链通过线圈中心平面时，其沉降速度最大且向下加速度最大，并开始受到突然改变为反方向的磁场力作用。在通过线圈中心平面一瞬间，颗粒或磁链在其向下速度最大时，由受到向下最大的磁场力突然改变为受到向上的最大磁场力，使颗粒或磁链瞬间产生方向相反的最大加速度，这与高速行驶的列车紧急刹车的状况类似，会导致磁链突然剧烈变形，甚至磁链破坏，磁链又经历一次最剧烈的重新组合。磁链突然剧烈变形或破坏引起旋转上升水流紊乱，大大加强了旋转上升水流动力对磁链外侧或分散的磁链碎块的冲涮淘洗力度，从而使绝大部分中等连生体甚至富连生体被冲涮掉。随后在逐渐减弱的向上的磁场力作用下，磁链减速下行，直至沉降速度为零；而后在向上的磁场力和旋转上升水流动力作用下反转开始向上运动。

单个颗粒或磁链通过单个励磁线圈磁场作用空间的运动过程分为加速下降过程、减速下降过程、反转上升过程。

许许多多个颗粒或磁链通过单个励磁线圈磁场作用空间的运动就呈现为忽上忽下的状态。

连续向下、时有时无、循环往复的磁场力是造成磁链团聚与分散交替进行、忽上忽下、断续下移的主要动力。处于这种状态下的磁团聚，受到由下而上的旋转上升水流动力的强烈冲洗作用，使夹杂于磁团聚中的单体脉石及中贫连生体不断得到冲涮淘洗，由上升水流带动上升，最后由内筒上缘溢出进入尾矿腔向下运动，成为尾矿；而净化后的磁团聚在相对强大的连续向下的磁场力及其有效重力作用下克服旋转上升水流动力断续向下运动，并在运动中继续不断被净化，最后由精选环腔下部排矿管排出，成为高品位磁铁矿精矿。

磁选环柱精选区有 4 组励磁线圈，这样的精选过程要经历 4 次，每一次精矿品位都会得到新的提高，实现了多次精选。

精选区对选别效果起主要作用的只有两种力：旋转上升水流动力和循环顺序下移的磁场力。旋转上升水流动力所起的主要作用，一是从磁团聚中分离出连生体和脉石，二是将他们带入尾矿腔；磁场力所起的主要作用是创造磁团聚反复分散—团聚—分散的条件，以利于旋转上升水流从磁团聚中分离出夹杂的连生体和脉石，从而生产出高品位的磁铁矿精矿。这两种动力的有效配合是保证磁选环柱获得高品位铁精矿的必备条件，对不同性质矿石的选别主要是通过调节这两个参数来达到最佳选别效果。

4.3.3 分选效果试验

4.3.3.1 纯矿物试验

试验设备有试验室用直径 30mm 磁选柱、小型球磨机、套筛、细筛等。

纯磁铁矿粉和石英粉的混合物料的选分试验：将纯磁铁矿粉和纯石英粉按1∶1比例混合，即入选物料单体解离度为100%，以此考查磁选柱的分选精度。试验结果见表4-3。

表4-3 纯磁铁矿和纯石英粉混合物分选结果

产物	产率/%	铁品位/%	铁回收率/%	条 件
精矿	47.74	72.37	94.67	电流 I=2A； 水流速度 v=3.7cm/s； 给矿量 Q=14.4kg/h
尾矿	52.26	3.71	5.33	
给矿	100.00	36.49	100.00	

试验结果表明，磁选柱对磁铁矿有较高的分选精度，可以从理论单体解离度100%的纯磁铁矿和纯石英粉混合物中有效地分选出品位达72%以上的超纯铁精矿，为进一步的研究工作提供依据。

4.3.3.2 实际矿样试验

物料来自千山铁矿的外购矿生产的磁铁矿精矿，是其生产流程中的细筛下产品，全铁品位66.64%，-0.074mm 含量73.8%。试验研究结果表明，磁选柱精矿平均品位能达到70.46%，平均 SiO_2 含量1.06%的铁精矿质量。同时试验证明，再次精选对提高其质量效果很小。为获得更高质量的铁精矿，采用细筛—磁选柱工艺和细磨—磁选柱工艺进行试验研究，试验结果见表4-4、表4-5。

表4-4 细筛—磁选柱工艺试验结果

产物	产率/%	铁品位/%	回收率/%	SiO_2/%	备 注
精矿	85.02	71.04	88.29	0.83	给矿为筛下产品即磁选柱入选物料； 筛孔0.2mm，倾角61.5°； 筛下产率88.50%； 筛下品位68.25%
尾矿	14.98	53.45	11.71		
给矿	100.00	68.41	100.00		

由表4-4可知，通过细筛—磁选柱工艺可以得到全铁品位（TFe）大于71%，产率75.24%（88.5%×85.02%），SiO_2 含量低于1%的铁精矿。由表4-5可知，细磨后再进行磁选柱精选，磁选柱精矿品位可稳定在71%以上，并随着磨矿细度的增加品位趋近于72%，说明磁选柱作为一种磁选设备，对磁铁矿的选分精度很高，只要矿物单体解离度满足要求，可以利用磁选柱工艺生产出品位稳定于71%之上，SiO_2 含量小于0.6%的高质量铁精矿。

表 4-5 细磨—磁选柱工艺试验结果

产物	产率/%	铁品位/%	回收率/%	SiO_2/%	磨矿粒度
精矿	86.7	71.17	92.01	0.71	-0.045mm 占 71.67%
尾矿	13.3	40.82	7.99		
给矿	100.00	67.06	100.00		
精矿	83.82	71.48	89.01	0.62	-0.045mm 占 81.17%
尾矿	16.18	45.73	10.99		
给矿	100.00	67.31	100.00		
精矿	75.46	71.68	80.34	0.51	-0.045mm 占 88.43%
尾矿	25.54	53.95	19.66		
给矿	100.00	67.33	100.00		

5 磁选柱结构优化

5.1 磁选环柱结构优化

5.1.1 试验准备

5.1.1.1 试验装置

磁选环柱的试验装置主要包括磁选环柱、电源控制箱、恒压箱、搅拌槽、流量计、阀门等。试验装置如图 5-1 所示。

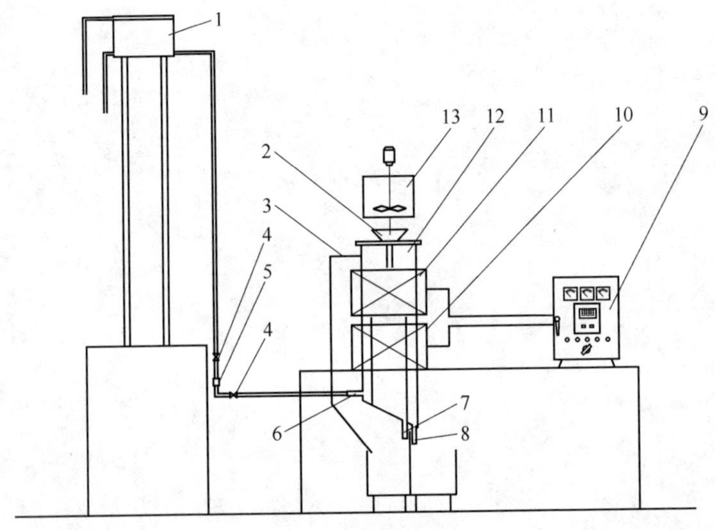

图 5-1 试验装置

1—恒压箱；2—给矿斗；3—溢流管；4—阀门；5—流量计；6—切向给水管；7—尾矿管及其阀门；8—精矿管及其阀门；9—电源控制箱；10—螺线管线圈磁系；11—粗选区电磁铁环轭；12—分选筒；13—搅拌槽

采用恒压箱的目的是保证给水压力条件在整个试验过程中稳定；在做各种条件试验时，流量计用于测定试验时的给水量，便于控制调节水量；搅拌装置的作用是模拟真实给矿情况，使给矿浓度均匀稳定，防止试验过程中发生沉降现象；电源控制箱采用粗选区和精选区分别控制的方式，可根据需要独立调节两个回路的电流强度和磁场循环周期。

5.1.1.2　试验物料

试验物料采用人工配制的具有一定粒度组成的纯磁铁矿与石英砂混合物料，通过人工配比物料试验确定设备的较优的结构参数和操作参数。

纯磁铁矿取自山西省长治市超纯铁精矿选矿厂，化验铁品位 72.03%；石英砂取自鞍山石英砂厂，经破碎和磨矿加工后制成。纯磁铁矿和石英砂的粒度组成分别见表 5-1 和表 5-2。

表 5-1　纯磁铁矿物料粒度分析

粒级/mm	产率/%	累积产率/%
+0.3	3.14	3.41
−0.3 +0.2	9.84	13.25
−0.2 +0.15	7.83	21.08
−0.15 +0.10	19.18	40.26
−0.10 +0.074	6.22	46.48
−0.074	53.52	100.00
合　计	100.00	

表 5-2　纯石英砂物料粒度分析

粒级/mm	产率/%	累积产率/%
+0.30	1.6	1.6
−0.30 +0.20	13.5	15.1
−0.20 +0.15	11.8	26.9
−0.15 +0.10	18.8	45.7
−0.10 +0.074	9.4	55.1
−0.074	44.9	100.00
合　计	100.00	

5.1.1.3　试验影响因素

影响因素包括三类：给矿性质、结构参数、操作参数。

(1) 给矿性质。包括入选物料的成分组成、磁性、粒度分布、单体解离度等。

(2) 结构参数。主要包括粗选区电磁铁环轭位置及间距、精选区线圈位置及间距等。

(3) 操作参数。主要包括粗选区励磁电流强度及励磁周期、精选区电流强度及励磁周期、上升水流速度、给矿量等。

5.1.1.4 试验操作

试验前先把设备结构参数按试验要求设置，包括粗选区线圈位置和间距、精选区线圈位置和间距等，试验过程如下：

(1) 调节精选环腔上升水流量；

(2) 电控箱参数设定；

(3) 分选试验；

(4) 产品处理。

5.1.2 粗选区结构参数

磁选环柱粗选区的作用是尽可能提高粗选区的回收率，保证进入尾矿腔的尾矿品位达到要求，考虑到粗大颗粒沉降速度大，粗选区只要能够将磁性颗粒尤其是粗大磁性颗粒吸引到筒壁周围，则细小磁性颗粒必然能够被回收到粗选区磁性产品中，因此就能保证粗选区的回收率，同时也就保证了粗选区尾矿品位尽可能低。粗选区电磁铁环轭的位置和间距对磁性颗粒的回收率有很大影响，尤其是位置因素更为重要。粗选区设备结构参数优化的目的就是找出电磁铁环轭的位置和间距与目标函数回收率的函数关系，建立他们之间的数学模型，以便分析讨论回收率与电磁铁环轭的位置和间距的因果关系，从而确定其最佳取值范围。

5.1.2.1 试验条件

通过探索试验，确定结构参数优化试验各操作参数值，见表 5-3。

表 5-3 操作参数

项目	电流强度/A	磁场循环周期/s	上升水流速度/cm · s^{-1}
粗选区	4.6	0.2	3.0
精选区	2.5	1.6	

表 5-3 试验操作参数，在结构优化试验中保持不变。

5.1.2.2 试验方案

为了试验次数较少而代表性又较强，建立精度较高的数学模型，采用“二次回归正交设计”方案来设计试验。

粗选区结构参数优化研究中的两个因子是最下部的电磁铁环轭磁极中心位置与内筒上边缘的距离和各个电磁铁环轭之间的间距，目标函数是粗选区磁性产品的回收率。目的是通过二次回归正交设计试验找到目标函数与两个因子之间的函数关系，建立他们之间关系的数学模型，从而确定当目标函数处于最优状态时两因子的最佳取值范围。

根据磁选环柱粗选区磁场特性的测定结果分析和探索试验经验的总结，确定两因子的取值范围，见表5-4。

表5-4中位置指最下端的电磁铁环轭中心所在的位置，以内筒上边缘为原点，向上为正，向下为负；间距指相邻两电磁铁环轭中心的距离。

表5-4　电磁铁环轭位置和间距取值范围

因子名称	符号	数值/cm
电磁铁环轭位置	X_1	-6，-2，+2
电磁铁环轭间距	X_2	4，6，8

根据最优设计理论中关于二次回归正交设计的要求，两个因子电磁铁环轭位置（X_1）、电磁铁环轭间距（X_2）的编码公式可写为：

$$Z_1 = \frac{2(X_1 - 2)}{2 - (-6)} + 1 = \frac{X_1 - 2}{4} + 1 \tag{5-1}$$

$$Z_2 = \frac{2(X_2 - 8)}{8 - 4} + 1 = \frac{1}{2}(X_2 - 8) + 1 \tag{5-2}$$

由表5-4可知，当试验值 $X_1=-6$，-2，$+2$ 时，编码值 $Z_1=-1$，0，+1；同理，当 $X_2=4$，6，8时，$Z_2=-1$，0，+1。因子水平编码见表5-5。

表5-5　因子水平编码

因　子	电磁铁环轭位置 X_1	电磁铁环轭间距 X_2
编码记号	Z_1	Z_2
零水平（0）	-2	6
变化区间	4	2
上水平（+1）	2	8
下水平（-1）	-6	4

5.1.2.3　二因子二次回归正交设计试验

根据最优设计理论确定的二因子二次回归正交设计试验方案见表5-6。

如前所述，本节试验采用的试验物料为纯磁铁矿和石英砂的混合物料。每次试验给样量为200g，给料前分别各取100g纯磁铁矿和石英砂现场混匀加入搅拌槽配制成浓度为33%的矿浆，然后开始试验操作及产品和数据处理过程。

表 5-6　二因子二次回归正交设计试验方案及数据处理

试验序号	设计矩阵		自变量系数矩阵						试验数据回收率 y/%
	Z_1	Z_2	Z_0	Z_1	Z_2	$Z_3=3\ (Z_1^2-2/3)$	$Z_4=3\ (Z_2^2-2/3)$	$Z_5=Z_1Z_2$	
1	−1	−1	1	−1	−1	1	1	1	93.8
2	0	−1	1	0	−1	−2	1	0	97.9
3	1	−1	1	1	−1	1	1	−1	91.2
4	−1	0	1	−1	0	1	−2	0	93.2
5	0	0	1	0	0	−2	−2	0	95.3
6	1	0	1	1	0	1	−2	0	91.4
7	−1	1	1	−1	1	1	1	−1	90.9
8	0	1	1	0	1	−2	1	0	94.7
9	1	1	1	1	1	1	1	1	87.8
$B_j=\sum_{i=1}^{9}Z_{ji}Y_i$			836.2	−7.5	−9.5	−27.5	−3.5	−0.5	
$d_j=\sum_{i=1}^{9}Z_{ji}^2$			9	6	6	18	18	4	$S_{离}=\sum_{i=1}^{9}y_i^2-\frac{B_0^2}{N}=70.04$
$b_j=\frac{B_j}{d_j}$			92.91	−1.25	−1.58	−1.53	−0.19	−0.13	$S_{回}=\sum_{j=1}^{5}Q_j=67.17$
$Q_j=\frac{B_j^2}{d_j}$				9.38	15.04	42.01	0.68	0.06	$S_{余}=S_{离}-S_{回}=2.86$

表 5-6 中各符号意义如下：

Y——目标函数即磁铁矿回收率%；

b_j——回归系数；

Q_j——偏回归系数；

$S_{离}$——离差平方和；

$S_{回}$——回归平方和；

$S_{余}$——剩余平方和。

5.1.2.4　粗选区回收率数学模型的建立

对粗选区目标函数回收率编码并经中心化后的数学模型为：

$$Y=b_0+b_1Z_1+b_2Z_2+b_3\left[3\left(Z_1^2-\frac{2}{3}\right)\right]+b_4\left[3\left(Z_2^2-\frac{2}{3}\right)\right]+b_5Z_1Z_2 \quad (5\text{-}3)$$

回归系数 b 的计算见本书附录。

由此可得粗选区目标函数的回归方程即粗选区回收率数学模型为：

$$Y = 92.91 - 1.25Z_1 - 1.58Z_2 - 1.53\left[3\left(Z_1^2 - \frac{2}{3}\right)\right] - 0.19\left[3\left(Z_2^2 - \frac{2}{3}\right)\right] - 0.13Z_1Z_2 \tag{5-4}$$

该数学模型的方差分析见表5-7。

表5-7 方差分析

离差来源	平方和	自由度	均方和	$F_{比}$	显著性
$S_{离}$	70.04	$f_{离}=8$	8.75	$F = \dfrac{S_{回}/f_{回}}{S_{余}/f_{余}}$	$F^{0.05}_{(5,3)}=9.01$ $F>F^{0.05}_{(5,3)}$
$S_{回}$	67.17	$f_{回}=5$	13.43	$F=14.08$	
$S_{余}$	2.86	$f_{余}=3$ $f_{离}-f_{回}=3$	0.96		

由表5-7可见，$F = 14.08 > F^{0.05}_{(5,3)} = 9.01$，说明粗选区回收率数学模型在$\alpha=0.05$水平上显著。

为便于分析应用，将式（5-1）和式（5-2）代入式（5-4），经整理得到以电磁铁环轭位置 X_1 和电磁铁环轭间距 X_2 为自变量的粗选区回收率数学模型为：

$$Y=94.27-1.36X_1+0.93X_2-0.29X_1^2-0.15X_2^2-0.02X_1X_2 \tag{5-5}$$

5.1.2.5 试验结果分析

（1）电磁铁环轭最佳位置和间距的确定。根据二元函数的极值原理，可求得式（5-5）的极大值点坐标为：

$$X_1=-2.5\text{cm}$$
$$X_2=3.3\text{cm}$$

计算粗选区回收率的极大值为：

$$Y_{max}=97.5\%$$

因此确定最下端的电磁铁环轭的最佳位置为距离内筒上边缘向下2.5cm处，电磁铁环轭最佳间距为3.3cm。

（2）电磁铁环轭位置对选分效果的影响。在粗选区回收率数学模型式(5-5)中有2个变量，即电磁铁环轭位置 X_1 和电磁铁环轭间距 X_2，为了直观地分析电磁铁环轭位置 X_1 对粗选区回收率 Y 的影响，在式（5-5）中令 $X_2=3.3$，即在电磁铁环轭间距 X_2 处于最佳值时，可得到 $Y=f(X_1)$ 的关系式如下：

$$Y=95.71-1.43X_1-0.29X_1^2 \tag{5-6}$$

$Y=f(X_1)$ 的关系曲线如图 5-2 所示。

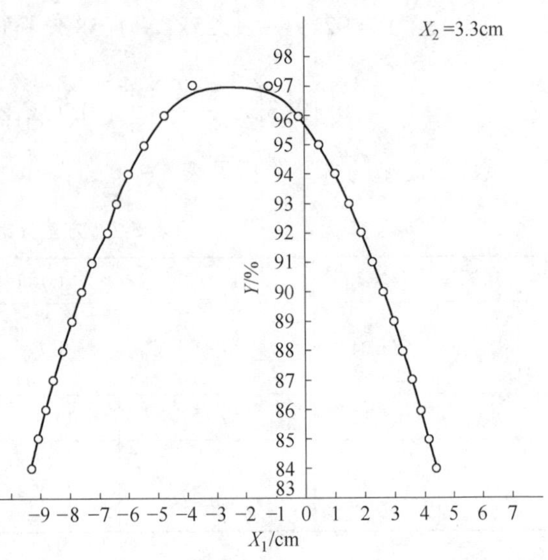

图 5-2 回收率与电磁铁环轭位置关系曲线

由图 5-2 可以看出，对于 4 组电磁铁环轭的粗选区电磁铁磁系来说，当其最下端一组电磁铁环轭的中心位置处于距内筒上边缘向下 0～5cm 的范围内时，均能获得磁铁矿回收率 95%以上的指标，而且在此范围内回收率指标差别不大，近似于一个平台区域；之所以回收率指标较高且差别不大，是因为内筒上边缘以下部分有一组或二组电磁铁环轭，其磁场力完全能够克服上升水流动力而把磁性颗粒牢牢地吸引到精选环腔中来。当电磁铁环轭位置距内筒上边缘向下超过 5cm 以后，回收率指标迅速下降；这是因为内筒上边缘以上部分的电磁铁环轭组数减少，磁性颗粒没有被充分吸到分选筒周壁附近，有一部分直接进入到尾矿腔。当电磁铁环轭位置距内筒上边缘向上超过 0cm 以后，回收率指标也迅速下降；这是因为内筒上边缘以下部分没有电磁铁环轭磁场力的强烈吸引，再加上精选环腔内上升水流的作用，致使一部分磁性颗粒不能进入精选环腔。

由以上分析可知，粗选区最下端电磁铁环轭的位置对选分效果的好坏具有决定性的影响，而且其最佳位置在内筒上边缘以下部分的一个范围内。

（3）电磁铁环轭间距对选分效果的影响。为了直观地分析电磁铁环轭间距 X_2 对粗选区回收率 Y 的影响，在式（5-5）中令 $X_1=-2.5$，在电磁铁环轭位置 X_1 处于最佳值时，可得到 $Y=f(X_2)$ 的关系式如下：

$$Y = 95.86 + 0.98X_2 - 0.15X_2^2 \tag{5-7}$$

$Y=f(X_2)$ 的关系曲线如图 5-3 所示。

由图 5-3 可以看出，对于 4 组电磁铁环轭的粗选区电磁铁磁系来说，当其电磁铁环轭间距处于 1～6cm 的范围内，均能获得磁铁矿回收率 96%以上的指标，而且在此范围内，回收率指标差别也不大，近似于一个平台区域；回收率指标之所以较高，这是因为间距适当，吸引到分选筒边壁附近的磁性颗粒会在顺序通断、连续向下的磁场力作用下紧贴筒壁向下运动，进入精选环腔。当间距超过 6cm 以后，回收率指标迅速下降；回收率指标之所以迅速下降，是因为间距过大时，已经被吸到分选筒周壁附近的磁性颗粒会在该电磁铁环轭断电时，在水流的作用下重新向分选筒中心部分扩散，而下一个通电的电磁铁环轭由于间距过大，又不能及时将其吸引过去，造成一部分磁性颗粒进入到尾矿腔，从而减少了进入精选环腔的磁性颗粒量。

由以上分析可知，粗选区电磁铁环轭间距对选分效果的好坏也具有较大的影响，而且其最佳间距是一个范围。

（4）最佳电磁铁环轭位置和间距范围的确定。从粗选区回收率数学模型式（5-5）可以看出，电磁铁环轭位置 X_1 和间距 X_2 对回收率的影响不是相互独立的，两个变量之间存在交互作用。因此需要通过绘制回收率数学模型的二维等高线图来确定这两个变量的最佳取值范围。

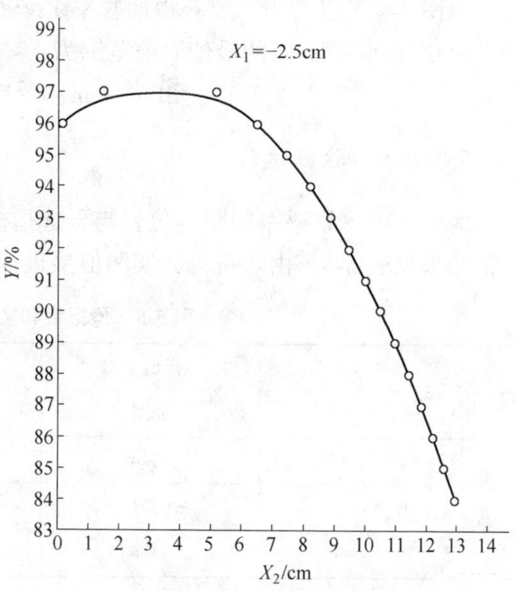

图 5-3 回收率与电磁铁环轭间距关系曲线

在回收率数学模型式（5-5）中，分别令 $Y=96\%$、92%、88%、84%，然后再分别给定不同的 X_2 值，对于每一个 X_2 值，分别计算出对应的 2 个 X_1 值，这样就得到回收率分别为 96%、92%、88%、84%的 4 条等高线图，如图 5-4 所示。

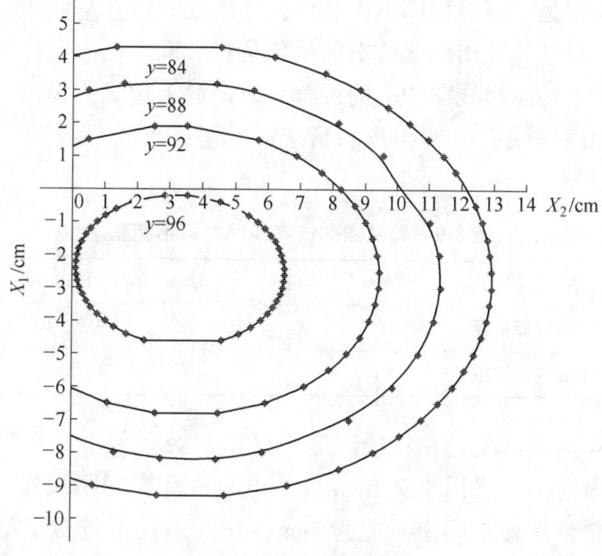

图 5-4 回收率等高线

由图 5-4 可以看出，要获得回收率 $Y \geqslant 96\%$ 的最好指标，电磁铁环轭位置 X_1 和电磁铁环轭间距 X_2 的最佳取值范围为：

$$X_1: -1 \sim -4\text{cm}; \quad X_2: 1 \sim 5.5\text{cm}$$

5.1.2.6　验证试验

为验证电磁铁磁系间距与位置与分选指标的关系公式的有效性，进行验证试验，结果见表 5-8。由表可见，实测值接近或优于理论模型计算值。

表 5-8　预报值和实测值对比

结构参数/cm	预报值 Y/%	实测值 Y/%	误差/%
$X_1=-4$，$X_2=4$	96.8	96.7	0.1
$X_1=-2$，$X_2=4$	97.4	98.1	-0.7
$X_1=0$，$X_2=4$	97.1	98.5	-1.4
$X_1=2$，$X_2=4$	91.6	93.5	-1.8

试验获得的测定值与式（5-7）预报值的误差小于±2%，说明模型建立准确，其最优解具有实际意义。最优解为最下端电磁铁环轭中心位置在内筒上边缘以下 2.5cm 处，电磁铁环轭间距最佳值为 3.3cm，由于磁系尺寸限制，其最小间距只能为 4cm，处于较优位置，模型计算理论回收率可达 98%。

5.1.3　精选区结构参数

精选区的作用是尽可能提高精矿品位，励磁线圈位置与间距对选别效果有一定的影响。试验目的是找出励磁线圈的最佳位置和间距。

位置是指最上端励磁线圈中心的位置，以内筒上边缘为原点，向下为正；间距是指两相邻励磁线圈中心的距离。精选区励磁线圈位置及间距取值范围见表 5-9。

表 5-9　励磁线圈位置和间距取值范围

项　目	取值/cm
励磁线圈位置	7.7、9.2、10.7、12.2
励磁线圈间距	4、5、6、7

精选区结构参数试验是在粗选区最优结构参数条件下，即最下端电磁铁环轭中心位置在内筒上边缘以下 2.5cm 处，电磁铁环轭间距最佳值为 3.3cm，由于磁系尺寸限制，其最小间距只能为 4cm，在此条件下进行了精选区结构参数试验。

本节试验的试验物料、上升水流速度、粗选区电流强度及循环周期、精选区电流强度及循环周期、试验操作及产品处理等与粗选区结构参数优化试验完全相同。

5.1.3.1 励磁线圈位置对选别效果的影响

精选区励磁线圈位置对选分效果影响的试验是在励磁线圈间距为 5cm 的条件下进行的。试验结果如图 5-5 所示。

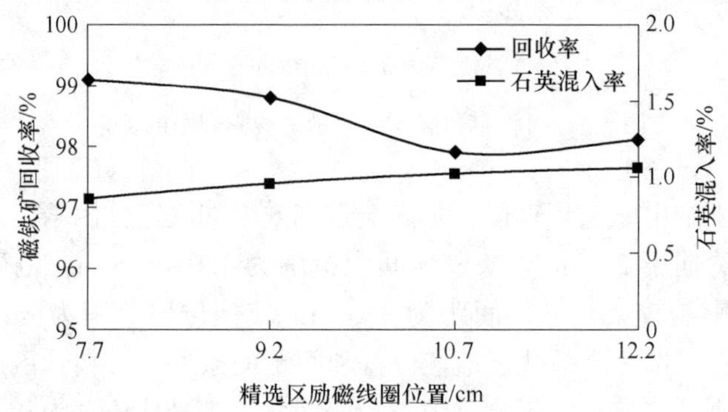

图 5-5 回收率和混入率与励磁线圈位置的关系

由图 5-5 可以看出，随着励磁线圈位置的下移，磁铁矿回收率逐渐下降；石英混入率缓慢上升。由此可见，在粗选区磁系处于最佳结构参数条件下，精选区励磁线圈位置对磁铁矿回收率和石英混入率只有一定的影响，即随着位置下移，回收率逐渐减少，混入率缓慢增高。分析其原因，是因为磁铁矿回收率主要受粗选区最下端的电磁铁环轭控制，石英混入率主要由上升水流速度控制，这两个条件不变，回收率和混入率变化不大。

优先考虑石英混入率大小，确定精选区励磁线圈的位置为 7.7cm。

5.1.3.2 励磁线圈间距对选别效果的影响

在励磁线圈位置为 7.7cm 条件下进行精选区励磁线圈间距对选分效果影响的试验。试验结果如图 5-6 所示。

由图 5-6 可以看出，随着励磁线圈间距由 4cm 到 7cm 逐渐增大，磁铁矿回收率由 99%下降为 98.3%；石英混入率由 0.7%上升为 1.0%。由此可见，在粗选区磁系处于最佳结构参数条件下，精选区励磁线圈间距对磁铁矿回收率和石英混入率的也具有一定影响，即随着间距的增大，回收率逐渐减少，混入率缓慢增高。

优先考虑石英混入率大小，确定精选区励磁线圈的间距为 4.0cm。

通过磁选环柱结构参数试验，可得出如下结论：

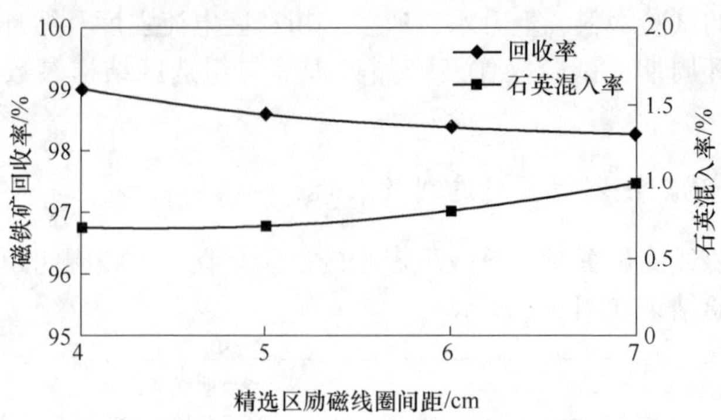

图 5-6　回收率和混入率与励磁线圈间距的关系

粗选区最下端电磁铁环轭位置是影响选别效果的决定性因素，最佳位置为相对于内筒上边缘向下 2.5cm 处，较佳间距范围为 1.0～5.5cm；电磁铁环轭间距对选别效果的影响较大，最佳间距为 3.3cm，较佳位置范围为内筒上边缘向下 1.0～4.0cm。在粗选区磁系处于最佳位置和间距的条件下，精选区励磁线圈的位置和间距对选别效果有一定影响，但不十分明显，其最佳位置为相对于内筒上边缘向下 7.7cm 处，最佳间距为 4.0cm。

5.1.3.3　精选区电磁铁磁系参数对选别效果的影响

（1）结构参数各因子的确定。本节主要讨论精选区采用电磁铁磁系的磁选环柱结构优化问题，得到磁系位置与间距等结构参数的合理范围。通过分析，确定对试验的结果有影响的结构参数因子有以下 4 个：

1）粗选区电磁铁环轭磁系的位置（A）。由于粗选区电磁铁环轭的位置对磁性颗粒的回收率的影响十分显著，故而在正交试验中加入粗选区电磁铁环轭位置这一因素，在试验中用粗选区最下端的电磁铁环轭中心与内筒上边缘的垂直距离确定。

2）精选区电磁铁环轭磁系的位置（B）。是指精选区最上端电磁铁环轭中心与内筒上边缘的垂直距离。

3）精选区电磁铁环轭相邻两组磁系之间的距离（C）。

4）精选区电磁铁环轭相邻两组磁系磁极头之间的角度（D）。

通过探索试验，确定结构参数优化试验各操作参数值，见表 5-10。

表 5-10　操作参数

项目	电流强度/A	磁场循环周期/s	上升水流速度/mL · s^{-1}
粗选区	4.5	0.2	
精选区	3	1.6	28.5

表5-10操作参数，在结构参数优化试验中保持不变。

（2）试验方案。为使本节试验能充分显示各因素的影响显著性水平，同时又具有代表性，确定采用四因素三水平正交试验。四个考察因素及相应水平见表5-11。

表 5-11 影响因素及相应水平

因 素	水 平		
A 因素粗选区环轭位置/cm	−2	0	2
B 因素精选区环轭位置/cm	9	7	5
C 因素磁系间距/cm	4.5	5.5	6.5
D 因素磁系间角度/(°)	15	30	45

（3）正交试验。试验前首先把结构参数按试验要求设置好，如粗选区电磁铁环轭磁系的位置，精选区电磁铁环轭磁系的位置、间距、角度。

试验按正交表安排，每次试验分别取各影响因素的不同水平。每次试验给矿量为200g，配制成33.33%的矿浆，分选时间控制在120s左右。试验结果见表5-12。

表 5-12 四因素三水平正交试验方案及数据处理

序号	A	B	C	D	指标 E
1	1	1	1	1	6.4681
2	1	2	2	2	5.6957
3	1	3	3	3	4.3188
4	2	1	2	3	5.3384
5	2	2	3	1	4.8640
6	2	3	1	2	7.0346
7	3	1	3	2	5.3839
8	3	2	1	3	4.8102
9	3	3	2	1	6.5113
I_j	16.4826	17.1904	18.3129	17.8434	T=50.4250
II_j	17.2370	15.3699	17.5454	18.1142	
III_j	16.7054	17.8647	14.5667	14.4674	
R_j	0.1002	1.1103	2.6106	2.7522	
变差来源	平方和	自由度	均方和	F 比	显著性
A	0.1002	1	0.1002	1	
B	1.1103	1	1.1103	11.0808	*
C	2.6106	1	2.6106	26.0539	* *
D	2.7522	1	2.7522	27.4671	* * *
误差	0.1002	1	0.1002		

（4）试验结果。通过上述正交试验，可以得出每次试验时精矿和尾矿的产率、品位、回收率，为确定其最佳结构参数，要兼顾品位及收率这两个指标，为此确定以道格拉斯选矿效率作为衡量指标，其计算公式为：

$$E = \frac{100(\varepsilon - r)(\beta - \alpha)}{(100 - r)(\beta_{max} - \alpha)} \tag{5-8}$$

式中　ε——回收率,%；

β——精矿品位,%；

β_{max}——精矿理论最高品位,%；

α——原矿品位,%；

r——精矿产率,%。

通过比较道格拉斯选矿效率 E 的大小，判定各个影响因素的显著性水平从高到低依次为：

精选区电磁铁环轭相邻两组磁系磁极头之间的角度（D）；

精选区电磁铁环轭相邻两组磁系之间的距离（C）；

精选区电磁铁环轭磁系的位置（B）；

粗选区电磁铁环轭磁系的位置（A）。

试验结果见表 5-12，得到最佳结构参数为 $A_2B_3C_1D_2$，即粗选区最下端电磁铁环轭磁系中心与内筒上边缘垂直距离为零，精选区最上端电磁铁环轭磁系中心位于内筒上边缘下方 5cm 处，精选区电磁铁环轭相邻两组磁系之间的距离为 5.5cm，精选区电磁铁环轭相邻两组磁系磁极头之间的角度为 30°。

从以上试验结果可见，影响选别效果的最主要因素是精选区电磁铁环轭相邻两组磁系磁极头之间的角度，其次是精选区电磁铁环轭相邻两组磁系之间的距离。这主要是因为通过调节角度和间距，可以有效控制磁性矿粒的运动路径，增强水流对磁团聚的剪切作用，从而有效破坏磁团聚，提高分选效果。粗选区电磁铁轭的位置和精选区电磁铁环轭的位置的影响效果相对来说较小，这主要是因为粗选区电磁铁轭的位置和精选区电磁铁环轭的位置对磁性矿粒的运动影响相对较小。

5.2　变径磁选柱结构优化

5.2.1　给矿点位置

在之前的国内外相关研究中，未见磁选柱的给矿点合适位置的相关文献，对于给矿点的位置是否会影响磁选柱的选别效果，也没有研究结论。根据选矿学、流体力学等知识可以做出相关假设和推论：给矿点的位置太高，离溢流口的距离就特别近，容易导致一小部分矿浆在没有被分选时就直接被冲入溢流尾矿，即产生短路流，其原因是变径磁选柱采用的是周期励磁磁系，而矿浆是连续不断给入，导致在靠近溢流口处给矿会使一定时间段内给入矿浆处于磁场真空期，磁性颗粒就会在该磁场真空期内流入溢流尾矿。而如果给矿点位置过低，那么磁性颗粒进入磁选柱时下降过程中经过的磁系次数有可能就会过少，分散磁团聚再分散的次数会变少，有可能影响分选效果，降低分选指标；此外，根据磁选柱的矿浆特性，越靠近磁选柱下端，磁选柱中的矿浆浓度越高，此阶段的磁团聚效果就会更加明显，此阶段对于磁性矿物的回收作用很强，但是对于脉石矿物的剔除作用就会相应降低。只有在一个合适的位置处，磁选柱才能得到最佳选矿指标。

给矿点位置以线圈位置为基准，把磁选柱上部分选筒的 3 个线圈标为①、②、③号，将给矿点位置分别设置在①号、①-②号中间、②号、②-③号中间、③号这五个给矿点位置，进行实验。

优化试验：在给矿浓度 40%，用励磁电流 1A，励磁周期 3s，选别时间 180s 的相同操作因素下，对原矿铁品位 58.0%，-0.25mm 的磁铁矿进行了不同给矿点位置的影响试验，探索给矿点位置对于变径磁选柱的选别指标影响。给矿点位置优化研究试验条件见表 5-13，试验指标见表 5-14，给矿点位置对变径磁选柱分选效果的影响曲线如图 5-7 所示。

表 5-13　给矿点位置优化试验条件

因　素	取　值
电流强度/A	2.0
线圈间距/mm	30
线圈位置/mm	10
给矿浓度/%	40
励磁周期/s	3
上升水量/mL · s^{-1}	16
分选时间/s	180

表 5-14　给矿点位置试验结果

样品名称	产物名称	质量/g	产率/%	品位/%	金属率/%%	回收率/%
①	精矿	88.33	89.36	62.5	5581.51	96.17
	尾矿	10.52	10.64	20.9	222.53	3.83
	原矿	98.85	100.00	58.0	5804.05	100.00

续表5-14

样品名称	产物名称	质量/g	产率/%	品位/%	金属率/%%	回收率/%
①-②	精矿	88.54	89.06	61.90	5514.96	96.04
	尾矿	10.88	10.94	20.8	227.36	3.96
	原矿	99.42	100.00	57.4	5742.32	100.00
②	精矿	86.33	86.76	63.8	5535.80	95.71
	尾矿	13.17	13.24	18.8	248.38	4.29
	原矿	99.50	100.00	57.8	5784.18	100.00
②-③	精矿	87.90	88.25	63.5	5607.15	96.06
	尾矿	11.70	11.75	19.6	229.89	3.94
	原矿	99.60	100.00	58.4	5837.04	100.00
③	精矿	87.96	88.48	63.5	5621.70	96.86
	尾矿	11.45	11.52	15.8	182.18	3.14
	原矿	99.41	100.00	58.0	5803.88	100.00

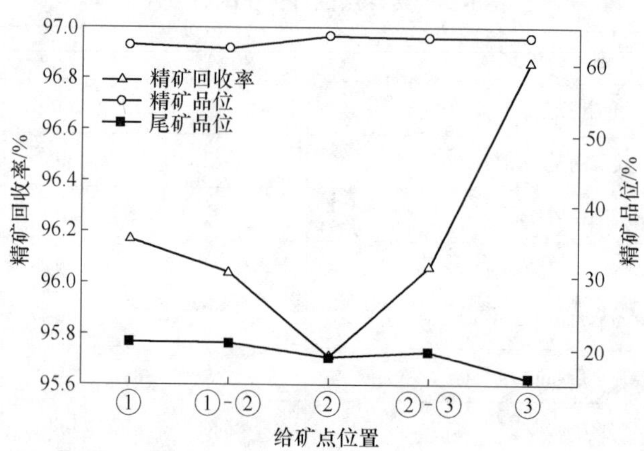

图 5-7　给矿点位置对变径磁选柱分选效果的影响

从产率上看，给矿点较靠近溢流口位置处的产率变化与给矿点靠下位置处的产率变化并没有太大的差别，这与我们猜想的靠近溢流口处的部分矿物会在没有选别的情况下就排出的猜想相悖；从精矿品位上讲，给矿点位置的影响较突出，精矿品位会随着给矿点位置向下而逐渐提高，直到达到一个最高点后，继续往下精矿品位趋于平衡，在②号线圈以下的给矿点，精矿品位达到最大值 63.5%左右；从尾矿品位上分析，根据给矿点的位置从上至下，尾矿品位先升高后降低，在③号线圈给矿点的位置处最低，为 3.14%，分析可能原因：在③号线圈给矿点时，无论变径磁选柱的周期如何变化，给入矿浆都不会出现励磁磁场真空期，保证了矿浆中的磁性颗粒始终会被磁场所吸引。因此结论就是给矿点的位置就必须要保证在③号线圈以下位置。

综上，给矿点的位置不会影响变径磁选柱的产率，但是对于精矿的品位有影响，必须在较下的②号位置以下才合适；而对于金属的回收率，要避免磁场真空期时磁性矿物的流失就必须保证给矿点位置在③号线圈或者以下。

5.2.2 变径磁选柱线圈位置

在初始装配时，下部分选筒的励磁线圈位置直接从连接处的最顶端开始放置，每隔 40mm 放置下一个线圈。如果不是从最顶端位置开始放置，而是间隔了一小段距离放置，会不会对变径磁选柱的选别效果造成影响呢？在上下分选筒处连接处，由于横截面积的变化，水流速度发生了变化，对矿浆浓度也产生了影响。如果增加磁场磁感应强度，可以有助于上部分选筒中的微细磁性颗粒更加有效地便吸引到下部分选筒，同时防止下部分选筒的磁性颗粒被较高速度的水流盘带进入上部分选筒；但较大磁感应强度磁场，同样也会作用于含有连生体和脉石矿物的聚团上，导致淘洗作用下降，可能引起精矿品位的降低。如果设置磁场的位置过低，那么下部分选筒的水流速度很大，可以将下部分选筒中很多矿浆冲入上部分选筒，进行再次选别，但是对于上部分选筒的微细颗粒的吸引力就会减小，导致部分上部分选筒中的微细磁性颗粒无法进入下部分选筒，最终流入尾矿。为此，需要对变径磁选柱的下部分选筒的线圈位置进行实验优化。以变径对接端面下沿平面为零位置，向下相对零位置的距离就是对应线圈的位置，确定线圈位置为 0mm、10mm、20mm、30mm、40mm。在给矿条件、操作参数不变的情况下，给矿位置处于③处，进行了不同线圈位置的试验，线圈位置优化研究试验条件见表 5-15，线圈位置对变径磁选柱分选效果的影响试验结果如图 5-8 所示。

表 5-15 线圈位置优化试验条件

因　素	取　值
电流强度/A	2.0
线圈间距/mm	30
给矿点位置	③
给矿浓度/%	40
励磁周期/s	3
上升水量/mL · s^{-1}	16
分选时间/s	180

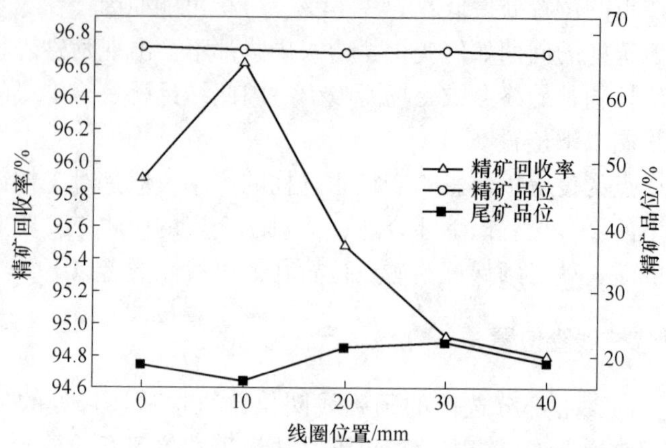

图 5-8　线圈位置对变径磁选柱分选效果的影响

从图 5-8 可知，当线圈位置由 0mm 扩大到 40mm 时，所得精矿品位略呈下降趋势，由 65.5%降低到 64.60%，变化不是很大，同样尾矿品位变化幅度也不大；但是当位置由 10mm 改变到 40mm 时，精矿回收率由 96.58%迅速下降到 93.97%。

根据精矿品位和精矿回收率指标的综合考虑，确定变径磁选柱线圈位置最佳参数为 10mm。

5.2.3　变径磁选柱线圈间距

在设计变径磁选柱时，磁系线圈的间隔都暂定为 40mm，但这并不一定是磁选柱线圈的最佳间隔位置。线圈间宽度的具体合适值没有明确的定值，甚至对不同的矿物，会有不同的线圈间距契合。通常，用磁选柱处理矿石主要是进行磁铁矿和石英的分离，而且磨矿细度都大致在相同的范围内，故有必要把变径磁选柱的线圈间距设计在比较符合一般情况的最佳位置。

如果线圈的间隔设计得过小，可能磁团聚颗粒在刚脱离上一个线圈磁场后马上就进入下一个线圈的磁场范围，这样磁团聚还未来得及被打散又被磁化，继续进入下一个线圈的范围，导致磁团聚的分散作用被削减，达不到破坏磁团聚、提升矿物选别指标的目的；同时，受连续线圈的磁场作用的影响，磁团聚颗粒或磁链的下降速度会逐渐增大，在这个增大的过程中，颗粒在磁选柱的分选空间内停留时间会大大缩短，减少了来回往复筛选的过程，不利于矿物的精选。如果磁系线圈的间距过大，较细颗粒的磁铁矿和较大颗粒的非磁性矿物会由于沉降末速度相近在下降过程中重新混合在一起。所以，必须保证选别的矿物颗粒在离开一个线圈的磁系范围后有充分分散的机会，同时，在尚未开始混合时进入下一个线圈的磁系范围，以增强选别效果。为此，需要找出最佳的磁系线圈间隔距离。

试验保持其他条件不变，进行磁系间宽度分别为10mm、20mm、30mm、40mm、50mm的选别试验，线圈间距对变径磁选柱分选效果的影响试验结果如图5-9所示。

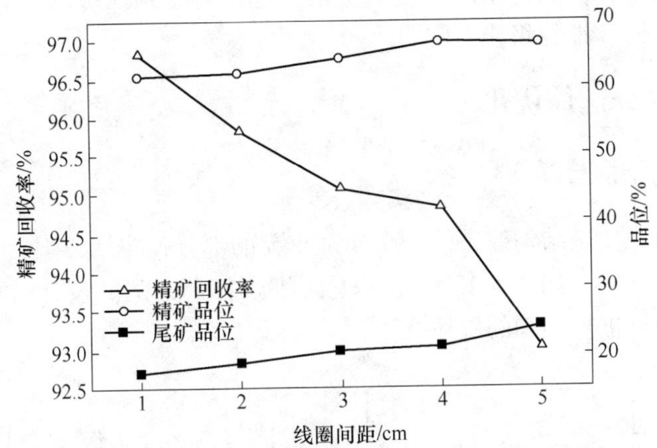

图5-9 线圈间距对变径磁选柱分选效果的影响

从图5-9中可知，当线圈间距从10mm扩大到50mm时，精矿品位从61.66%升高到66.48%，精矿回收率从96.82%下降到93.02%，同时尾矿品位从17.36%上升到24.13%，精矿品位随线圈间距的增大而升高，但是精矿回收率有所下降，尾矿品位升高。试验结果与试验前分析结果基本相符。根据精矿品位和精矿回收率指标的综合考虑，确定变径磁选柱线圈间距最佳参数为40mm。

比较变径磁选柱与普通磁选柱分选效果，对相同的矿物100g，变径磁选柱和普通磁选柱在相同的1.0A电流，3s励磁周期，16mL/s的上升水流，40%给矿浓度下进行选别，得到的实验数据见表5-16。

表5-16 变径磁选柱与普通磁选柱精选实验对比

设备	产物名称	质量/g	产率/%	品位/%	回收率/%
变径磁选柱	精矿	86.48	86.72	67.16	96.86
	尾矿	13.24	13.28	14.20	3.14
	原矿	99.72	100.00	60.13	100.00
普通磁选柱	精矿	85.76	86.02	66.30	94.85
	尾矿	13.93	13.98	22.17	4.15
	原矿	99.69	100.00	60.13	100.00

由表 5-16 可知，无论是回收率还是精矿品位、尾矿品位，变径磁选柱都优于普通磁选柱，所以可以得出变径磁选柱的变径设计优化了磁选柱选别指标的结论。对两种磁选柱的尾矿进行粒度分析，并对-0.074mm 的细粒级的品位进行化验，发现变径磁选柱的尾矿细粒级品位很低，而普通磁选柱的细粒级品位却较高，与原矿的细粒级品位相近。说明变径磁选柱对于细粒级的回收能力比较高，而普通磁选柱回收细粒级能力较弱。

5.3　磁选柱分选筒优化

5.3.1　分选筒结构方案

分选筒的优化是结构改进的一个非常重要的部分，主要方案：直筒方案、塔形方案和斜筒方案，如图 5-10 所示。下面将就各个方案的设计过程和思路以及每个方案的特点进行详细的叙述。

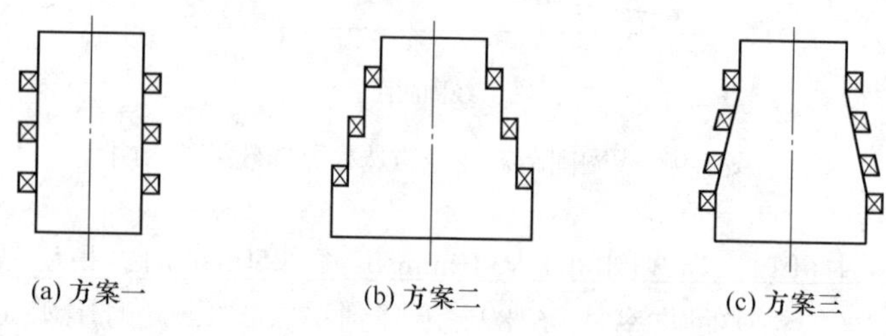

图 5-10　分选筒设计方案

5.3.1.1　直筒方案

直筒方案是最初设计的方案，也即磁选柱和现有磁选环柱采用的结构形式，如图 5-10 方案一所示。此结构形式的特点是：分选筒的直径自上而下不发生改变，称为圆柱形分选筒。该分选筒的优点是方便制作加工。不足是：

（1）分选空间较小，磁性颗粒和非磁性颗粒容易混杂在一起，不容易分散开来，导致精矿品位得不到提高；

（2）磁场梯度变化的范围较小，在线圈通断电过程中，磁性颗粒和非磁性颗粒的路径一致，导致不容易分开，从而也不利于分选精度的提高；

（3）上升水流速度一致，容易导致在分离大颗粒脉石时使细颗粒磁性矿物流失，出现溢流“跑黑”现象。

5.3.1.2　塔形方案

由于直筒方案存在上述不足，因此对其进行优化设计，初步决定采用塔形方案，如图 5-10 方案二所示。该方案可以很好地解决方案一存在的问题，既增大了中部分选筒的分选空间，又在一定程度上改变了磁性颗粒和非磁性颗粒的运动路径，从而有利于提高分选精度，提高精矿品位。

但是该方案也存在一些不足，一方面，在实际加工制造过程中，该方案中分选筒加工制造麻烦，焊接缝较多，成本较高，不利于该设备的批量生产；另一方面，塔形方案存在多处拐角，在分选过程中由于拐角处磁场强度较弱，对磁性颗粒的作用力较小，容易形成薄弱分选作用区（称为“死角”）。综上所述，该方案虽然克服了方案一中存在的不足，但是也出现了新的不足，因此需要对该方案继续进行优化。

5.3.1.3 斜筒方案

在综合分析方案一和方案二两者优缺点的基础上，提出了方案三，即斜筒方案。

该方案不仅可有效克服方案一中存在的分选空间较小，精、尾矿易混杂的缺点，而且优化了设备结构，使分选空间得到了显著增加，从而减少了磁性颗粒和非磁性颗粒的二次混合，提高了精矿品位。同时，斜筒方案也克服了方案二中出现的设备加工制造成本较高和存在死角的缺点，结构设计更加科学合理，方便大规模批量生产；分选筒为一个圆锥体，分选过程中磁性颗粒和非磁性颗粒运动流畅，轨迹重叠现象得以消除，消除了薄弱分选作用区，即死角，使分选空间得到了充分的利用，不仅提高了分选效率，而且提高了分选精度。

综上所述，决定采用方案三，即斜筒方案。接下来借助软件建立模型，导入磁场，进行综合模拟和分析，以更好地完成优化设计。

5.3.2 单线圈优化

在确定了分选筒的结构方案后，需要确定其具体尺寸，以及在该尺寸下励磁线圈的最佳参数（宽度和高度)，然后找出分选筒和励磁线圈的最优参数组合。

根据磁选环柱工业试验经验，可以基本确定在中部分选筒部分放置两组励磁线圈。前面的论述中，给出了该部分上部直径为 600mm，下部直径为 800mm，根据磁系优化中组合励磁线圈之间的最佳间距 80mm 以及聚磁环轭的最合适厚度为 10mm，确定分选筒的高度为 360mm，建立单个线圈基本模型，如图 5-11 所示，进行模拟分析。

通过对所建模型的模拟和数据分析，得到不同线圈的宽度 L、高度 H 与线圈中心处磁场强度 B 的数值，见表 5-17。

通过分析表 5-17 中的数据，可以得到线圈模型中心出磁场强度与高度的变化规律，即随着线圈高度的增加，磁场强度逐渐增强，如图 5-12 所示。

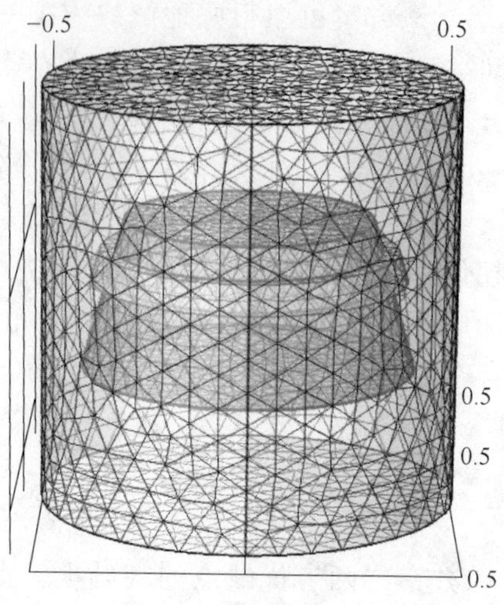

图 5-11　分选筒模型

表 5-17　不同宽度与不同高度的线圈表面中心场强计算结果　(mT)

H/mm	L/mm							
	40	50	60	70	80	90	100	110
70	4. 61	5. 55	6. 45	7. 25	8. 02	8. 65	9. 25	10. 35
90	5. 41	6. 95	8. 12	9. 05	10. 05	10. 85	11. 63	12. 24
110	6. 81	8. 25	9. 52	10. 83	11. 94	12. 95	13. 75	14. 55
130	7. 85	9. 45	11. 01	12. 42	13. 73	14. 84	15. 85	16. 75
150	8. 71	10. 72	12. 35	14. 03	15. 25	16. 74	17. 85	18. 65
170	9. 61	11. 82	13. 65	15. 15	16. 95	18. 35	19. 55	20. 73

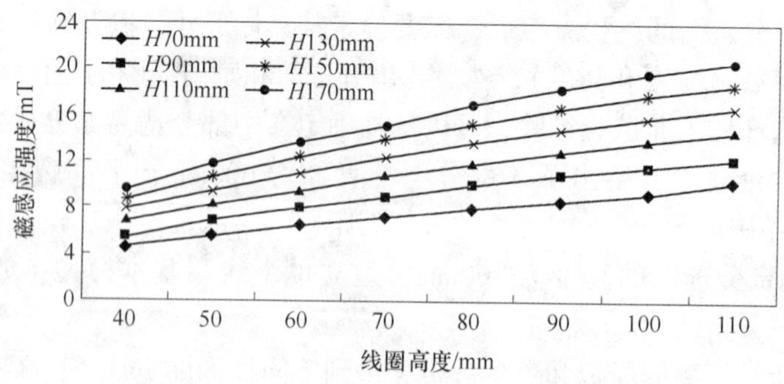

图 5-12　线圈高度与磁感应强度的变化规律

通过分析表 5-17，可以得到线圈模型中心处磁感应强度与线圈高度的变化规

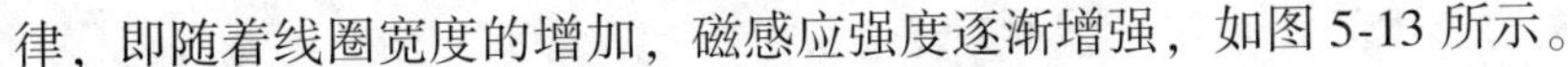

律，即随着线圈宽度的增加，磁感应强度逐渐增强，如图 5-13 所示。

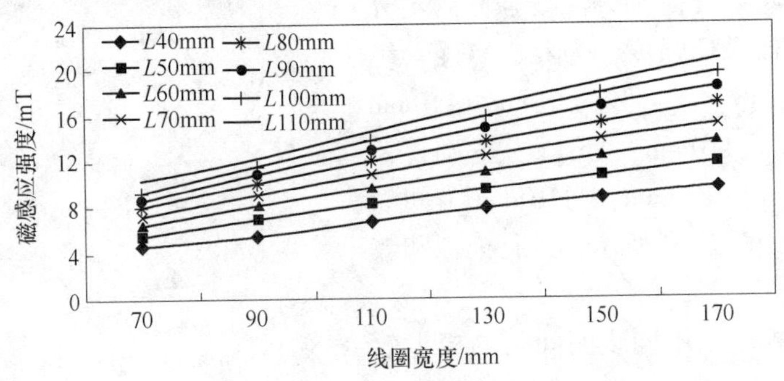

图 5-13　线圈宽度与磁场强度的变化规律

对比分析图 5-12 和图 5-13 中曲线的变化规律，可以看出，线圈的高度对磁感应强度的影响较线圈的宽度对磁感应强度的影响稍大。

由于线圈由圆柱形变为圆锥形，导致线圈产生的磁场在一定程度上发生变化，即圆锥形线圈的下端面磁感应强度相对于原来的柱式线圈产生的磁场产生一定的发散，因此线圈的高度对磁场的影响没有上述的那么明显。因此，该部分线圈的设计，应充分考虑线圈厚度和高度两方面因素对磁感应强度产生的影响。

因此，为了满足设备分选对磁感应强度的需要，不仅考虑增大线圈高度，而且考虑增加线圈宽度。在实际生产应用中线圈的宽度过大会对线圈的散热造成较大的影响，因此线圈宽度应控制在一定的范围内，线圈长度 L 适宜范围设定在 50 ~ 100mm；考虑到线圈的高度增加会增加线圈的重量，进而增加线圈的成本，同时线圈高度增加也会导致设备筒体变高，也会增加设备的成本，且在实际应用生产中厂房高度对设备高度有一定的限制，故线圈高度 H 满足需要的适宜值为 80~150mm。综上所述，线圈最佳长高 $L \times H$ 参数组合为 80mm×100mm 和 70mm×110mm。

同理，得到另一个线圈最佳长高 $L \times H$ 参数组合为 90mm×100mm 和 80mm×110mm。因此，两部分线圈最佳配套的 $L \times H$ 参数组合为 80mm×100mm（上）、90mm×100mm（下）与 70mm×110mm（上）、80mm×110mm（下）。

5.3.3　组合线圈优化

分选筒的磁系由两部分励磁线圈组成。通过上面叙述，已经确定了单个线圈的最优参数，下面需要确定组合线圈的最优参数，即相邻两个线圈的最适合间距。这样可以保证磁场的连续性：一方面可以防止线圈间距过小造成磁能浪费，另一方面防止间距过大造成磁场出现薄弱层，导致分选效果下降，同时导致设备制造成本偏高。

两个线圈的最优间距是保证线圈中心处和分选筒壁磁场叠加处磁场强度满足分选所需的最低磁场强度。为此，以配套组合励磁线圈的 $L \times H$ 参数为 70mm×110mm（上）、80mm×110mm（下）为基础，长度 L 范围为 40～100mm，每 10mm 为间隔建立模型，如图 5-14 所示，进行模拟和数据分析。

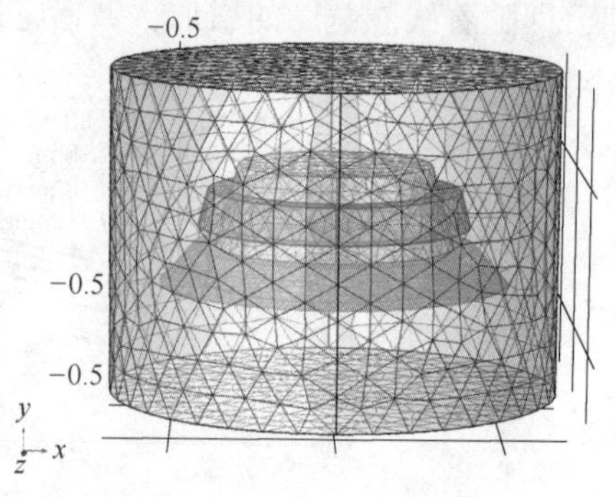

图 5-14　组合线圈模型

通过模拟得到不同线圈间距的模拟效果，由于数据不能很好地定量描述组合线圈磁场叠加的状态，所以，为了能更好地说明问题，选取 30mm、50mm、70mm、90mm 的模拟效果图，如图 5-15 所示，然后借助模拟效果图做详细解释。

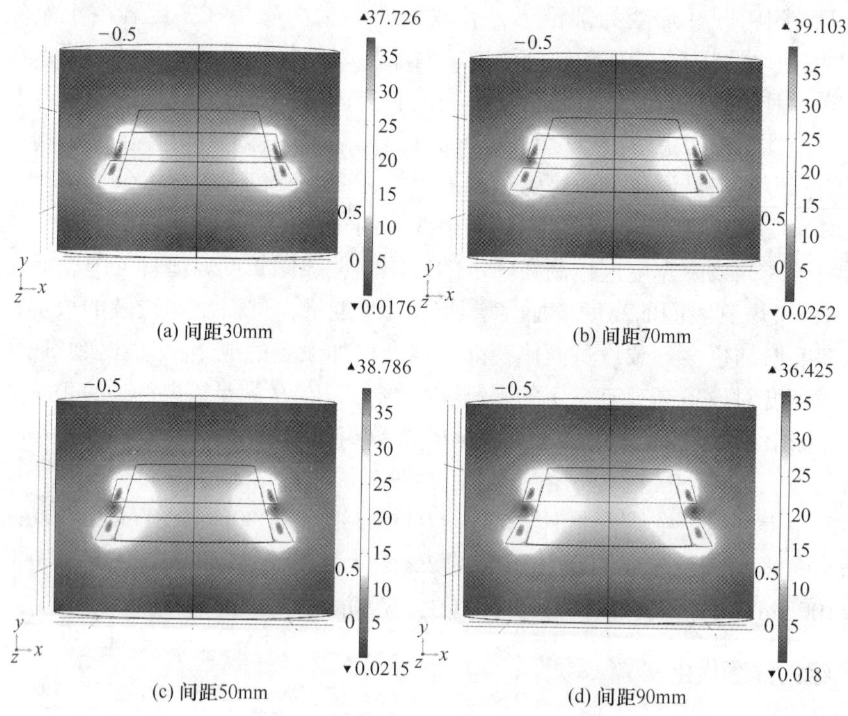

图 5-15　不同线圈间距的组合线圈模拟效果

由图 5-15 选取的四个典型效果图可以非常清楚地看出：

（1）间距在 30～50mm 时，两个线圈叠加的中心线处磁场强度高达 20mT，虽然能够满足分选的需要，但是筒壁处磁场叠加过于严重，导致磁场强度过高，这样会在一定程度上造成部分磁能浪费，因此该间距范围不是最优值取值范围。

（2）间距为 50~70mm 时，组合线圈处中心线处场强和靠近筒壁处叠加场强都比较均匀，且能满足分选的需要，因此该间距范围为最优取值范围。

（3）间距为 90mm 时，组合线圈中心线处和靠近筒壁处场磁场强度出现薄弱层或断裂层，导致部分磁场强度偏低，不能满足分选效果的需要，因此该间距范围太大，不能作为设备参数可选取值。

综上所述，组合线圈间距最优取值范围为 50~70mm，然后通过更加细致的模拟与分析，确定最优间距为 60mm。该参数下组合线圈的最优效果如图 5-16 所示。

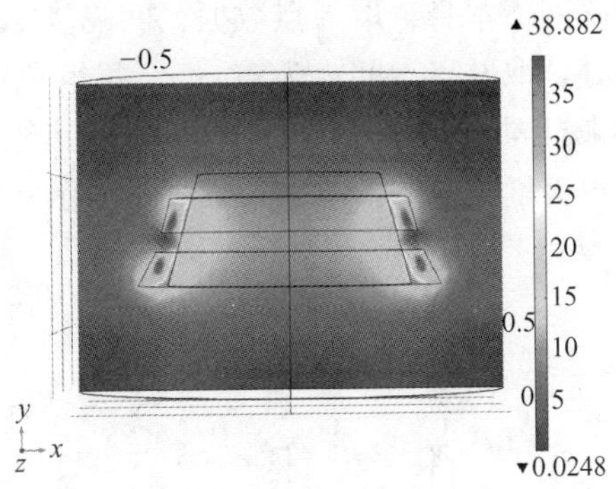

图 5-16 组合线圈 60mm 最优间距效果

5.4 加装聚磁筛网

确定了分选筒的最优结构参数和磁系参数，基本完成了设备的总体设计。接下来，为了更加有效地提高分选筒分选区的分选效果，提高设备的分选精度，对分选区内的聚磁筛网进行优化设计。过程一样，先建立模型，如图 5-17 所示，再进行模拟和数据分析。

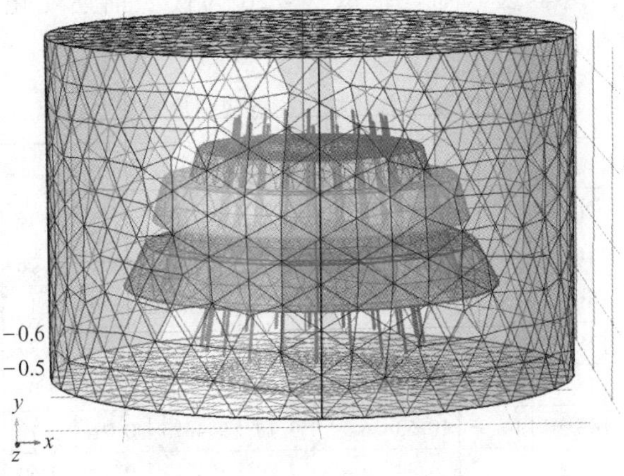

图 5-17 聚磁筛网的分析模型

为了更好地研究筛网的筛丝直径对分选区磁场状态的影响，选取筛丝直径 d 范围为 2~18mm，间隔为 4mm；筛丝数目 N 取值范围为 20~100mm，间隔为 20mm，建立模型进行细致的模拟和数据分析。

在设备结构设计过程中，根据以往的实践经验，聚磁筛网距离筒壁的距离设为100mm，该区间称为设备的有效分选空间。因此，为了更加细致地研究聚磁筛网对分选空间的影响，在这100mm空间内选取两组数据：第一组数据由筒壁到聚磁筛网棒本身，取5点数据，间隔为20mm；第二组数据由筛网棒本身到线圈中心处，取6点，间隔为40mm。每组数据分别平行线性取值，以保证获取的数据都来自同一水平面，这样可以排除其他因素对磁场的分布状态造成的影响，确保为单因素数值分析，获取数据平面示意图如图5-18所示。

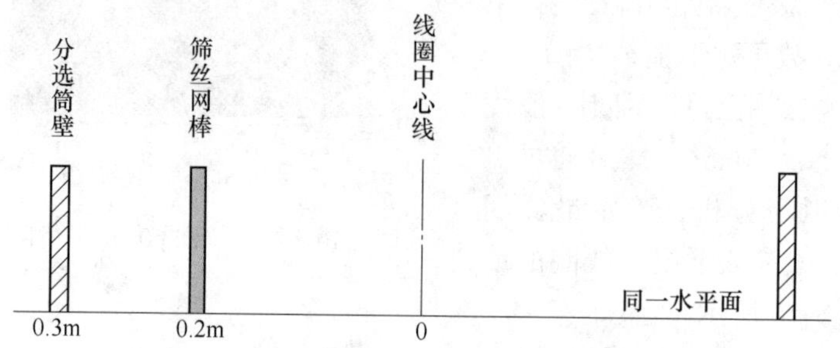

图5-18　模型中获取数据平面示意图

通过模拟和数据分析及整理，得到模拟数据，见表5-18。

根据表5-18中的数据，取距离励磁线圈中心线距离 L 为0.3~0.2m范围内的有效分选区内的磁场进行分析，由于不同筛丝根数下磁场强度随着筛丝直径变化的规律大致相同，这里选取筛丝根数 $N=20$ 为代表描述变化规律，如图5-19所示。

表5-18　聚磁筛网模拟磁感应强度计算数据

筛丝数目/根	筛丝直径/mm	距离励磁线圈中心的距离/m										
		0.3	0.28	0.26	0.24	0.22	0.20	0.16	0.12	0.08	0.04	0.00
0	0	19.74	16.41	13.25	10.63	8.94	7.51	6.22	5.26	4.88	4.55	4.50
20	2	19.21	15.20	11.35	8.00	5.42	30876.90	2.40	2.17	2.05	2.02	1.98
	6	19.09	14.92	10.82	7.36	4.12	3980.08	1.43	1.37	1.36	1.37	1.39
	10	18.99	14.75	10.72	7.05	3.76	1729.86	1.01	1.03	1.07	1.10	1.11
	14	18.95	14.63	10.53	6.74	3.18	944.73	0.71	0.78	0.86	0.90	0.88
	18	18.92	14.53	10.34	6.42	2.80	584.21	0.51	0.60	0.70	0.76	0.77
40	2	19.00	15.02	10.91	7.41	4.40	21992.16	1.37	1.30	1.29	1.31	1.32
	6	18.90	14.77	10.47	6.81	3.53	2423.73	0.60	0.68	0.78	0.82	0.83
	10	18.81	14.65	10.32	6.48	3.18	1020.56	0.33	0.46	0.57	0.63	0.67
	14	18.78	14.60	10.10	6.34	2.83	535.65	0.21	0.35	0.47	0.54	0.60
	18	18.75	14.50	10.02	6.28	2.52	330.53	0.15	0.30	0.42	0.47	0.50

续表5-18

筛丝数目/根	筛丝直径/mm	距离励磁线圈中心的距离/m										
		0.3	0.28	0.26	0.24	0.22	0.20	0.16	0.12	0.08	0.04	0.00
60	2	18.98	14.95	10.81	7.25	3.97	20290.06	1.30	1.42	1.48	1.46	1.45
	6	18.87	14.76	10.51	6.71	3.32	2145.51	0.65	0.91	1.01	1.04	1.06
	10	18.85	14.63	10.29	6.46	3.01	766.53	0.44	0.70	0.83	0.87	0.88
	14	18.81	14.60	10.25	6.28	2.81	446.49	0.34	0.62	0.75	0.79	0.80
	18	18.77	14.53	10.07	6.16	2.54	275.40	0.28	0.54	0.67	0.71	0.73
80	2	18.95	14.89	10.68	7.00	3.85	13608.54	1.03	1.26	1.38	1.45	1.48
	6	14.85	14.72	10.38	6.59	3.25	1814.66	0.53	0.83	1.02	1.09	1.13
	10	18.90	14.57	10.20	6.32	2.92	560.17	0.41	0.68	0.87	0.95	1.01
	14	18.85	14.47	10.21	6.20	2.62	366.63	0.33	0.60	0.77	0.88	0.94
	18	18.81	14.36	10.01	5.68	2.33	222.40	0.26	0.50	0.66	0.77	0.82
100	2	18.97	15.00	10.91	7.38	4.59	2.57	1.28	1.18	1.20	1.22	1.23
	6	19.01	14.73	10.66	7.02	4.13	2.03	0.94	0.88	0.94	0.98	1.00
	10	18.85	14.75	10.57	6.84	3.86	1.87	0.68	0.71	0.79	0.83	0.85
	14	0	0	0	0	0	0	0	0	0	0	0
	18	0	0	0	0	0	0	0	0	0	0	0

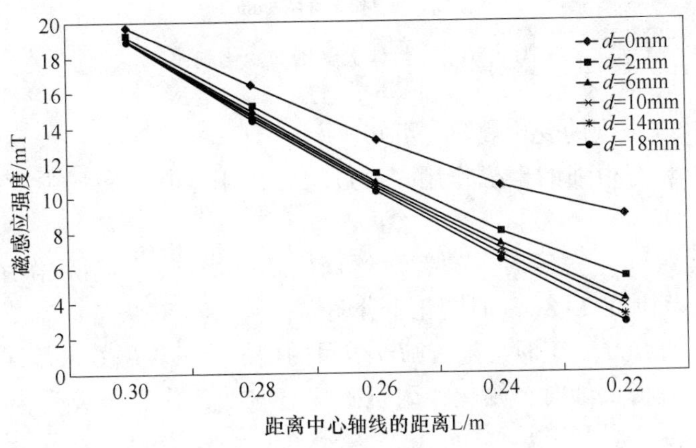

图 5-19 分选区内磁场变化规律

通过分析图 5-19 可知：

（1）不加聚磁筛网时，从分选筒壁向线圈中心靠近过程中，分选区内的磁场不断减小，但衰减速度较慢。

（2）上筛网后，分选区内磁场强度衰减速度明显加快，表明增设筛网聚磁作用明显，提高了分选区内的磁场梯度，有利于提高分选区内磁场力，提高磁性颗粒回收率。

（3）在一定范围内，随着筛丝直径的不断增大，筛网聚磁效果也明显增加。

因此，在保证分选区磁场强度的前提下，可以适当增加筛丝棒的直径来增强筛网的聚磁效果。

同理，选取距离励磁线圈 0.2m 处的磁场变化进行研究，即对筛丝棒本身及其周围的磁场变化进行分析，如图 5-20 所示。图中的横坐标是筛丝直径 d 由 2~18mm 不断增加，纵坐标是筛丝根数 N 由 20 到 100 筛丝棒上磁感应强度的数值变化。

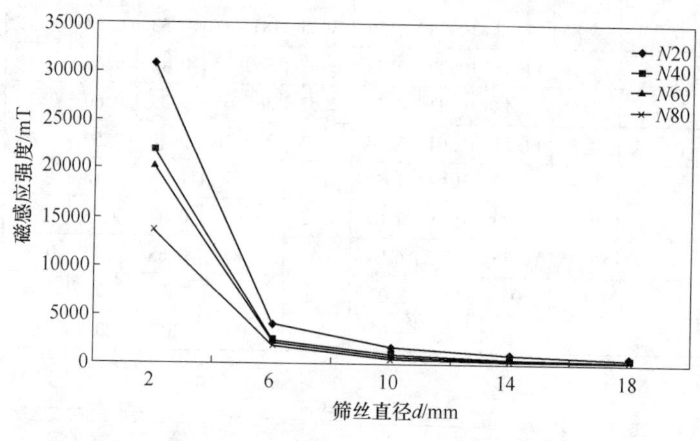

图 5-20　筛丝棒上磁场的变化规律

通过图 5-20 呈现的变化规律，可知：

（1）筛丝具有很强的聚磁作用，通过聚磁作用，其上磁场强度呈几何倍数增加；

（2）筛丝数目 N 一定时，随着筛丝直径 d 的增加，其聚磁作用逐渐减弱，尤其是直径 d 范围在 2~8mm 时变化十分明显；

（3）筛丝直径 d 一定时，随着筛丝数目的增加，其聚磁效果呈线性降低；

（4）筛丝直径太细时，筛丝棒附近磁场衰减快，作用距离变小对分选过程不利。

因此，筛丝的直径 d 的选取不宜太粗也不宜太细，太粗会造成聚磁效果不明显，造成材料浪费；太细会导致分选区内靠近筛丝棒的区域内磁场强度变小，不利于分选。

再对距离励磁线圈中心线距离 L 范围为 0.2~0m 范围内的磁场变化进行分析，即聚磁筛网筛丝棒到线圈中心线处磁场。由于不同筛丝根数下磁场强度随着筛丝直径变化的规律大致相同，这里选取筛丝根数 $N=60$ 时表格中的数据作图用以描述变化规律，如图 5-21 所示。

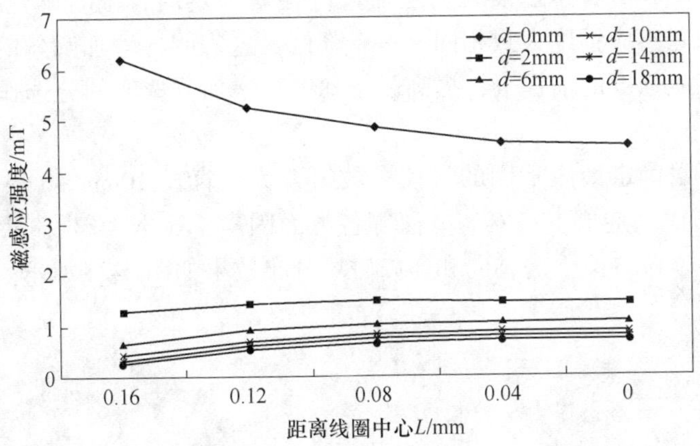

图 5-21　筛丝棒到中心线处磁场变化规律

通过图 5-21 可知：

(1) 在没有聚磁筛网时，该区域内磁感应强度降低较为平缓。

(2) 增设聚磁筛网后，该区域的大部分磁力线被筛网吸收，从而导致该区域的磁感应强度变得很小。

(3) 靠筛丝棒越近，磁感应强度较小；相反，会略有增加。

(4) 随着筛丝直径的增加，该部分磁感应强度变小，与有效分选区内的规律恰好相反，即聚磁筛网与励磁线圈在一定程度形成闭合回路，共同作用于分选区内磁场，提高分选效果。

最后，选取筛丝直径 $d=6$mm，筛丝根数 N 为 20~100，考察分选区内磁场的变化规律，如图 5-22 所示。

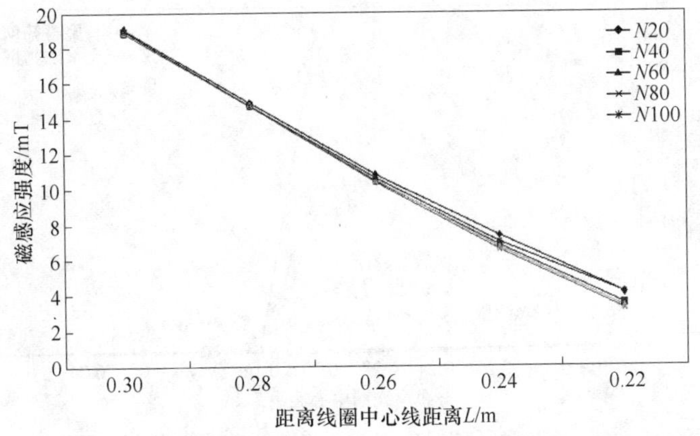

图 5-22　筛丝直径 $d=6$mm 时分选区内磁场变化规律

通过分析图 5-22，可以发现，当筛丝直径 d 一定时，随着筛丝根数 N 的增加，分选区内磁感应强度大致相同，略有降低。这表明，增加筛丝的根数 N，可以在保证磁感应强度的前提下，提高磁场梯度，增加分选区的分选作用，提高分选效果。

综上，可以确定聚磁筛网的最佳参数组合为：直径 10mm 40 根，直径 8mm 60 根。综合考虑制造成本和安装方便等各方面因素，选取 40 根直径 10mm 作为最优设计方案。该方案下的轴向和横向磁场分布效果如图 5-23 所示。

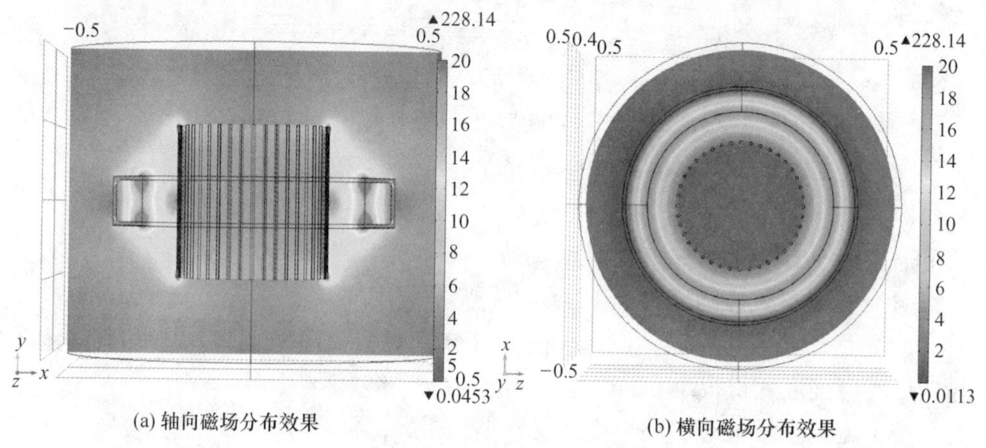

(a) 轴向磁场分布效果　　(b) 横向磁场分布效果

图 5-23　最佳参数组合轴向和横向磁场分布效果

在上面的叙述中，确定了聚磁筛网的最佳参数为直径 10mm，根数 40 个。接下来，对该参数下增设聚磁筛网和无聚磁筛网时磁选环柱中部分选筒内部磁感应强度的变化规律进行分析，如图 5-24 所示。

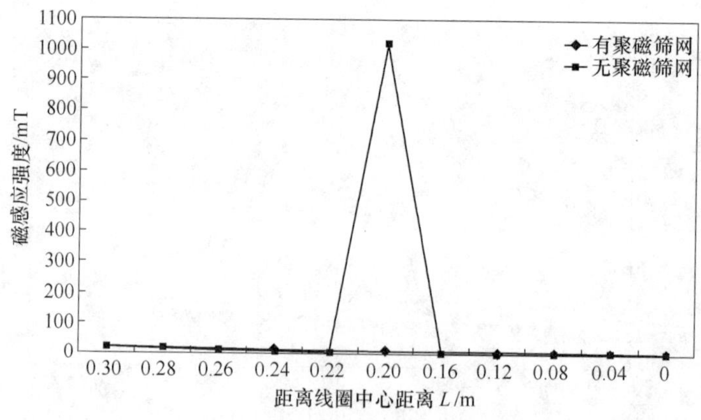

图 5-24　有、无聚磁筛网时中部分选筒内部磁感应强度的变化规律

通过对比分析，可以非常清楚地看到，增设聚磁筛网和无聚磁筛网时分选筒内部磁场强度的变化很大。在没有增设聚磁筛网时，分选筒内部磁场变化比较平稳，从励磁线圈到线圈中心逐渐缓慢降低；当增设聚磁筛网后，磁场强度呈现降低—跳跃—降低的“山峰型”变化规律。即增设聚磁环轭，能够有效聚集分选区内磁力线，在保证磁场强度的前提下，可以提高磁场梯度，从而提高磁场力，增加分选区内的分选作用力。

5.5 底部给水管与通风改进

5.5.1 底部给水管改进

通常磁选环柱的下部给水部分采用切向给水，如图 5-25 所示。

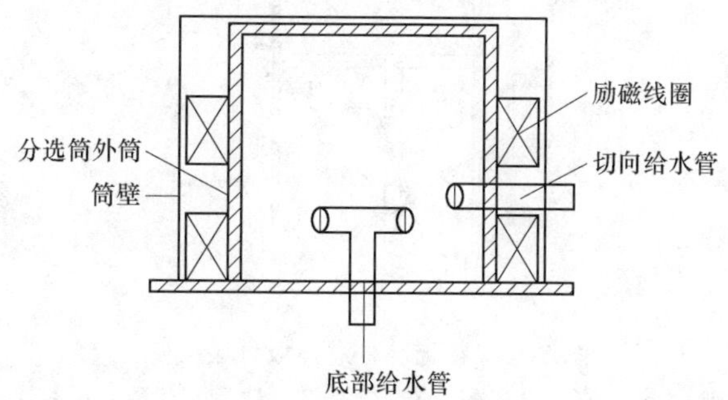

图 5-25 磁选环柱下部分选筒下切向给水管部分

采用这一结构的不足是：

（1）水管穿过外壁和外筒，设备通孔加工比较麻烦；

（2）通孔密封性不好，实际生产时容易有水气通过缝隙进入磁系区域，可能会引起线圈潮湿短路，导致故障。

根据工厂实际中生产出现的上述问题，对该部分进行了优化设计：将切向给水设计为底部给水，进水管从内筒底部穿孔向上进入精选区，实现给水，如图 5-26 所示。

采用这一设计可以有效解决切向给水所出现的问题：

（1）水管只穿过内筒壁，降低了加工难度；

（2）水管不穿过磁系区域，从而避免了由于通孔密封性不好导致线圈潮湿短路的问题，降低了设备故障率，提高了设备的使用性能。

5.5.2 通风系统的优化

磁选环柱使用励磁线圈产生所需的周期性变化的磁场，所以线圈在工作过程中必然会产生热量。因此，需要进行通风系统的设计，以防止线圈因温度过高而

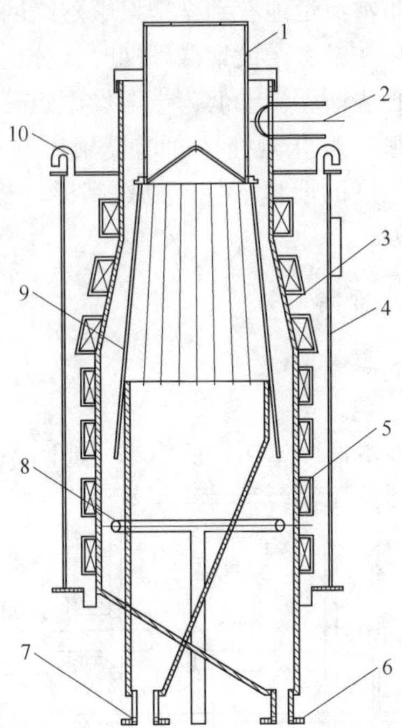

图 5-26　磁选环柱总体设计装配图

1—给矿筒；2—溢流管；3—分选筒；4—外筒；5—励磁线圈；6—精矿排矿口；7—尾矿排矿口；8—底部给水管；9—聚磁筛网；10—上部通风口及吊钩

烧坏，从而解决散热问题。

磁选环柱通风散热结构如图 5-27 所示。采用这种结构的缺点是：

(1) 通风缺口加工不方便，原设计的通风系统是采用在外筒上开一道覆盖通风缺口的形式，耗时且不经济；

(2) 通风回路不够畅通，不利于散热。

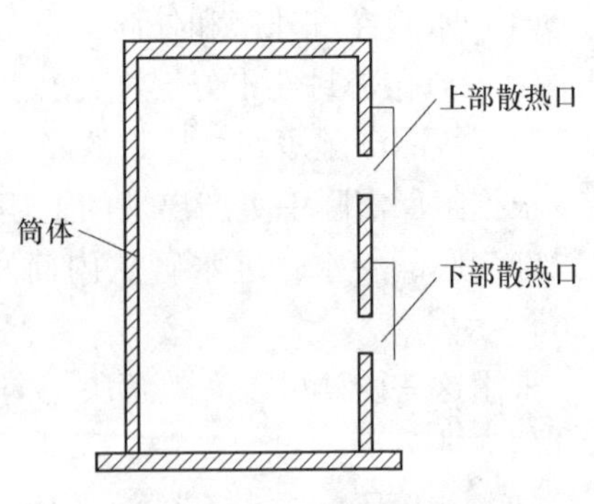

图 5-27　磁选环柱通风散热结构

优化后的通风系统如图 5-26 所示，下部通风口与之前相似，上部通风口采用通风管口的方式。采用这一方式的优点是：

(1) 方便机械加工和焊接制作，降低加工成本；

(2) 通风回路由弯路变成直路，更利于通风散热；

(3) 上部通风管采用弯曲的方式，不但可以有效防止水进入磁系造成短路，而且可以用作吊钩使用，用于设备的起重吊装。

5.6 磁选环柱校核

5.6.1 强度校核

完成了对磁选环柱各个部分的优化设计，即磁系的优化设计、结构的优化设计，取得了较为理想的效果。接下来完成磁选环柱的总体装配设计和设备强度校核。上部给矿部分、中部分选部分和下部排矿部分三部分结构的装配组合如图5-26所示。

强度校核的目的是防止载荷过大，造成设备部件变形失效，从而影响设备的正常工作或造成其他不必要的损失，提高设备的安全可靠性。

本设备各部件主要采用焊接或者螺栓连接的形式，各个部件如线圈和螺栓均采用标准件，因此其强度满足实际生产的需要。需要单独进行强度校核的部件是吊钩和支撑板，接下来对这些部件进行强度校核，以保证其安全可靠。

吊钩主要是在设备吊装的时候应用，因此，其在工作的时候主要受到轴向拉力作用；支撑板是在设备安装的时候应用，其主要作用是承载设备的重量，使设备固装在工作台面上，因此，其在工作时主要受到轴向压力的作用。根据最大拉应力理论（第一强度理论）进行校核。

根据第一强度理论对轴向拉力和轴向压力进行校核，其相应的破坏条件是：

$$\delta_1 = \delta_t \tag{5-9}$$

式中 δ_1——最大拉应力；

δ_t——拉伸强度极限。

强度校核条件是：

$$\delta \leqslant [\delta] \tag{5-10}$$

式中 $[\delta]$——许用应力，此处等于δ_t除以安全系数。

设备的吊钩采用高强度不锈钢，经查资料知该材料的许用应力为4.2MPa。经计算，该设备的重量约为1200kg，吊钩的横截面积为$1.56\times10^{-3}m^2$，因此由可得实际轴向压力或拉力的屈服极限为：$\delta = FN/A = 0.76MPa$，因此，$\delta \leqslant [\delta]$，满足强度条件。

5.6.2 温升校核

为了了解直径600mm磁选柱电气部分运行的可靠性，对其进行温升试验，温升计算采用电阻法，用式（5-11）计算。

$$\Delta\theta = \frac{R_2 - R_1}{R_1}(K + t_1) + (t_1 - t_2) \tag{5-11}$$

式中 $\Delta\theta$——线圈温升,℃;

R_1——试验前线圈冷态电阻，Ω;

R_2——通电试验时的热态电阻，Ω;

t_1——试验前线圈冷态温度,℃;

t_2——试验结束时周围介质温度,℃;

K——系数，对铜导线 $K = 234.5$。

直径 600mm 磁选柱温升试验结果如图 5-28 所示。

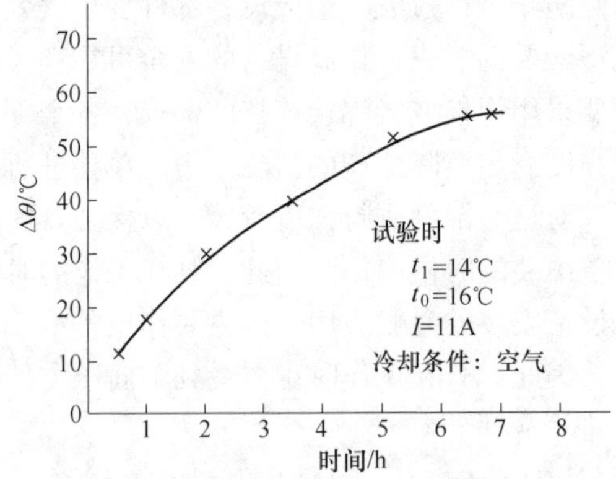

图 5-28 直径 600mm 磁选柱温升试验

由图 5-28 可知，在空气自然冷却条件下，直径 600mm 磁选柱线圈经连续通电 7h，温升达到平衡，线圈温度低于磁选设备 E 级等级温度 120℃，满足长时间连续运转要求。直径 600mm 磁选柱在弓厂岭选矿厂工业应用，连续运转一年半以上，经历了两个高温季节的考验，未出现烧毁事故。原因一是对每个线圈而言，通电发热时间仅为总时间的 1/3，而散热时间为 100%；二是磁选柱内通有快速流动的矿浆及新供水，可以迅速将所产生的热量带走。

6 磁选柱磁场与流场模拟与优化

利用场模拟软件，研究矿粒在磁选柱的磁场力、螺旋上升水流的流体动力及矿粒的重力等力场作用下的运动规律，从而帮助确定磁选柱设计基本结构，即在实际制作磁选柱之前，得到一个理论上的最佳尺寸，以减少后期盲目通过实验和经验确定某些最佳结构参数。但是，软件模拟只能在考虑主要因素的前提下有局限地模拟，并不代表实际运行情况。由于实际生产运行中，还需要考虑到粒度的复杂性、矿浆的黏度、矿物之间的相互作用、流场紊流等多种复杂因素影响，实际运行和模拟差距较大，所以，仍需通过实验对模拟数据进行修正和改进。这可在磁选柱实际模型制作后通过具体试验进行研究和改进。半研究磁场模拟均与香港科技大学合作，采用其授权软件。

6.1 磁选环柱磁场的优化

6.1.1 磁场仿真的数学描述

磁选环柱设备结合磁力、重力及水的上升作用力，对不同颗粒产生不同的作用效果，其中磁性颗粒和非磁性颗粒的分离主要利用颗粒间比磁化系数的不同。

磁选环柱设备中，对矿物颗粒作用的磁力是由电磁铁提供的，电磁铁由缠绕的导线绕组通过电流产生磁力。电磁铁有许多优点：电磁铁的磁性有无可以用通、断电流控制；磁性的大小可以既用电流的强弱或线圈的匝数多少来控制，也可通过改变电阻控制电流大小来控制；磁极可以由改变电流的方向来控制，等等。即磁性的强弱可以改变，磁性的有无可以控制，磁极的方向可以改变，磁性可因电流的消失而消失。依靠电磁铁的特点，我们可以产生循环的磁力作用，控制磁选环柱中的电磁铁依次通电，从而产生随时序向外拖曳的磁场力。

电磁铁由电生磁的这种现象可以由麦克斯韦方程组描述，方程组的微分形式通常称为麦克斯韦方程：

$$\nabla\cdot D = \rho \tag{6-1}$$

$$\nabla\cdot B = 0 \tag{6-2}$$

$$\nabla\times E = -\frac{\partial B}{\partial t} \tag{6-3}$$

$$\nabla\times H = J + \frac{\partial D}{\partial t} \tag{6-4}$$

该方程组系统而完整地概括了电磁场的基本规律，由以上方程可知：

(1) 电位移的散度等于该点处自由电荷的体密度（高斯定律）；

(2) 磁感强度的散度处处等于零（高斯磁定律）；

(3) 电场强度的旋度等于该点处磁感强度变化率的负值（法拉第定律）；

(4) 磁场强度的旋度等于该点处传导电流密度与位移电流密度的矢量和(麦克斯韦-安培环路定律)。

用于磁场计算的公式有：

$$\nabla \times H = J_e \tag{6-5}$$

$$B = \nabla \times A \tag{6-6}$$

式中　∇——向量微分算子；

H——磁场强度；

J_e——外部应用电流密度；

B——磁感应强度；

A——线圈包围面积。

单位参考第 3 章，下同。

磁场力的计算可由式（6-7）表示：

$$F = \mu_0 KVH\mathrm{grad}H \tag{6-7}$$

$$\mathrm{grad}(H) = \frac{\mathrm{d}H}{\mathrm{d}x} \tag{6-8}$$

$$K = M/(VH) \tag{6-9}$$

式中　F——矿粒所受磁力；

μ_0——真空磁导率；

V——矿粒的体积；

H——磁场强度；

$\mathrm{grad}H$——磁场梯度；

K——矿粒体积磁化率；

M——该颗粒在外磁场作用下产生的磁矩。

6.1.2　建模及过程

6.1.2.1　几何模型的设置

根据设计参数建立如图 6-1 所示的模型。

其中上部分选区由半径 305mm、高度 190mm 的圆柱和底面半径 405mm、顶面半径 305mm、高度 400mm 的圆台组成，下部分选筒由半径 405mm、高度 750mm 的圆柱构成，内筒由半径 280mm、高度 655mm 的圆柱构成，所有线圈为厚壁直线圈，线圈外沿距离筒壁80mm、高度110mm，聚磁环轭厚度为8mm，聚磁筛网采用半径4mm铁丝编织，高度740mm、孔径12mm。由于设备的对称性，因此可以把三维模型简化成一个二维模型，取设备过中心点的截面作为二维模型，这样做的好处是在不改变理论模拟结果的同时有效地减少了计算量，同时数据在一个平面中进行参照，有利于对比研究。二维的几何模型如图6-2所示。此外，研究及所得的结果基于统一的坐标系系统，坐标系以尾矿排矿口的中心为坐标原点，水平方向为x轴，竖直方向为y轴，分别表示设备的高度和水平横向位置。

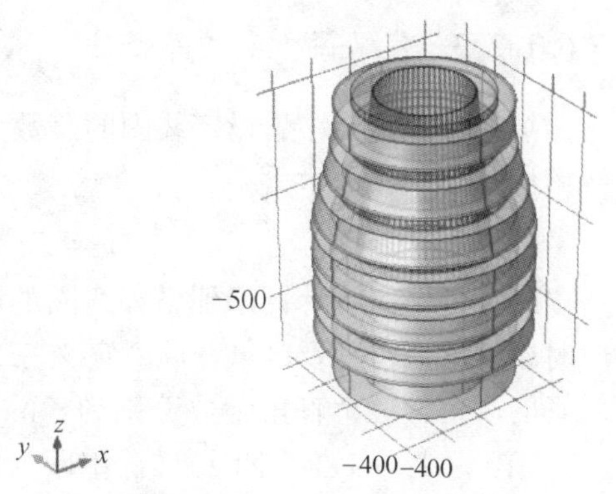

图6-1 磁选环柱三维几何建模

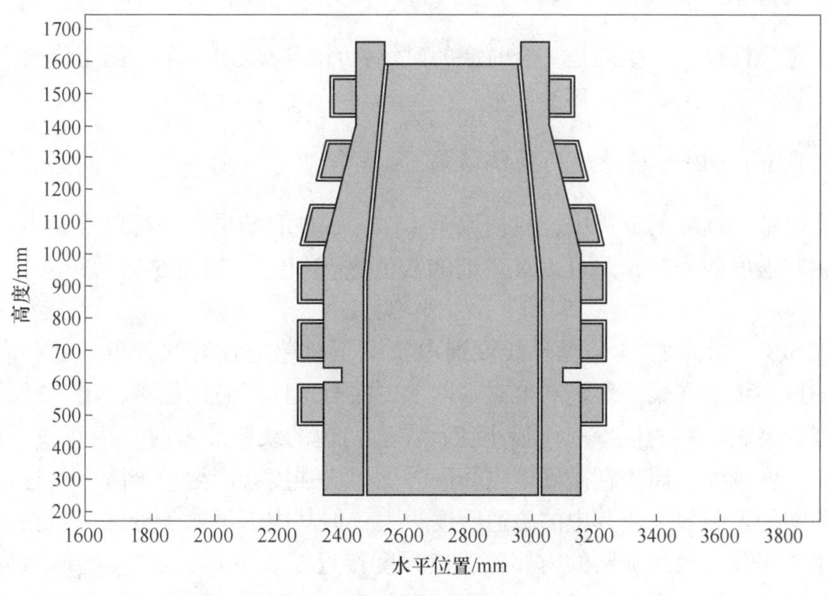

图6-2 二维几何建模

6.1.2.2 材料的设置

在模型中，材料区域分为三种，其中聚磁环轭和聚磁筛网的材料为Soft Iron (without losses)，线圈部分的材料为Copper，分选区中，计算磁力时材料设置为Air，当计算流场时材料采用自定义的矿浆材料，参见第7章。

6.1.2.3　定义函数和边界条件

磁场的参数定义中，设定线圈的匝数 N_0 为 2000 匝，循环线圈电流 I_0 为 2A，电流密度的定义式如下所示：

$$J_e = I \cdot N/A \tag{6-10}$$

由式（6-10）可计算得到循环线圈的电流密度为 $45.5\times10^4 A/m^2$，分别选择对应时刻的电流密度及区域，同时定义三个关于时间的直角函数，用于模拟时序的磁场的产生，三个直角函数分别为：rect1：下限为 0，上限为 1；rect2：下限为 1，上限为 2；rect3：下限为 2，上限为 3。表示线圈的周期为 3，自上而下分别标号为 1、2、3、4、5、6 号线圈，两个一组线圈循环，第 1 秒 1、4 号线圈通电，第 2 秒 2、5 号线圈通电，第 3 秒 3、6 号线圈通电。

边界条件中，由于主要研究磁选环柱内部的磁场情况，且线圈具有防漏磁环轭铠甲，所以设定所有外边壁条件为磁绝缘。环轭内部为多匝线圈域。

6.1.3　模拟结果及分析

磁选环柱设备产生的是一个时序的磁场，计算时取出每个线圈工作时刻中的计算结果得到一组完整循环的样本。

6.1.3.1　磁感应强度的模拟结果

在磁感应强度的分析中，我们取第 1、2、3 秒的结果图，可以绘制出相应时刻磁感应强度的分布，并可以对详细的数值进行研究，如图 6-3、图 6-6、图 6-9 所示。

图 6-3 所示为 1、4 号循环线圈通电情况下磁感应强度的分布，磁感应强度最高的地方集中在聚磁环轭和聚磁筛网上。在分选区任意的横截面上，磁感应强度在靠近聚磁筛网的位置取得最小值；在向两边的线圈靠近时，距离线圈越近，磁感应强度越大。筒内在碰到聚磁筛网时磁感应强度会产生一个阶跃，这是由于聚磁筛网的聚磁效果使其中的磁通密度很大，但其内部不属于分选区，在结果中应忽略该部分。聚磁筛网的内部磁感应强度接近零。图 6-4 与图 6-5 所示分别为第 1 秒时过 1 号线圈和 4 号线圈中心的横截面上的磁感应强度线图，表示了该截面中 B 与 x 的关系。

由图 6-4 可知，第 1 秒时，在 1 号线圈横截面处聚磁筛网与外筒之间，磁感应强度最小值出现在聚磁筛网外侧，并沿着向外筒壁的方向逐渐增大，最小值约为 0.005T，在外筒壁上的值约为 0.025T；在聚磁筛网上，磁感应强度集中在筛丝上，最大值达到了 0.13T；在聚磁筛网之间，磁感应强度几乎为零，说明聚磁筛网可以有效起到磁屏蔽作用。

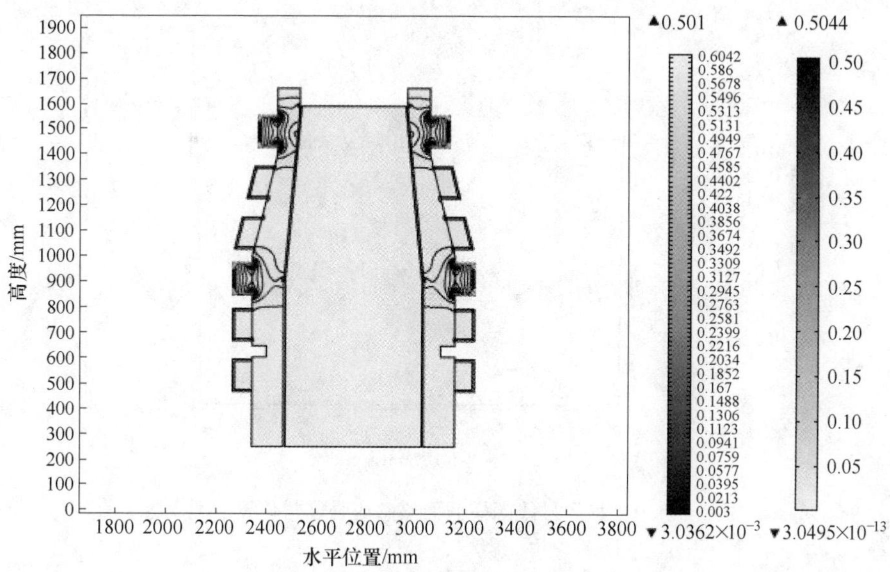

图 6-3 第 1 秒磁感应强度及等值线分布

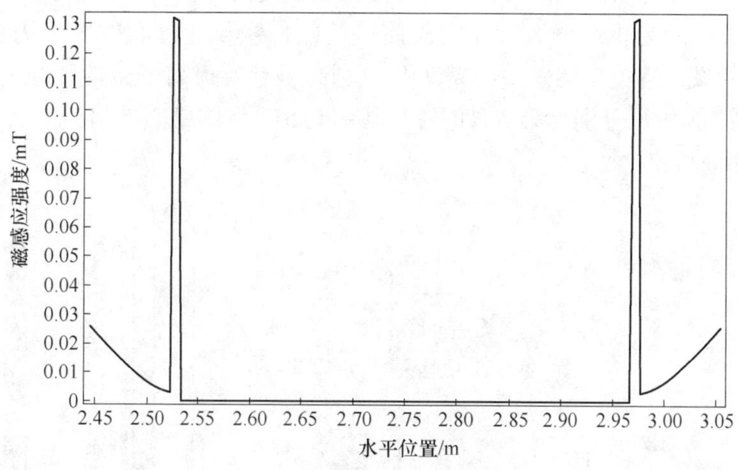

图 6-4 第 1 秒 1 号线圈横截面磁感应强度与位置的关系

由图 6-5 可知，第 1 秒时，在 4 号线圈横截面处聚磁筛网、内筒与外筒之间，磁感应强度最小值出现在这部分区域的中间偏向外筒的位置，并且向两端逐渐增加，向外筒增加的值较大，向筛丝增加的值较小，最小值约为 0.008T，在外筒壁上的值约为 0.028T，在内筒壁上的值约为 0.012T；在内筒壁及聚磁筛网上磁感应强度集中在筛丝上，最大值约为 0.032T；内筒内部及聚磁筛网之间磁感应强度几乎为零。

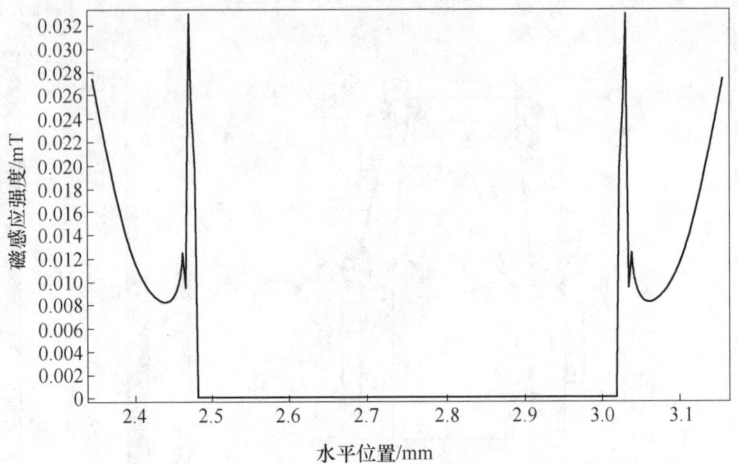

图 6-5　第 1 秒 4 号线圈横截面磁感应强度与位置的关系

图 6-6 所示为 2、5 号循环线圈通电的情况下磁感应强度的分布，在分选区域中，磁感应强度呈现由聚磁筛网上向两边先变小后变大的趋势，最小值约在距离筛网一侧 1/3 处取得，同时在拐角处磁感应强度的等值线分布较密，说明在此处磁感应强度的变化率较大，在内筒筒口处磁性颗粒能够有效被磁力拉向精矿筒，这样的设计避免了尾矿中的精矿品位过高，有效提高了磁性颗粒的回收率。图 6-7、图 6-8 所示分别为第 2 秒时 2 号线圈与 5 号线圈中心横街面上的磁感应强度与空间位置关系。

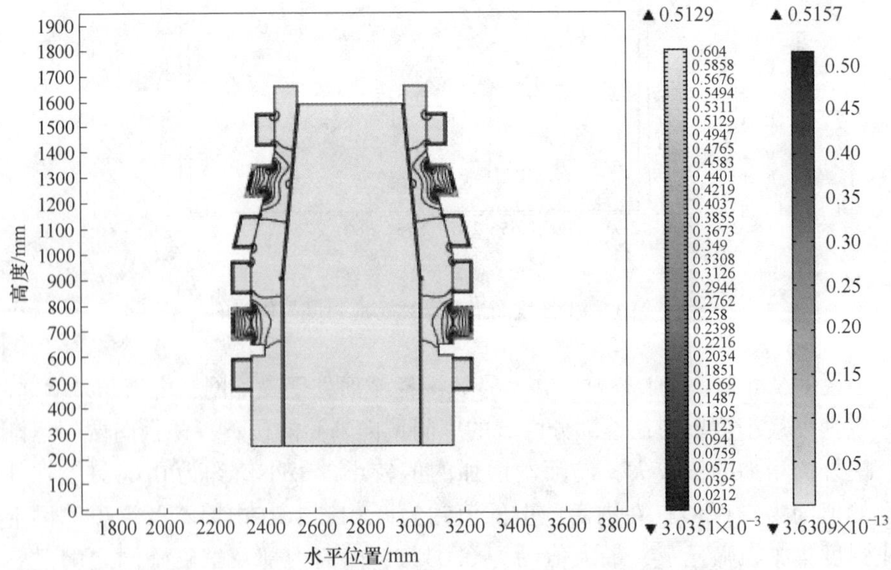

图 6-6　第 2 秒磁感应强度及等值线分布

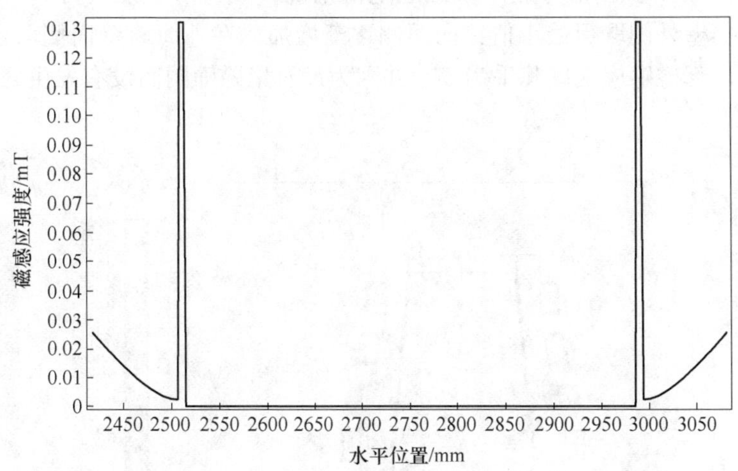

图 6-7 第 2 秒 2 号线圈横截面磁感应强度与位置的关系

由图 6-7 可知，第 2 秒时，在 2 号线圈横截面处聚磁筛网与外筒之间，磁感应强度最小值出现在聚磁筛网外侧，并沿着向外筒壁的方向逐渐增大，最小值约为 0.002T，在外筒壁上的值约为 0.025T；在聚磁筛网上，磁感应强度集中在筛丝上，最大值达到了 0.13T；在聚磁筛网之间磁感应强度几乎为零。

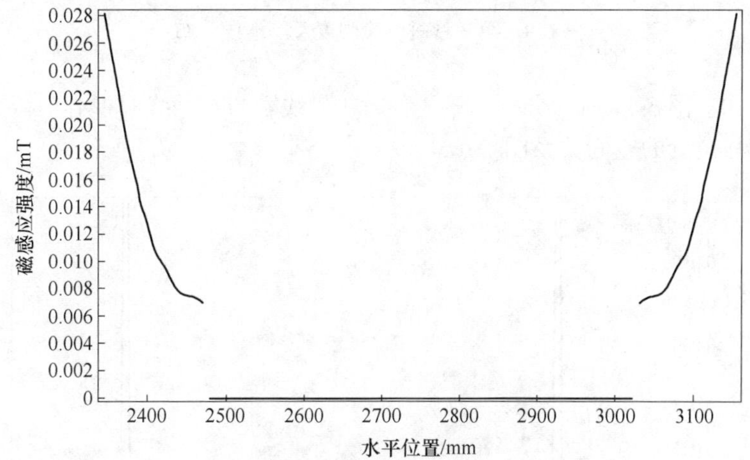

图 6-8 第 2 秒 5 号线圈横截面磁感应强度与位置的关系

由图 6-8 可知，第 2 秒时，在 5 号线圈横截面处内筒与外筒之间，磁感应强度最小值出现在内筒壁，并且向外筒逐渐增加，最小值约为 0.007T，在外筒壁上的值约为 0.028T；内筒内部及聚磁筛网之间磁感应强度几乎为零。

图 6-9 所示为 3、6 号循环线圈通电的情况下磁感应强度的分布，磁感应强度在内筒筒壁外侧取得最小值，向两侧逐渐增加，在外筒筒壁内侧取得最大值，而在内筒内部磁感应强度几乎为零，并因为没有聚磁筛网而没有发生之前图示的阶跃。

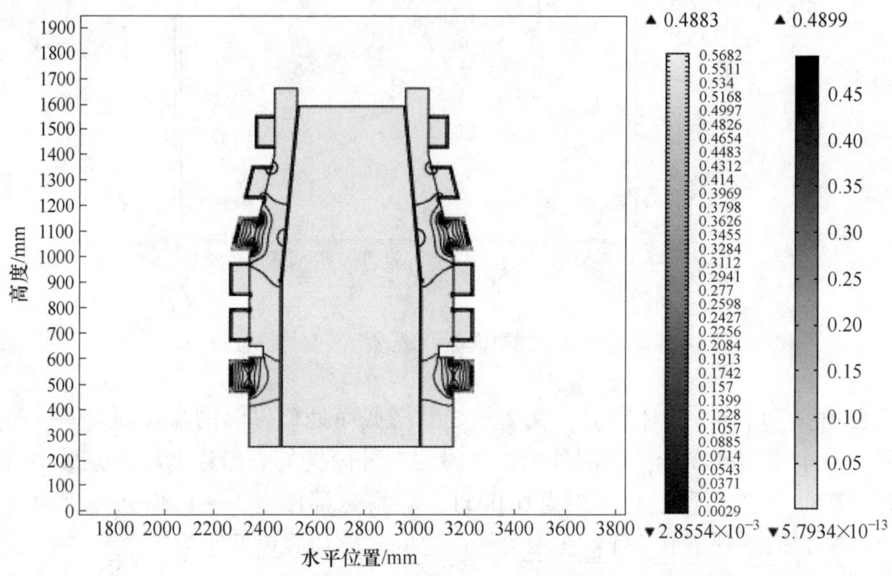

图 6-9　第 3 秒磁感应强度及等值线分布

图 6-10、图 6-11 所示分别为第 3 秒时 3 号线圈与 6 号线圈中心横截面上的磁感应强度与位置的空间关系图。

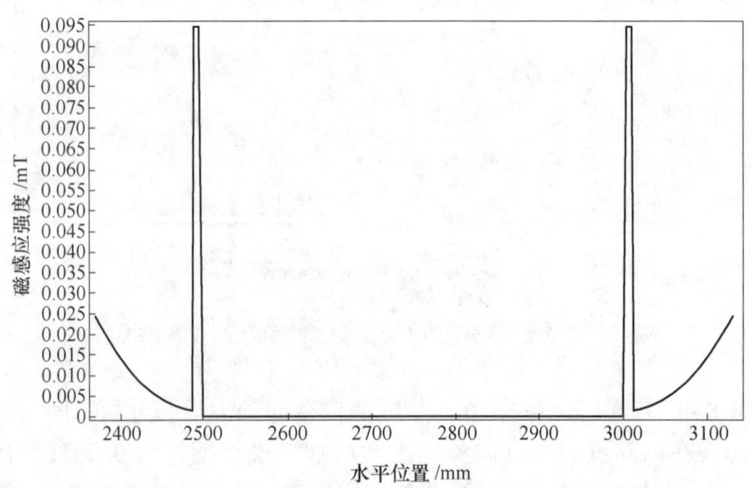

图 6-10　第 3 秒 3 号线圈横截面磁感应强度与位置的关系

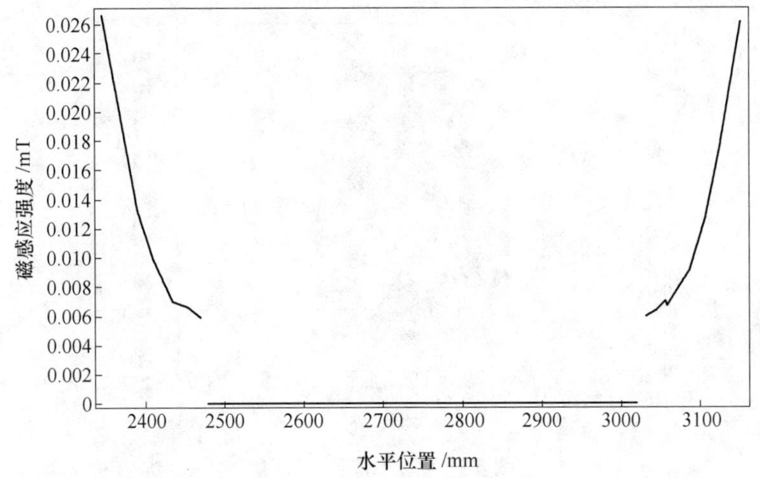

图 6-11 第 3 秒 6 号线圈横截面磁感应强度与位置的关系

由图 6-10 可知，第 3 秒时，在 3 号线圈横截面处聚磁筛网与外筒之间，磁感应强度最小值出现在聚磁筛网外侧，并沿着向外筒壁的方向逐渐增大，最小值约为 0. 002T，在外筒壁上的值约为 0. 025T；在聚磁筛网上，磁感应强度集中在筛丝上，最大值达到了 0. 09T；在聚磁筛网之间磁感应强度几乎为零。

由图 6-11 可知，第 3 秒时，在 6 号线圈横截面处内筒与外筒之间，磁感应强度最小值出现内筒壁，并且向外筒逐渐增加，最小值约为 0. 006T，在外筒壁上的值约为 0. 027T；内筒内部及聚磁筛网之间磁感应强度几乎为零。

6. 1. 3. 2 磁场强度的模拟结果

磁力的计算公式中，需要得到磁场强度的数值。磁场强度是磁场中某点的磁感应强度与介质磁导率的比值，用 H 表示。模拟中分别取第 1、2、3 秒磁场强度的分布及方向，如图 6-12~图 6-14 所示。

由图 6-12~图 6-14 可以观察到磁场强度的最高值出现在通电线圈的上下边沿，向中心逐渐变小，在聚磁筛网之内磁场强度很小，筛网的聚磁作用使磁感线通过聚磁筛网，磁力并没有达到磁选环柱设备中心。在分选空间内，磁场强度的方向是由通电线圈上边沿到下边沿的弧形，在 x 轴上的分向量朝向两侧的筒壁，在 y 轴上的分向量竖直向下，磁性颗粒进入分选空间后，会随磁场强度方向被吸向两侧筒壁，并向下运动；同时由于磁场是周期的，当上层线圈通电产生的磁场把磁性颗粒吸向两侧后，在下一个时间段上层线圈断电，下层线圈通电，磁性颗粒以及磁性颗粒组成的磁链会因为重力的作用向下运动，重新被下层的线圈产生的磁场捕获，使精矿沿筒壁向下运动进入精矿筒，脉石矿物由于水流的作用进入尾矿筒，从而进行精尾分离。

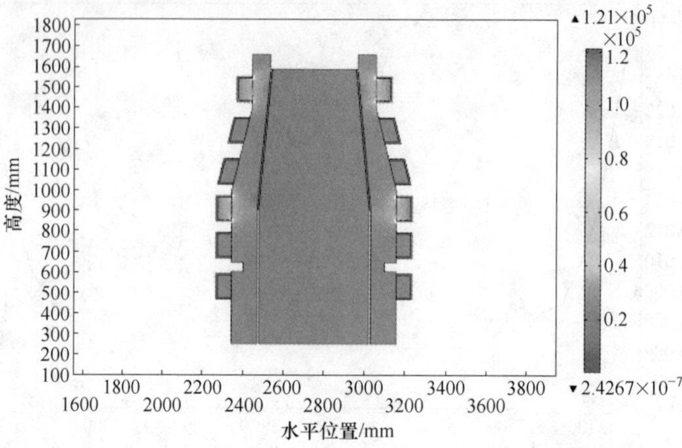

图 6-12　第 1 秒磁场强度

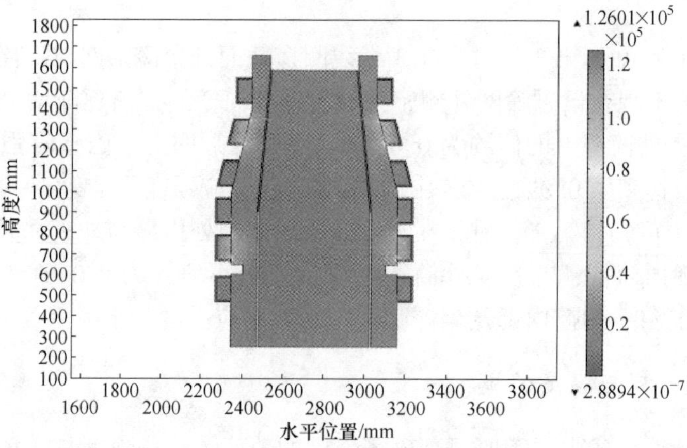

图 6-13　第 2 秒磁场强度

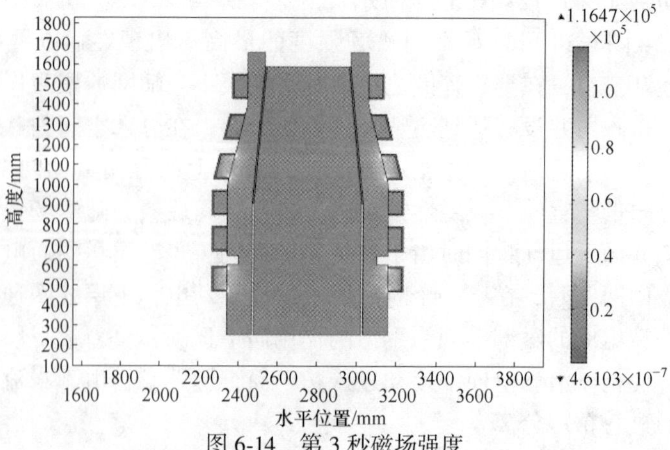

图 6-14　第 3 秒磁场强度

6.1.3.3　磁场梯度的模拟结果

根据磁力的计算公式，需要求得设备中的磁场梯度，磁场梯度是磁场强度随空间位移的变化率，且方向为磁场强度变大的方向，用 grad$H$ 表示；两个广义型偏微分方程分别表示磁场梯度的 x 轴分量和 y 轴分量，定义变量 gradH_x = d（mf. H_x，x）和 gradH_y = d（mf. H_y，y），继而可以表示 grad$H$，得出的结果即为磁场梯度的结果。取第 0、1、2、3 秒的磁场梯度 x 轴分量，如图 6-15 所示；取第 0、1、2、3 秒的磁场梯度 y 轴分量，如图 6-16 所示。图中左侧坐标为筒体高度（mm），右侧为磁场梯度（T/m）色差对应图例。

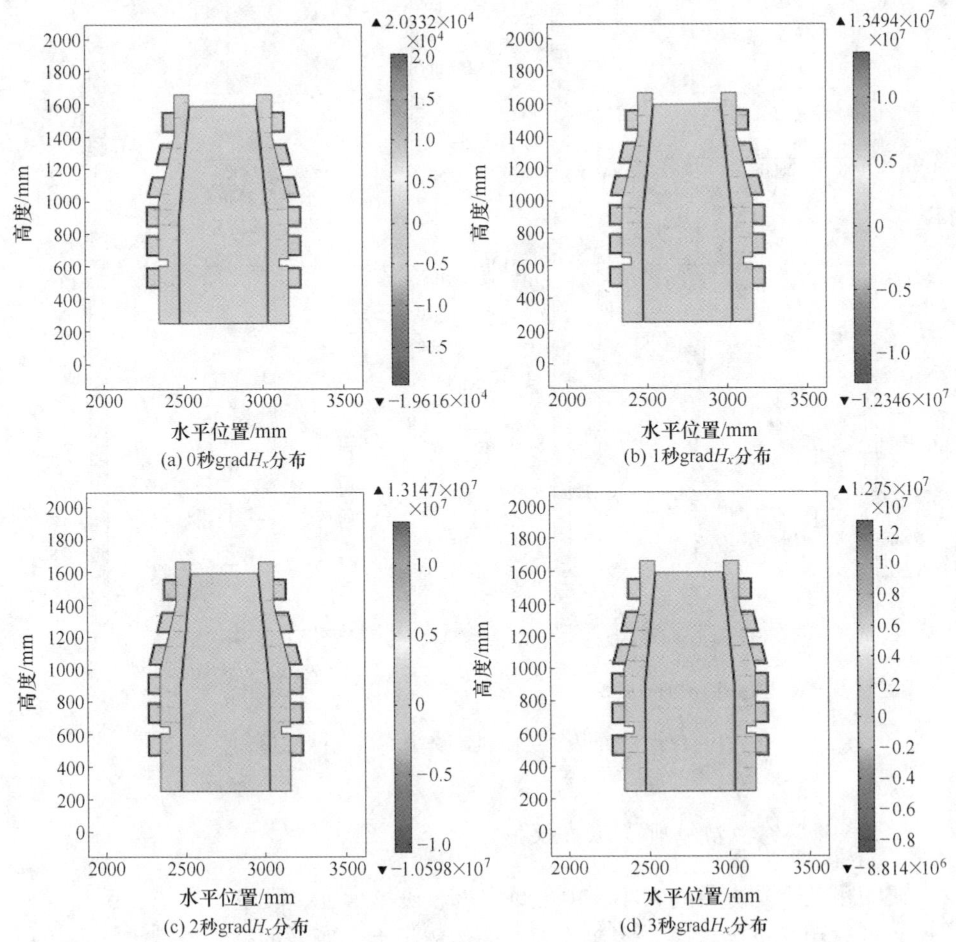

图 6-15　grad$H$ 在水平位置（x 轴分量）的分布

由图可知 grad$H$ 最大值分布在通电线圈的端点处，原因是这里磁场强度的变化率最大，在分选空间中，磁场梯度在 x 轴方向分量主要在 $-1.0\times10^7\sim1.5\times10^7$ T/m 之间，在 y 轴方向分量主要在 $-1.5\times10^7\sim1.0\times10^7$ T/m 之间，在方向上在同一点上，x、y 方向上的分量有相同的大小，即速度的矢量方向沿着水平线 45° 夹角分布。

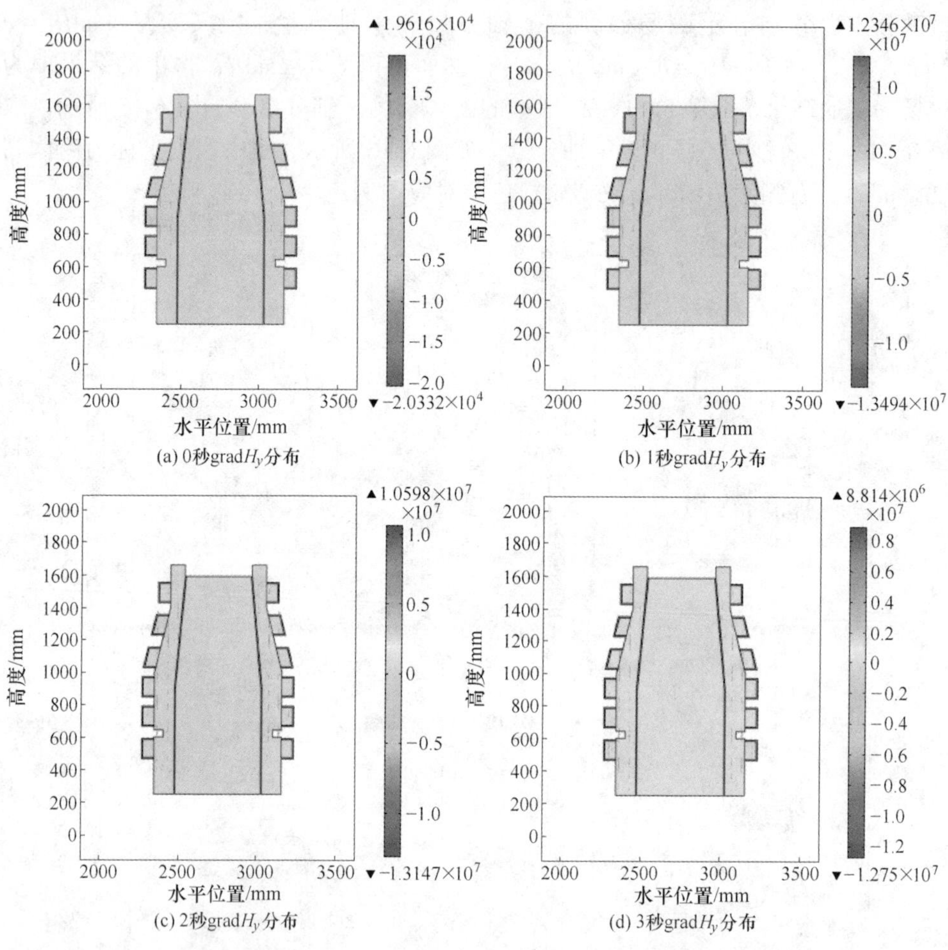

(a) 0秒 gradH_y 分布　(b) 1秒 gradH_y 分布　(c) 2秒 gradH_y 分布　(d) 3秒 gradH_y 分布

图 6-16　grad$H$ 在高度上（y 轴分量）的分布

6.1.3.4　矿物颗粒所受磁力模拟

矿物颗粒所受磁力的大小，由磁场强度、磁场梯度、真空磁导率、矿粒（磁团聚）的体积几个因素决定，矿物颗粒的体积越大，所受的磁力就越大，所以磁团聚有利于对有用矿物的分选，当取矿物颗粒的直径为 2mm 时，所受的磁场力的大小和方向如图 6-17 所示，图中左侧坐标为筒体高度（mm），右侧为磁场力（N）色差对应图例。

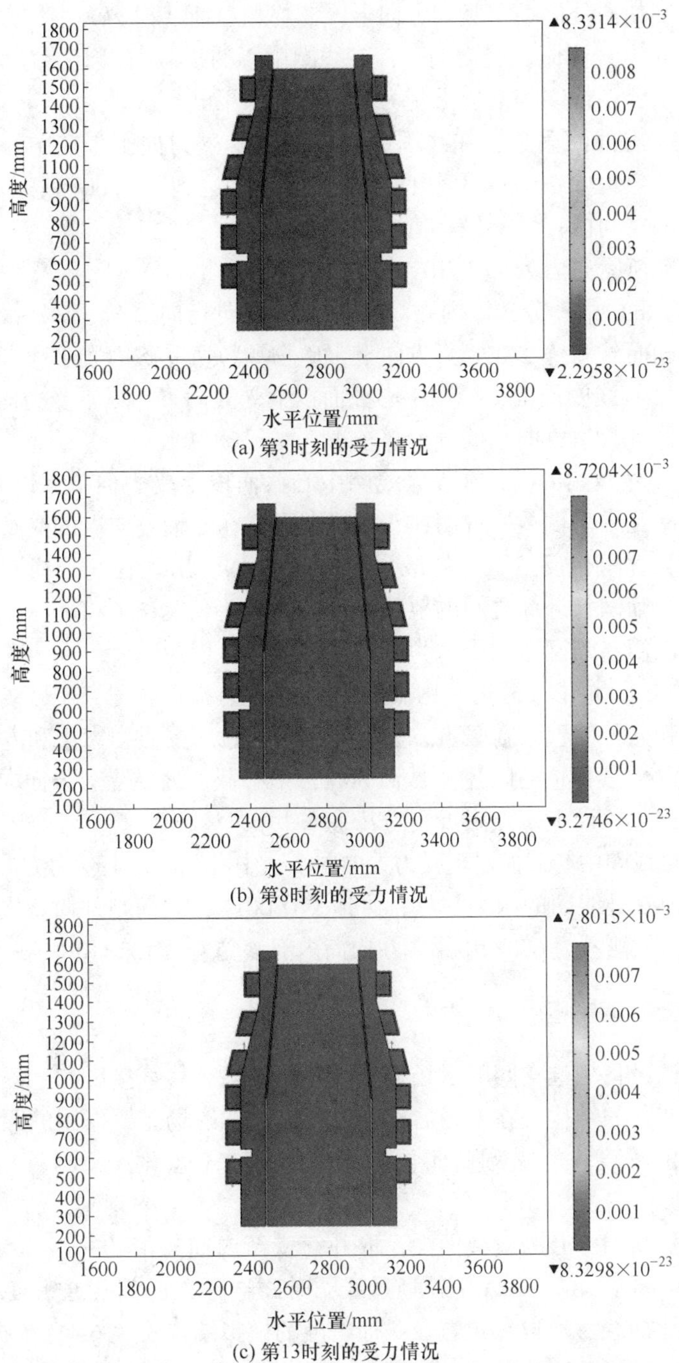

(a) 第3时刻的受力情况

(b) 第8时刻的受力情况

(c) 第13时刻的受力情况

图 6-17 磁场力的大小及方向模拟

图 6-17（a）中，矿物颗粒在分选区内受力的方向指向 1 号、4 号线圈，水平方向上分别朝向外筒壁。竖直方向上，矿物颗粒所受磁力大小和方向规律为：

（1）在 1 号线圈附近受力向下，在线圈中心的横截面以上受力大，在横截面以下受力稍小，在线圈的下边沿受力方向几乎水平。

（2）在 4 号线圈附近，在线圈中心以上所受磁力向下，在中心以下受力向上。力的最大值集中在 1、4 号线圈的两个端点，达到了 0.001N，位于聚磁筛网与筒壁之间的空间内；力的最小值出现在筛网附近，为 3.0×10^{-7}N。在聚磁筛网内，矿物颗粒所受磁力为 1.9×10^{-13}N，可以忽略。

图 6-17（b）中，分选区内颗粒受磁力的方向指向 2 号、5 号线圈，在水平方向上分别朝向外筒壁。在竖直方向上，矿物颗粒所受磁力大小和方向规律为：

（1）在 2 号线圈周围，线圈中心截面以上受力向下，以下受力向上，上下受力几乎等同，且数值方向上的分量都较小。

（2）在 5 号线圈周围，在 5 号线圈中心截面以上受力向下，以下受力向上，且合力的斜率几乎呈倒数，说明在 5 号线圈附近在 y 轴方向上的受力以中心为界限大小相同，方向相反。受力的最大值为 0.001N，出现在 5 号线圈的两个端点上。在内筒和筛网与外筒之间的范围，受力的最小值为 2.6×10^{-7}N，出现在筛网边缘。而在内筒和筛网之内受力为 4.0×10^{-14}N，可以忽略。

在图 6-17（c）中，分选区内颗粒受力的方向指向 3 号、6 号线圈，在水平方向上分别朝向外筒壁。在竖直方向上，矿物颗粒所受磁力大小和方向规律为：

（1）以 3 号线圈附近以中心截面为界，中心截面之上受力方向向下，中心之下受力方向向上，而上端点附近受力几乎水平。

（2）6 号线圈中心截面以上受力方向向下，中心截面以上受力方向向上。受力最大值集中在 6 号线圈的两个端点，达到了 0.001N，内筒与外筒壁之间最小受力出现在内筒壁外侧，为 6.0×10^{-7}N。在内筒内部，受力为 1.3×10^{-17}N，可以忽略。

6.1.4　磁场强度的影响

选矿磁选设备分选空间的磁场强度对分选效果有着直接影响。磁选环柱设计中，采用了变径的结构，在变径后直径最大的地方磁场需要作用的距离长，会造成磁场衰减的程度大，需调整不同的励磁电流来使上述区域获得合适的磁场强度。

在过 4 号线圈中心的横截面上，取外筒壁至内筒边沿的一段作为研究对象，分别绘制 2A、5A、8A、10A 电流通过线圈时磁选环柱内部磁通密度（即磁感应强度）的变化曲线，所取点位置及磁通密度的模拟结果见表 6-1。根据表中数据，可以绘制出在不同电流的情况下，磁通密度沿着距离变化的折线图，如图 6-18 所示。

表 6-1 分选筒内磁感应强度随电流大小及距离的变化模拟结果 (mT)

距离/mm	励磁电流/A							
	0	20	40	60	80	100	120	130
2	28	22.3	16.4	12	9.2	8.3	13	28
5	70	57.5	41.5	30.5	23	21.5	32.5	72
8	112	92	66.2	48.5	37.7	35	52.5	115

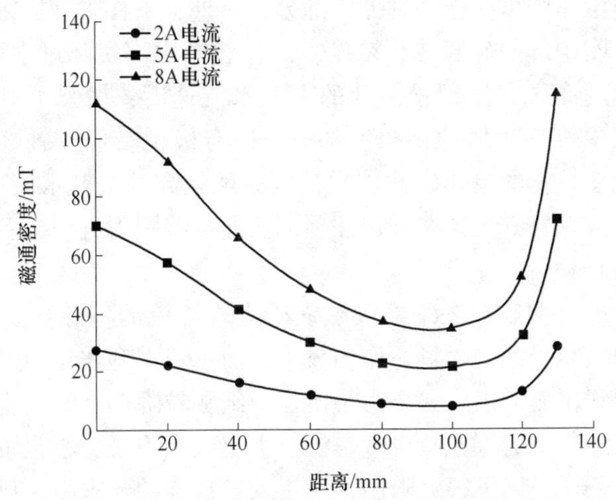

图 6-18 磁通密度随电流大小及距离的变化

由图 6-18 可知，增大电流可以增加磁选环柱内部各点的磁感应强度，在电流为 2A 时，磁感应强度的最低值出现在靠近内筒壁的位置，为 8.3mT，说明在磁感应强度最低点时磁感应强度的值也超过 5mT，达到了分选的要求。在电流上升到 5A 和 8A 时，最低的磁感应强度分别为 21.5mT 及 35mT。

6.2 变径磁选柱磁场优化

6.2.1 变径磁选柱概述

磁选柱在设备结构上的独特创新之处，一是相当于将传统的筒式磁选机竖立使用，而且将选分空间设在分选筒内部，直流励磁线圈磁系设在分选筒外侧；二是在分选筒下部设置切线给水管，尾矿从设备上部排出，实现了尾矿排矿方式的改变；三是磁场励磁机制采用电磁励磁磁场，且按一定机制进行断续通断电，在分选区产生时有时无的、从上到下的按一定周期循环的磁场，实现在一机上进行多次精选过程；四是调节因素增加，磁场大小、周期、上升水流大小、精矿排矿口大小均可以按不同性质的矿石和产品质量要求来调节。最后一点是磁选柱最大的优势。

当磁团聚或磁链处于断电线圈位置时，磁团聚或磁链会被旋转上升的水流作用打散，分散后的颗粒会在重力的作用下继续向下运动。当线圈恢复通电时，或运动到有磁场的区域时，磁性颗粒会再次形成磁团聚或磁链，由于水力作用，新的磁团聚或磁链会收缩、加粗、变短，磁性强的单体磁铁矿颗粒趋向于收缩至磁链的内侧，富连生体趋向于收缩至磁链的中间带，中等连生体趋向于分布在磁链的外侧。磁链向下加速运动，导致旋转上升水流动力对其外侧冲刷作用增强，磁链外侧的中等连生体则可能被冲刷掉一部分；另外，下移收缩加粗变短的众多磁链逐渐加大了线圈中部的矿浆体积浓度，致使线圈中部实际过水面积大大减小，实际上升水流速度高于其上部松散处的上升水流速度，增强了对磁链冲洗的力度，从而又可将中等连生体冲刷掉一部分；还有极少量位于磁链外侧、粒度微细、相对比磁化率较低的单体磁铁矿颗粒也会随较高的上升水流速度向上运动，这些细粒级磁铁矿颗粒有机会在磁选柱顶部长通电线圈附近形成新的磁链聚合过程中得到重新回收。

但顶部线圈没有彻底解决细粒级磁铁矿进入溢流的根源，溢流“跑黑”的主要原因是微细颗粒受到的磁场力作用较小，而水流上升作用力又较大，最终导致微细颗粒被冲到尾矿排出。如果为了留住微细颗粒降低水流速度，又会导致粗大的脉石矿物无法排出的现象。也就是说，水流大也不是，小也不行。所以，传统磁选柱的工作条件受到了很大限制，对于入矿粒度的要求高，只适用于精选流程。并且在工作中的对于水流的控制也比较严格，导致有部分粗大颗粒无法被冲洗到尾矿溢流槽。为了解决这一问题，把磁选柱筒体分为直径不同的两部分，上部筒体直径较大，下部筒体直径较小，例如实验室中，小型磁选柱上部筒体直径40mm，下部筒体直径30mm，这样虽然尺寸结构相差不大，但是筒体半径比例却相差1.33倍，筒体横截面积就相差1.77倍，即上部筒体中的水流速度也就是下部筒体水流速度的1.77倍了。这样，下部筒体的水流速度就足够大，能够把矿浆中的更多非磁性脉石矿物向上冲走，保证精矿的品位；而与此同时的上部筒体水流速度却较小，可以保证微细的磁性颗粒不会被上升水流带出到尾矿中，防止了“跑黑”现象的发生。同时，因为有上部筒体防止“跑黑”的保障，那么磁选柱的水流控制范围就被放宽，相对于传统磁选柱就能够更有效地冲洗精矿，从理论上提高精矿品位效果更好。

实验室变径磁选柱按下部分选筒内直径30mm、高度210mm，上部分选筒内直径40mm、高度300mm进行设计。从以往的经验可知，筒体的设计高度和直径之比会直接影响分选指标，但磁选柱长径比大小对选别效果的具体影响，国内外没有相关资料介绍。一般来说，分选柱高度过小，分选时间不够，不能够形成稳定的品位梯度，也容易导致矿浆短路之间外溢；高度过高，会使上升水压增大，分选时间拉长，造成操作不便及资源浪费，导致单位容积处理量下降。又因为小型磁选柱制作也较为烦琐，没有解决筒长作为变量的问题，因此，具体变径部分的高度比例暂不做探讨，只根据经验选取一个合适值即可。

变径磁选柱磁系采用 1. 2mm 铜导线绕制的直螺线管。上部磁系取线圈半径 $R_1=27$mm，下部磁系半径 $R_2=22$mm。上磁系选取线圈为 18 层 22 列，下磁系选取线圈 15 层 22 列。

磁系励磁电流强度与线圈几何中心磁感应强度的关系如图 6-19 所示。

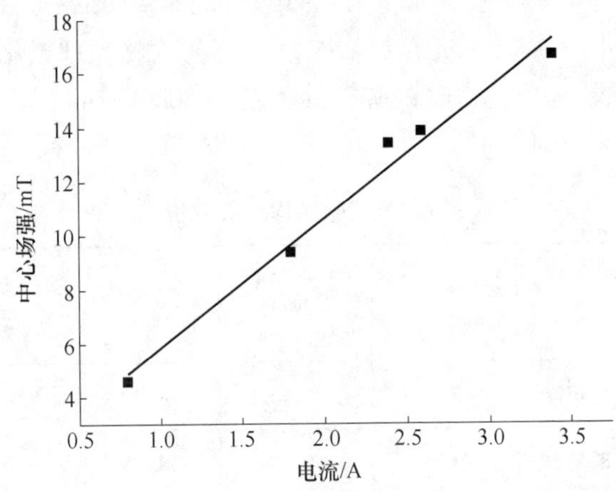

图 6-19 励磁电流与磁感应强度的关系

从图 6-19 中可以看出，中心场强与电流成正比关系，当电流是 1A 时，中心磁感应强度为 5mT，已满足中心磁场最低要求，设计比较合理。在实际操作中，可以参考图 6-19 对实验中要求的磁场进行具体调节，磁场强度和电流大小相对应，十分便于换算。

励磁电流为 2A 时上下磁系轴线中心处磁感应强度分别为 12. 49mT 和 12. 33mT，满足上下部分的分选筒线圈在通电电流给 2A 时可以形成较均匀磁场，且磁感应强度都大于 10mT 的选别要求。

6.2.2 初始条件确定

根据变径磁选柱的结构设计确定变径磁选柱的几何模型。设计的筒体几何模型为上部长 300mm、外直径 50mm、内直径 40mm 长筒，下部长 210mm、外直径 40mm、内直径 30mm 的长筒，两筒用高 30mm，底圆外直径 50mm、内直径 40mm，上圆外直径 40mm、内直径 30mm 的渐变梯形圆环相接。下筒距底部 10mm 处设置外直径 80mm、内直径 70mm、高 30mm 的水鼓；下筒底部设底面外直径 40mm、内直径 30mm、高 30mm 的漏斗排矿。上筒顶端 40mm 处设置溢流槽，溢流槽由外直径 100mm、内直径 90mm 圆筒制作，底面设置为水平向下 30°倾角，方便溢流排出。进水管、排矿管、溢流槽和尾矿管都用外直径 10mm、内直径 7mm 细管制作。

矿浆模拟的条件：实际选别矿浆的种类十分复杂多样，不能够一一模拟，而且实际矿石的复杂性在模拟过程中是无法用确定数值表现的，只能够采用理想模型。试验研究用矿样的粒级分析结果见表 6-2。

根据表 6-2，整个矿物模型简化为：+0. 15mm 粒级 15%，−0. 15～+0. 125mm 粒级 60%，−0. 074～+0. 125mm 粒级 25%。所有矿物颗粒理想化为体积相同且规则的球体。磁性颗粒理想化为磁铁矿，其密度为 5000kg/m^3；非磁性矿物理想化为全石英，密度为 2500kg/m^3。

表 6-2 试验矿样粒级分析

粒级/mm	产率/%	累计产率/%	品位/%	金属率/%%	累计金属率/%%	金属分布率/%
+0. 15	15. 17	15. 17	45. 95	697. 19	697. 19	11. 90
−0. 15+0. 125	58. 51	73. 69	59. 19	3463. 70	4160. 89	59. 14
−0. 125+0. 096	15. 77	89. 45	65. 41	1031. 20	5192. 09	17. 61
−0. 096+0. 074	5. 39	94. 84	64. 06	345. 20	5537. 30	5. 89
−0. 074+0. 055	0. 96	95. 81	52. 98	51. 04	5588. 33	0. 87
−0. 055	4. 19	100. 00	64. 06	268. 71	5857. 04	4. 59
合 计	100. 00		58. 57	5857. 04		100. 00

6.2.3 变径磁选柱模拟

分别制作了变径磁选柱的模拟和实际模型。根据设计尺寸，利用软件模拟出变径磁选柱的大致结构，如图 6-20 和图 6-21 所示。

实体模型制作过程中，采用有机玻璃作为研究制作变径磁选柱的材料，因为有机玻璃的材质不会对磁场和磁力产生影响，而且本身密度较小，不会对变径磁选柱造成太多压力，强度也足够支撑铜线圈的重量。最重要的是，有机玻璃的透明特性可以实时观察到磁选柱分选筒中矿浆和矿粒的运动情况，有助于我们对磁选柱的运动情况进行分析，并做出相应的原理解析和改进方案。

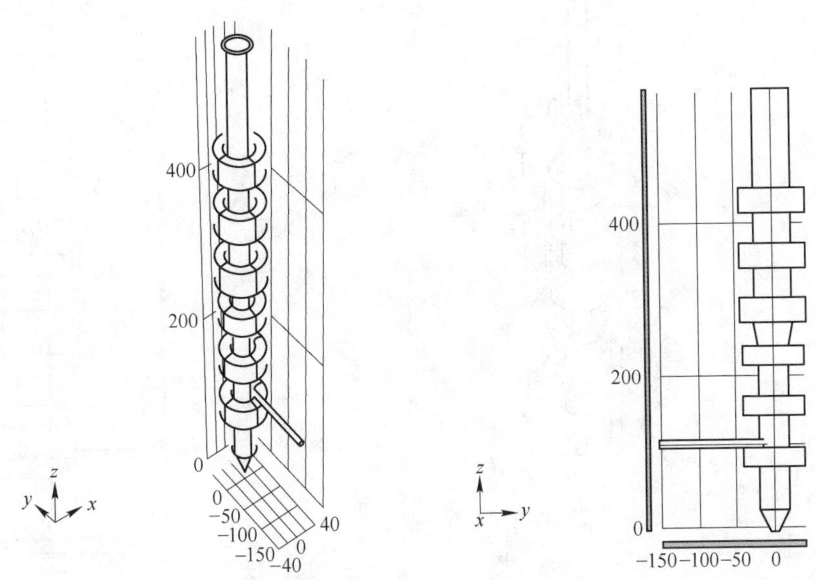

图 6-20 变径磁选柱的三维模拟

图 6-21 变径磁选柱的平面模拟

在制作变径磁选柱的同时，实验为了比较，还制作了一个结构尺寸相近的普通磁选柱，用于两者在相同条件下各种选别实验的对比，以探求变径磁选柱相对于普通磁选柱是否在选别过程的各项指标中有提升作用。其磁选柱分选筒的尺寸为长 540mm，与变径磁选柱的上下分选筒和中间连接锥台的长度总和相等，其大小与变径磁选柱的下部分选筒一样，外直径 40mm、内直径 30mm；其他结构尺寸也与变径磁选柱类似，下筒距底部 10mm 处设置外直径 80mm、内直径 70mm、高 30mm 的水鼓一个。下筒底部设底面外直径 40mm、内直径 30mm、高 30mm 的漏斗做排矿口。上筒顶端 40mm 处设置溢流槽，溢流槽由外直径 100mm、内直径 90mm 圆筒制作，地面设置 30°倾角方便尾矿排出。进水管、排矿管、溢流槽尾矿管都用外直径 10mm，内直径 7mm 细管制作。模型如图 6-22 和图 6-23 所示。

变径磁选柱的磁系下部线圈先用长度为 138mm，宽度为 25mm，厚度为 1mm 的有机玻璃长板在加热软化的情况下绕制成圆环，再用两个外直径为 120mm，内直径为 44mm 的有机玻璃圆环粘合而成，然后用直径为 1.2mm 的包有绝缘涂层的铜丝缠绕 320 圈制成。磁系上部线圈用长度为 170mm，宽度为 30mm，厚度为 1mm 的有机玻璃长板在加热软化的情况下绕制成圆环，再用两个外直径为 120，内直径为 54mm 的有机玻璃圆环粘合而成，然后用直径 1.2mm 的包有绝缘涂层的铜丝缠绕 350 圈制成。

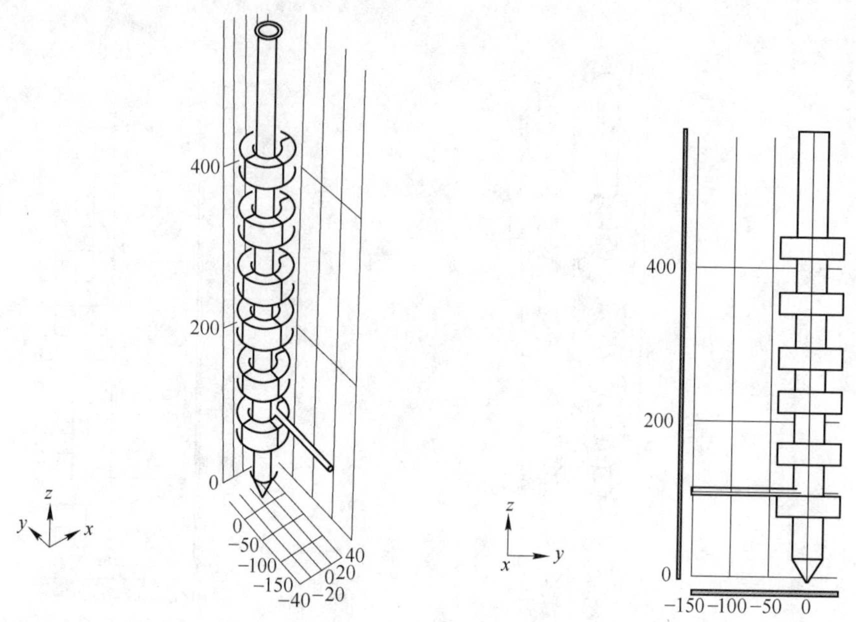

图 6-22　普通磁选柱三维模拟　　　　图 6-23　普通磁选柱平面模拟

对于上部分选管用有机玻璃材质，线圈参数为设计参数，线圈电流为 1.0A 时进行模拟，得到的磁场强度的模拟情况如图 6-24 所示，从图可知，该线圈在此条件下的磁场强度中心最大值处为 8.4mT，线圈边缘最小值处为 5mT，满足设计要求。

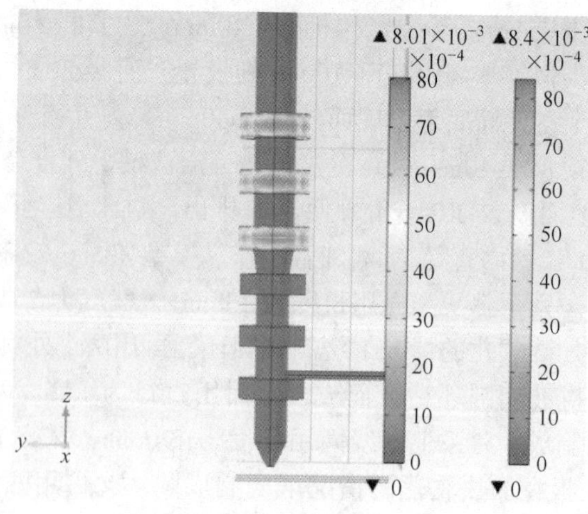

图 6-24　上部线圈磁场模拟

在相同条件下，对变径磁选柱下部分选筒的线圈进行模拟，得到的磁场强度的情况如图 6-25 所示，由图可知，该线圈在此条件下的磁场强度中心最大值为 7.9mT，线圈边缘最小磁场强度值为 4.5mT，满足设计要求。

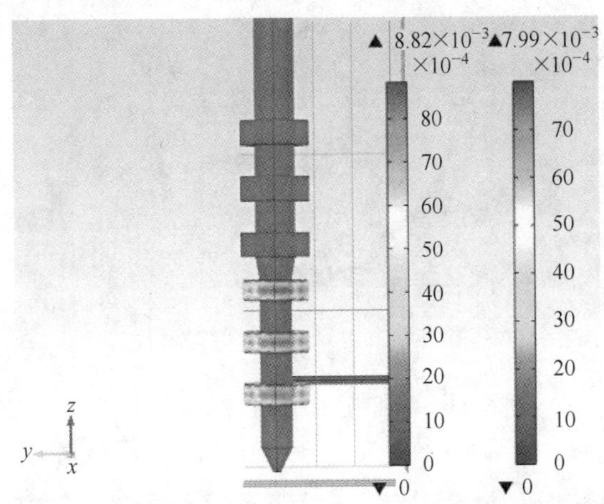

图 6-25 下部线圈磁场模拟

对于普通磁选柱的线圈设计和变径磁选柱的下部分选筒线圈一样，在通过电流为 1.0A 时，磁场强度中心最大值为 7.9mT，边缘磁场最小值为 4.5mT。

以上模拟磁场时为了描述方便，把 3 个线圈同时进行通电模拟。这与实际磁选柱的励磁情况并不一样，实际磁选柱的运行过程中，每一时刻 3 个线圈只有 1 个运行通电，其余 2 个处于断路状态，随着设定时间发生周期变化。

6.3 线圈优化

6.3.1 单线圈

6.3.1.1 不带聚磁环轭线圈

单线圈参数参考实验室外径 80mm 磁选柱磁系，线圈参数为内径 80mm，ϕ1.2mm 紫铜线线圈，线圈导线截面积为 $1.13\times10^{-6}\mathrm{m}^2$，匝数为 468 匝。在电流强度 $I=2\mathrm{A}$ 的条件下，单独励磁线圈中心水平面磁场分布如图 6-26 所示，图中右侧为磁感应强度（T）色差对应图例。

在电流强度 $I=2\mathrm{A}$ 的条件下，带有聚磁环轭的线圈产生的中心水平面磁感应强度分布如图 6-27 所示，图中右侧为磁感应强度（T）色差对应图例。

在电流强度 $I=2\mathrm{A}$ 的条件下，带有聚磁环轭的线圈增设聚磁筛网后产生的中心水平面磁感应强度分布如图 6-28 所示，图中右侧为磁感应强度（T）色差对应图例。

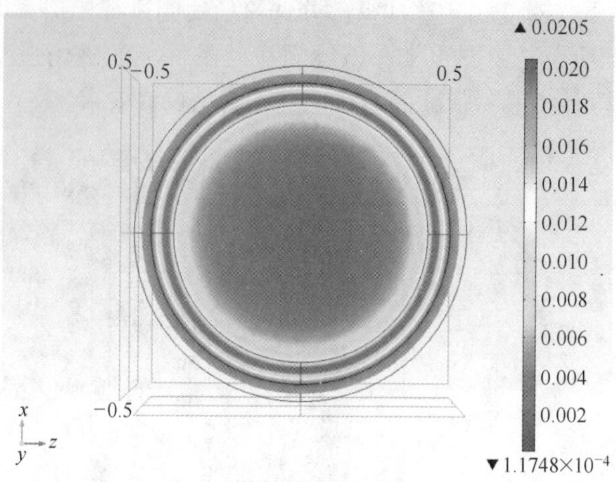

图 6-26　单独励磁线圈水平面磁场分布

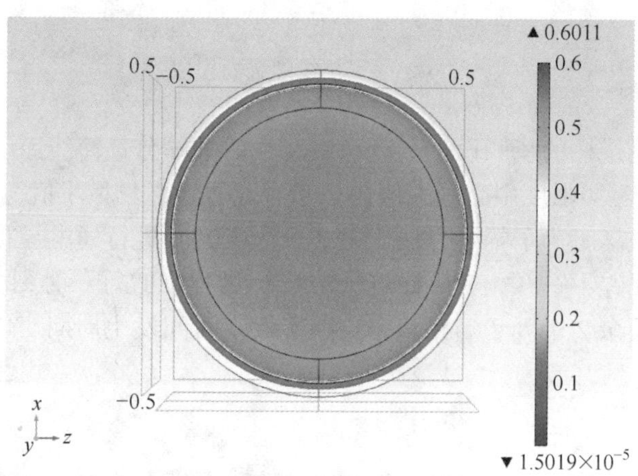

图 6-27　带有聚磁环轭的线圈的磁感应强度分布

由图 6-26、图 6-27 和图 6-28 对比分析可见，该平面上磁感应强度差异很大，且分布也明显不同。为了更好地分析其各自的磁场分布情况，以该平面上外筒内壁为原点，外筒中心为终点，绘制出各自平面上磁感应强度与距外筒内壁距离的关系曲线。磁感应强度与距外筒内壁距离的关系曲线如图 6-29 所示。

由图 6-29 可见，单独励磁线圈产生的磁场随距离的增加较平缓地减小，外筒内壁处磁感应强度最高为 12mT，距外筒内壁 100mm 处磁感应强度为 4. 4mT，外筒中心处磁感应强度最小为 2. 1mT。带有聚磁环轭的线圈产生的磁场随距离的增加相对较迅速地减小，外筒内壁处磁感应强度最高为 35. 6mT，距外筒内壁 100mm 处磁感应强度为 12. 3mT，外筒中心处磁感应强度最小为 4. 9mT。增设聚

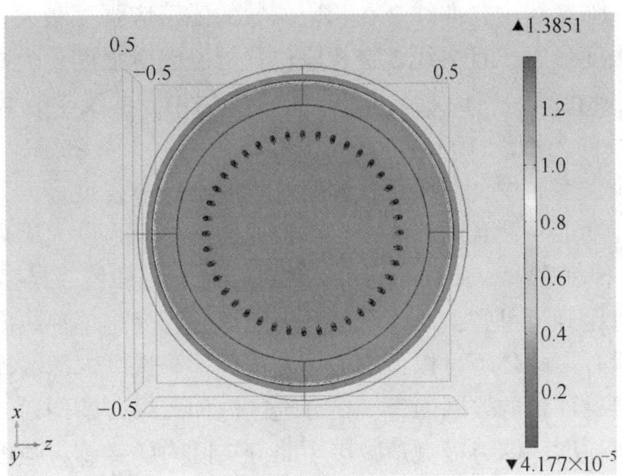

图 6-28　增设聚磁筛网后的磁感应强度分布

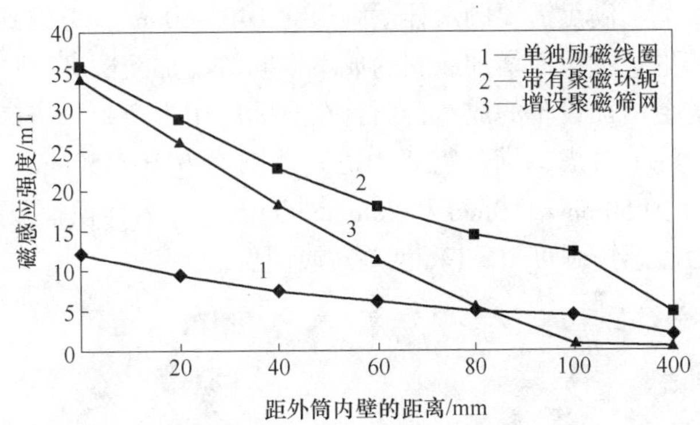

图 6-29　磁感应强度与距外筒内壁距离的关系曲线

磁筛网后产生的磁场随距离的增加迅速减小，外筒内壁处磁感应强度最高为34mT，距外筒内壁 100mm 处磁感应强度为 0.83mT，外筒中心处磁感应强度最小为 0.2mT。

三条关系曲线表明：

(1) 在距外筒内壁约 80mm 内的分选区内，从磁感应强度数值来看，单独线圈在同一位置产生的磁感应强度最小（曲线 1），带有聚磁环轭的线圈在同一位置产生的磁感应强度最大（曲线 2），带有聚磁环轭的线圈增设聚磁筛网后在同一位置产生磁感应强度居中（曲线 3），且曲线 2 和曲线 3 在相应位置的磁感应强度大大高于曲线 1。从磁感应梯度来看，曲线 1 最小，曲线 2 居中，曲线 3 最大。

(2) 在距外筒内壁约 80mm 到 100mm 内的分选区，从磁感应强度数值来看，曲线 1 的磁感应强度居中，曲线 2 在相应位置的磁感应强度最大，曲线 3 在相应位置的磁感应强度最小，且曲线 2 在相应位置的磁感应强度大大高于曲线 1 和曲线 3。从磁感应梯度来看，曲线 1 最小，曲线 2 居中，曲线 3 最大。

（3）在距外筒内壁约 100～400mm 内的非分选区，从磁感应强度数值来看，曲线 1 的磁感应强度居中，曲线 2 在相应位置的磁感应强度最大，曲线 3 在相应位置的磁感应强度最小，且曲线 2 在相应位置的磁感应强度大大高于曲线 1 和曲线 3。从磁感应梯度来看，曲线 1 居中，曲线 2 最大，曲线 3 最小。

通过以上对比分析可知，由于聚磁环轭能够起到聚集单独线圈产生的磁力线的作用，线圈罩有聚磁环轭可以大幅增加磁选环柱分选区内部的磁感应强度和梯度；对于罩有聚磁环轭的线圈而言，在分选区内加入聚磁筛网后，再次增加了分选区内的磁感应梯度，同时极大地减小了非分选区内的磁感应强度，减少了磁能浪费，提高了设备的能量利用率。

考虑到在实际生产应用中线圈的宽度会对线圈的散热造成较大的影响，因此线圈宽度不能太宽，满足需要的最佳适宜值为 *L*40～80mm；考虑到增加线圈的高度会增加线圈的重量，从而增加线圈的成本，同时增加线圈高度也会导致设备筒体变高，不仅也会增加设备的成本，而且在实际应用生产中厂房高度对设备高度有一定的限制，综上考虑，满足需要的适宜范围为 *H*70～150mm。综上所述，最佳参数组合 *L*×*H* 为 50mm×110mm 和 70mm×90mm，其最佳模拟效果如图 6-30 所示。图中右侧为磁感应强度（mT）色差对应图例。

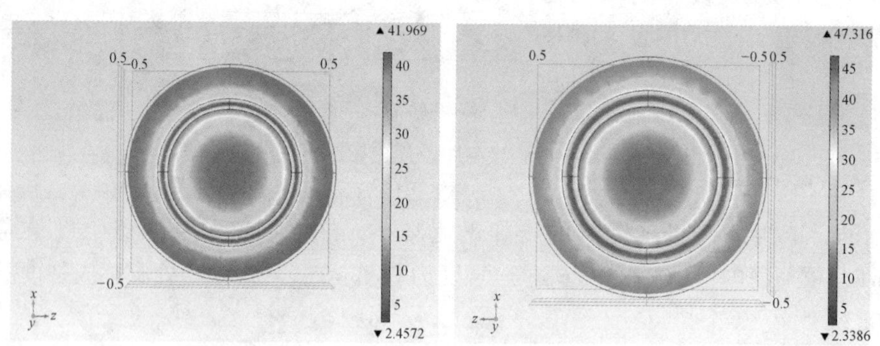

图 6-30　最佳参数组合模拟效果图

6.3.1.2　带聚磁环轭的励磁线圈的优化设计

前面已经确定了线圈尺寸的最佳参数，即 *L*×*H* 为 50mm×110mm 和 70mm×90mm（以下简写为 *L*50×*H*110 和 *L*70×*H*90），接下来需要给励磁线圈添加聚磁环轭。在添加环轭之前，需要确定环轭的尺寸等参数，为此以线圈 *L*50×*H*110 参数组合为基础选取宽度为 3～15mm，间隔为 2mm 建立新的模型，如图 6-31 所示，进行模拟和分析。

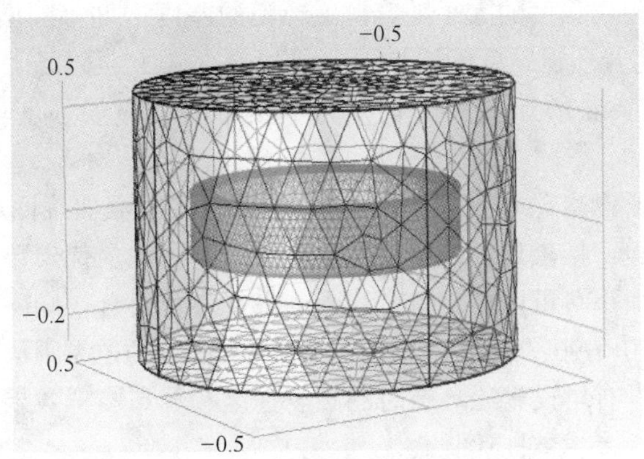

图 6-31 带有聚磁环轭的励磁线圈模型

表 6-3 是通过模拟计算得到的环轭厚度 H 与线圈中心处磁场强度的数值。

表 6-3 不同环轭厚度的线圈表面中心场强计算结果

H/mm	2	4	6	8	10	12	14
B/mT	14.06	14.33	14.51	14.76	14.92	15.04	15.1
H/mm	16	18	20	22	24	26	
B/mT	15.24	15.35	15.48	15.54	15.70	15.81	

通过对上面的表格进行数据分析，可以得到励磁线圈聚磁环轭厚度与线圈中心处场强的变化规律，如图 6-32 所示。

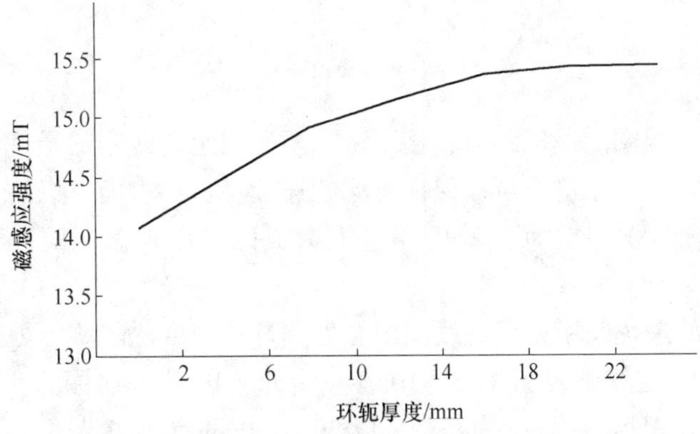

图 6-32 环轭厚度与线圈中心处场强的变化规律

通过图 6-32 可以非常清楚地看到励磁线圈中心处场强的变化规律如下：（1）

增加聚磁环轭后，磁力线明显得到有效聚集，使得磁场强度显著增强。（2）在一定的范围内，磁场强度的大小随着聚磁环轭的厚度增加不断增强。（3）在 4~15mm 范围内，随着环轭厚度的增加，曲线的斜率较大，磁场强度增加较快；之后，随着环轭的厚度增加，曲线斜率变小至平缓，磁场强度增加变缓至基本不变。

可以看出，增设聚磁环轭可以有效聚集磁力线，增加线圈中心处的磁场强度，结合实际经验，聚磁环轭的厚度又不能太厚，因此最优参数选取 10mm。

综合上面两个小节可以得到单个线圈的最优参数组合：励磁线圈宽度和高度为 *L*50×*H*110、*L*70×*H*90，聚磁环轭厚度为 *H*10mm。图 6-33 所示为在最优参数组合下的励磁线圈没有增设聚磁环轭时的磁场强度和分布模拟效果图，图中右侧为磁感应强度（mT）色差对应图例。

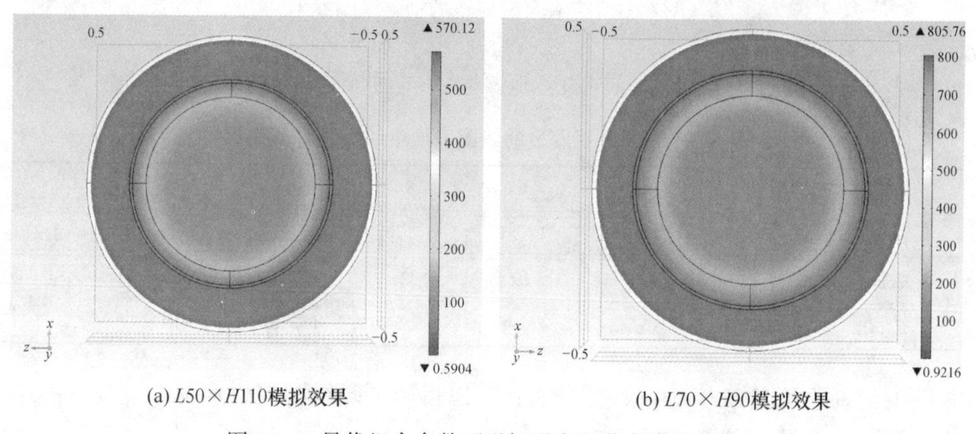

(a) *L*50×*H*110模拟效果　　(b) *L*70×*H*90模拟效果

图 6-33　最优组合参数下磁场强度和分布模拟效果

6.3.2　组合线圈

确定了单个线圈的最优参数，接下来需要确定组合线圈的最优参数，即相邻两个线圈最适宜间距。这样可以保证磁场的连续性：一方面可以防止线圈间距过小造成磁能浪费；另一方面防止间距过大造成磁场出现薄弱层，导致分选效果下降。

两个线圈的最优间距是保证线圈中心处和分选筒壁磁场叠加处磁场强度满足分选所需的最低磁场强度，即 5~10mT。为此，以励磁线圈宽度和高度 *L*50×*H*110、聚磁环轭厚度 *H*10mm 为基础，以 30~150mm 为模拟范围，每 10mm 为间隔建立模型，如图 6-34 所示，进行模拟和数据分析。

通过模拟得到不同线圈间距的模拟效果，由于数据分析不能很好地描述组合线圈磁场叠加的状态，所以，为了能更好地说明问题，选取 30mm、50mm、

70mm、90mm、110mm、130mm 的效果图，如图 6-35 所示，图中右侧为磁感应强度（T）色差对应图例。由图 6-35 选取的 6 个典型效果图可以非常清楚地看出：

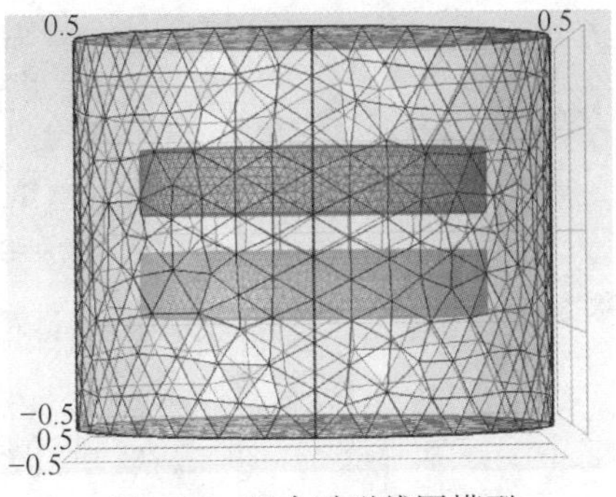

图 6-34　组合励磁线圈模型

（1）当间距 30~50mm 时，两个线圈叠加的中心线处磁场强度高达 20mT，能够满足分选的需要；但是筒壁处磁场叠加场强过高，而且有很大一部分磁力线发散到分选筒壁的外侧，会导致该部分磁场起不到分选效果，造成磁能浪费，因此该间距范围不是最优值取值范围。

（2）当间距范围为 110mm 以外时，组合线圈中心线处场强虽然仍然能够满足分选的需要；但是筒壁处叠加场强出现薄弱层或断裂层，而且距离筒壁有较大的距离，就不能满足分选效果的需要，因为该间距范围太大，不能作为设备参数可选取范围。

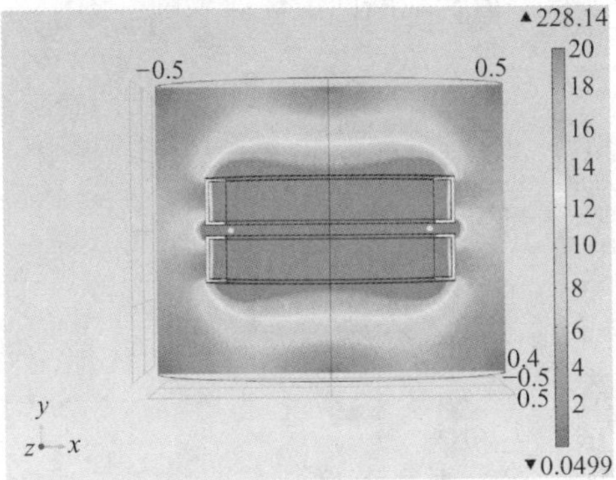

(a) 间距30mm

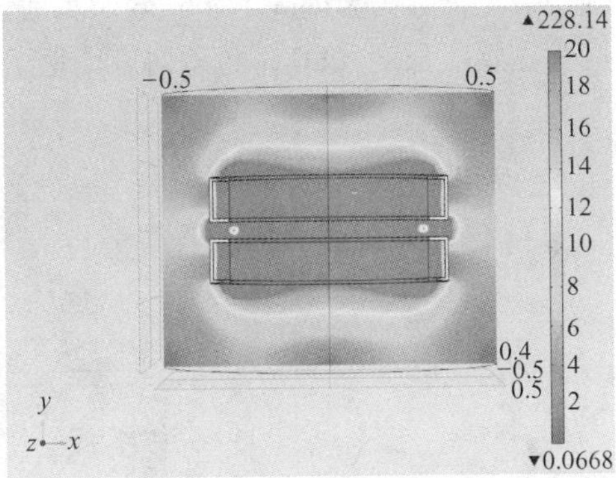

(b) 间距50mm

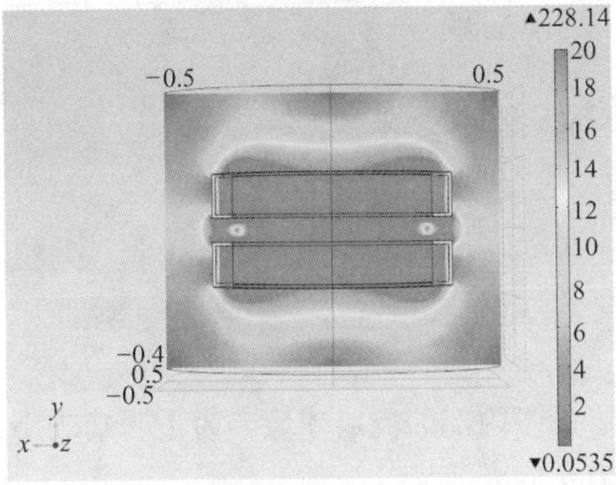

(c) 间距70mm

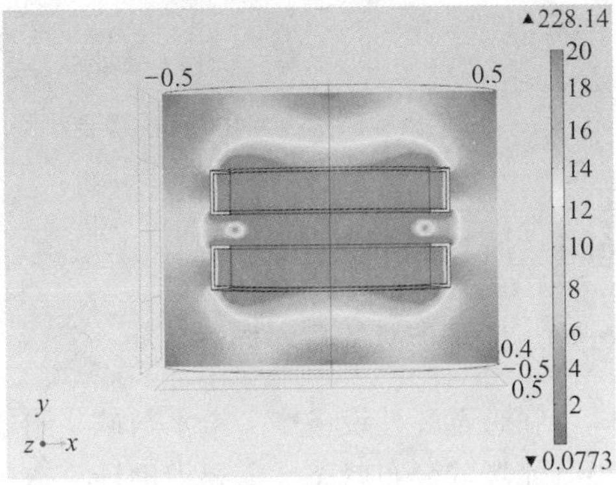

(d) 间距90mm

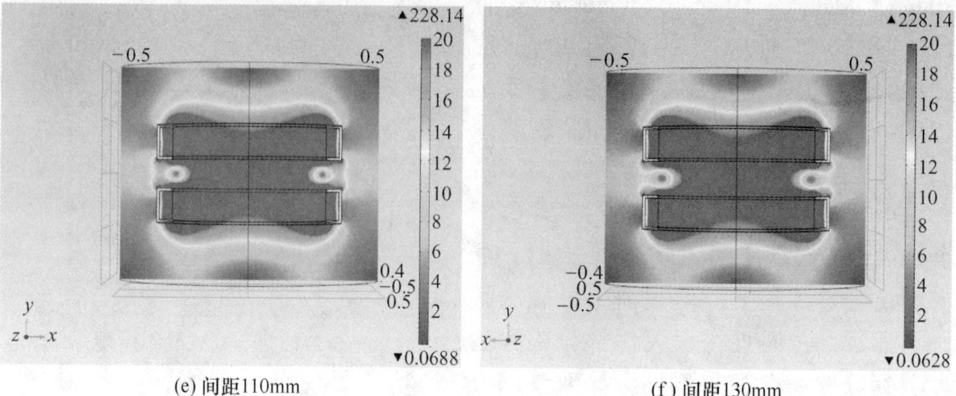

(e) 间距110mm　　(f) 间距130mm

图 6-35　组合线圈叠加模拟效果组图

(3) 当间距为 50～110mm 时，组合线圈处中心线处场强和筒壁处叠加场强都能满足分选的需要，因此该间距范围为最优取值范围。

综上所述，最优取值范围为 50～110mm，然后通过更加细致的模拟与分析，确定最优参数为 80mm。图 6-36 所示为该参数下组合线圈的最优效果图，图中右侧为磁感应强度（mT）色差对应图例。

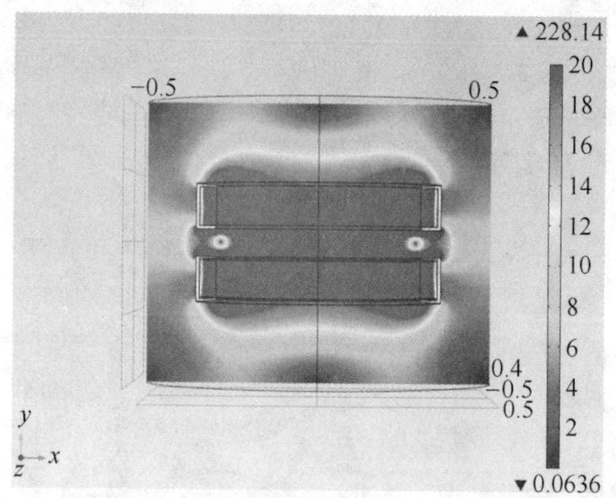

图 6-36　组合线圈 80mm 最优间距效果

6.4　流场特性模拟

6.4.1　流场仿真的数学描述

在磁选环柱设备中，给水与矿浆组成了设备内部的流场环境，为了明确表示出各流场的分布状态，需要借助计算流体力学的方法。

计算流体力学采用数值方法直接求解描述流体运动基本规律的非线性数学方

程组，通过数值模拟方法研究流体运动的规律。基础是质量守恒、动量守恒和能量守恒，流体力学的基本方程包括：（1）可压缩 Navier-Stokes 方程；（2）Euler 方程；（3）不可压缩黏性流方程。

计算流体力学是随着计算机技术的发展而发展的，在 20 世纪初，理查德就已提出用数值方法来解流体力学问题的思想，但是由于这种问题本身的复杂性和当时计算工具的落后，这一思想并未引起人们重视。随着计算机技术的发展，求解流体问题的能力逐步提高，问题的深度、广度以及求解的精度都有显著提高，最近几年，计算流体力学方法已经得到了飞速的发展，并应用到了更多的实际问题的模拟与分析中去。

求解磁选环柱中流场分布问题时，将用到软件的流体流动模块中的 k-ε 湍流模型，k-ε 模型是在大量的试验过程中总结出的半经验方程，该模型通过求解 k 方程和 ε 方程来得到湍流应力，其中 k 方程即湍流脉动动能方程，ε 方程即湍流耗散方程和黏性系数的方程：

$$\rho\frac{\partial k}{\partial t}+\rho u_j\frac{\partial k}{\partial x_j}=\frac{\partial}{\partial x_j}\left[\left(\eta+\frac{\eta_t}{\sigma_k}\right)\frac{\partial k}{\partial x_j}\right]+\eta_t\frac{\partial u_i}{\partial x_j}\left(\frac{\partial u_i}{\partial x_j}+\frac{\partial u_j}{\partial x_i}\right)-\rho\varepsilon \tag{6-11}$$

$$\rho\frac{\partial \varepsilon}{\partial t}+\rho u_k\frac{\partial k}{\partial x_k}=\frac{\partial}{\partial x_k}\left[\left(\eta+\frac{\eta_t}{\sigma_\varepsilon}\right)\frac{\partial \varepsilon}{\partial x_k}\right]+\frac{c_1\varepsilon}{k}\eta_t\frac{\partial u_i}{\partial x_j}\left(\frac{\partial u_i}{\partial x_j}+\frac{\partial u_j}{\partial x_i}\right)-c_{2\rho}\frac{\varepsilon^2}{k} \tag{6-12}$$

$$\eta_t=c'_\mu\rho k^{\frac{1}{2}}l=(c'_\mu c_D)\rho k^2\frac{1}{c_D k^{\frac{3}{2}}/l}=c_\mu\rho k^2/\varepsilon \tag{6-13}$$

$$c_\mu=c'_\mu c_D \tag{6-14}$$

软件用于计算流体流动的公式有：

$$\rho(u\cdot\nabla)u=\nabla\cdot\left[-pl+(\mu+\mu_T)(\nabla u+(\nabla u)^T)-\frac{2}{3}(\mu+\mu_T)(\nabla\cdot u)l-\frac{2}{3}\rho kl\right]+F\nabla\cdot(\rho u) \tag{6-15}$$

$$\rho(u\cdot\nabla)k=\nabla\cdot\left[\left(\mu+\frac{\mu_T}{\sigma_k}\right)\nabla k\right]+p_k-\rho\varepsilon \tag{6-16}$$

$$\rho(u\cdot\nabla)\varepsilon=\nabla\cdot\left[\left(\mu+\frac{\mu_T}{\sigma_\varepsilon}\right)\nabla\varepsilon\right]+C_{\varepsilon1}\frac{\varepsilon}{k}P_k-C_{\varepsilon2}\rho\frac{\varepsilon^2}{k},\ \varepsilon=ep \tag{6-17}$$

$$\mu_T=\rho C_\mu\frac{k^2}{\varepsilon} \tag{6-18}$$

$$p_k=\mu_T[\nabla u:(\nabla u+(\nabla u)^T)-\frac{2}{3}(\nabla\cdot u)^2]-\frac{2}{3}\rho k\nabla\cdot u \tag{6-19}$$

式中 ρ——密度；

u——直角坐标系 x 轴速度分量；

∇——哈密顿算子；

p——压强；

l——直角坐标系 x 轴正交单位矢量；

μ——动力黏度；

k——湍流动能；

ε——湍流耗散率；

$C_{\varepsilon1}, C_{\varepsilon2}, C_{\mu}$——3 个经验系数，分别取 1.44、1.92、0.09。

6.4.2　建模及过程

磁选环柱的磁场与流场分析是两种场的耦合计算，本章的流场分析采用与磁场相同的建模模型，以便于对同一物理模型进行磁场与流场的耦合。

对于流场的建模分为给水流和矿浆流两部分：（1）给水流为给水管为入口，精矿、尾矿为出口的流体运动，设备的耗水量约为 10~15t/h，即入口速度设定为 0.04m/s，区域为整个磁选环柱内部。（2）矿浆流近似可分为水流和矿石颗粒，磁性颗粒的运动分析详见第 7 章，水流可以近似认为是给矿斗为入口，精矿、尾矿为出口的流体运动，由于设备的处理量为 16~18t/h，且精矿含量占 30%，故入口速度设定为 0.12m/s。坐标系的建立与第 5 章相同，流体的网格剖分如图 6-37 所示。

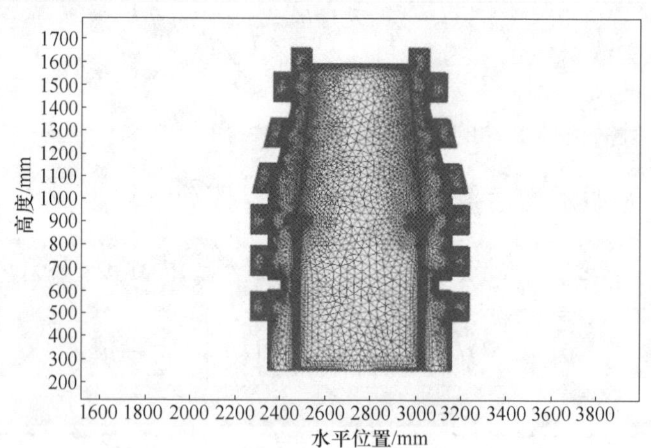

图 6-37　流体模型的网格剖分

6.4.3　模拟结果及分析

6.4.3.1　给水

磁选环柱设备中，给水提供了分选腔室内的上升水流，上升水流的主要作用是为磁性颗粒提供一个匀速缓慢下落的环境，并且上升水流可以冲刷出磁性颗粒由于磁场作用而发生团聚-分散现象时夹杂在磁团聚体中的脉石颗粒，这些颗粒由于上升水流的作用被带入尾矿筒，最终由尾矿排矿口排出。磁选环柱设备设计中均匀的给水管设计，保证了流动状态的对称，尽可能保证了水流的均匀，使磁性颗粒与脉石颗粒均匀分开，不会因为较大的搅动而使精矿与尾矿二次混杂。

A 给水的速度

给水流的入口速度定义为 0.04m/s，根据数值模拟的方法可以分析出整个求解域的速度分布情况，如图 6-38 所示。

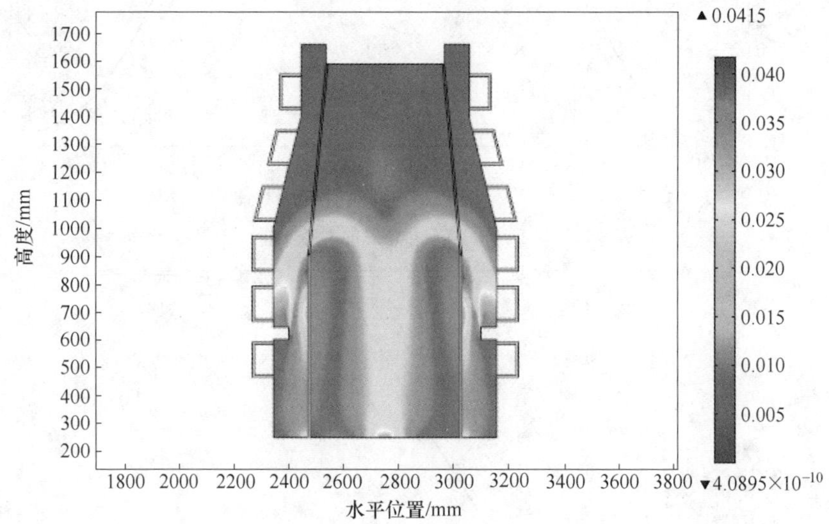

图 6-38 给水的速度分布

从图 6-38 中可以看到，水流由给水管流出，一部分水流向下运动，经过精矿排矿口排出，另一部分水流经过内筒壁边沿汇入内筒，经过尾矿排矿口排出，速度的最大值出现在入口附近，取精矿排矿口与尾矿排矿口的横线，在横线上的给水流速度分布如图 6-39 所示。

从图 6-39（a）可以看出尾矿排矿口速度的最大值在出口中心附近，最小值在出口两端，最大速度为 0.038m/s，最小速度为 0.02m/s，对曲线做积分得出 0.00228m^2/s，即在尾矿排矿口的平均流速为 0.0285m/s。从图 6-39（b）可以看出精矿排矿口速度的最大值在内筒壁附近，最小值在外筒内壁附近，最大速度为 0.02m/s，最小速度为 0.011m/s。对曲线做积分得出 $4.9\times10^{-4}m^2/s$，即在精矿排矿口的平均速度为 0.016m/s。由于实际模型中精矿排矿口直径为 60mm，精矿口的流速要低于尾矿口，且差值并不大，这样的流场速度结构使磁选环柱设备内的总体流量的分布比较平均，有利于磁性颗粒与中贫连生体、非磁性颗粒的分离，并使精矿不至于大量带入尾矿筒中，可避免尾矿中精矿品位过高的现象。

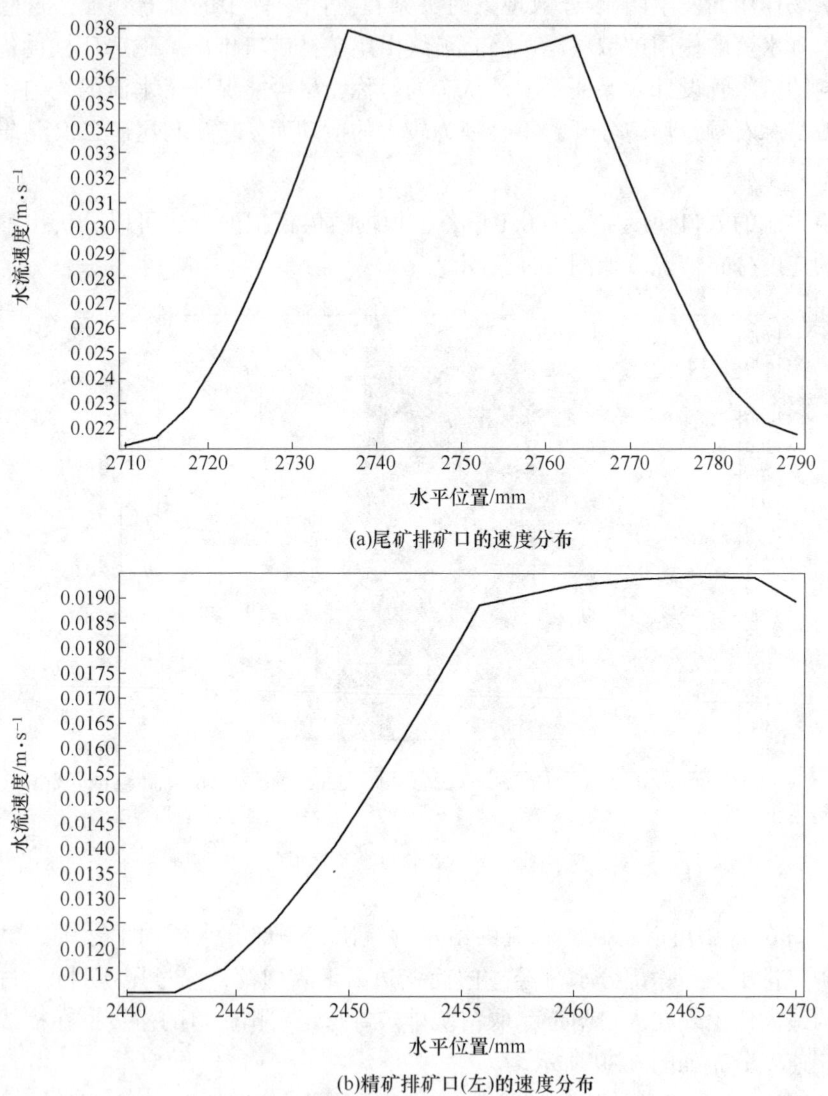

(a)尾矿排矿口的速度分布

(b)精矿排矿口(左)的速度分布

图 6-39　给水在排矿口处的速度分布

B　给水的压力

给水流的压力分布中，出口的相对压力为 0，根据数值模拟的方法可以分析出整个求解域的压力分布情况，如图 6-40 所示，图中右侧为液体压力（Pa）色差图例。

由图 6-40 可知，在给水管入口，流体的压力约为 0，在入口与内筒壁之间

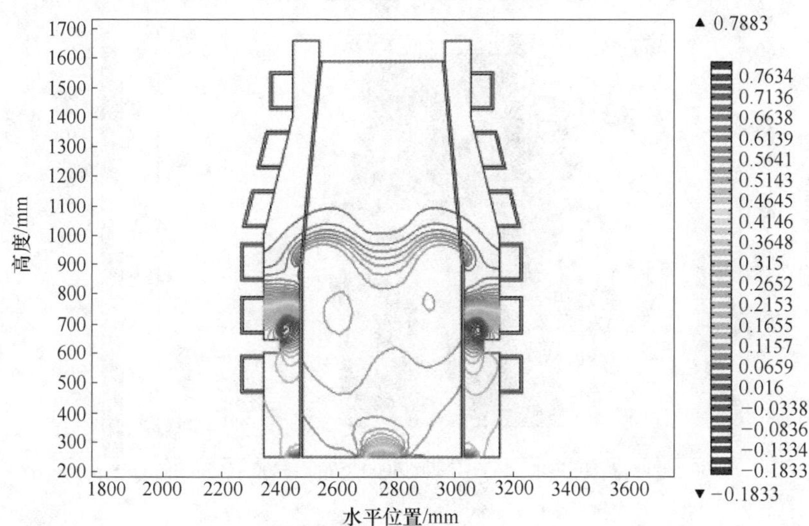

图 6-40 给水的压力分布

以及入口与精矿排矿口之间压力为负数，负数压力的最小值为-0.47Pa，在精矿排矿口之上的区域压力大致为-0.47~-0.002Pa 之间；在入口之上的区域以及内筒内部压力为正数，正数压力的最大值为 0.64Pa，在尾矿排矿口附近压力大致为 0.11~0.52Pa 之间。总体来说，在内筒外侧，压力以给水管入口为分界线，其上的压力为正，其下的压力为负，总的压力自下而上逐渐增加，在内筒壁上边沿之上取得最大值；在内筒之内，压力在尾矿排矿口取得最小值，并向上逐渐增加。

C 给水的单元雷诺数

给水流的雷诺数影响流体对颗粒作用力的计算，雷诺数越小意味着黏性力影响越显著，越大则惯性力影响越显著。给水流的单元雷诺数如图 6-41 所示，图中右侧为介质雷诺数色差图例。

由图 6-41 可以看出，给水流流速大的地方相应的单元雷诺数也较大，在两侧的给水流在内筒内部汇集的部分单元雷诺数最大，说明这里的湍流强度最大。在给水管入口处，单元雷诺数大小约为 70，在内筒外侧，单元雷诺数的分布与速度分布类似，在流线的运动轨迹上，单元雷诺数约在 40~90 之间。在内筒内部，给水汇流处单元雷诺数显著上升，极值在中心区域取得，汇流处的单元雷诺数约在 120~160 之间。在尾矿排矿口，单元雷诺数最大，最大的单元雷诺数取值为 220。从数据可知，整个磁选环柱内部的给水流场环境是低雷诺数的层流运动。

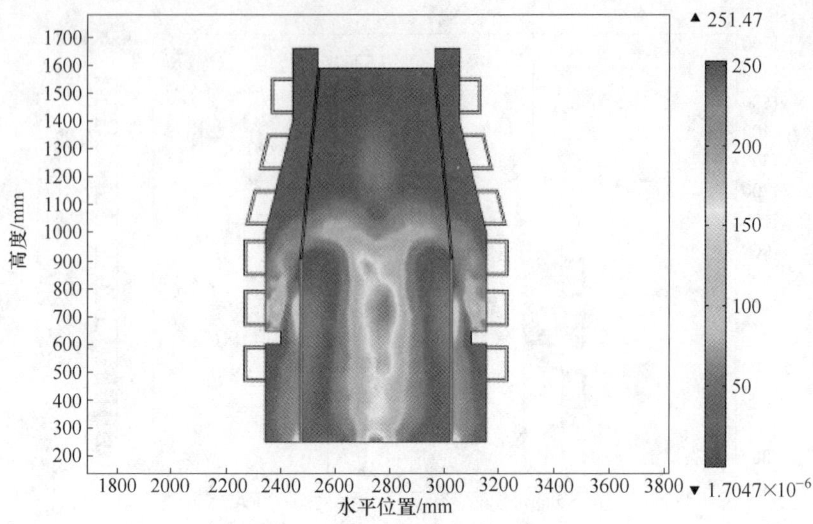

图 6-41 给水流的单元雷诺数分布

D 给水的壁面的总应力

壁面的总应力如图 6-42 所示，图中右侧为液体压力（Pa）色差图例。

由图 6-42 可知，壁总应力 x 轴分量主要集中在分选筒上半部分，且受力为负，说明受力方向向壁面，单位面积受力值约为-0.68Pa。壁总应力 y 轴分量主要集中在尾矿筒的下底面，受力为正，受力方向为向壁面的相反方向，单位面积受力值约为 0.007Pa。

6.4.3.2 矿浆流

在磁选环柱设备中，矿浆由给矿斗给入，通过均匀的给矿口给入分选腔，矿

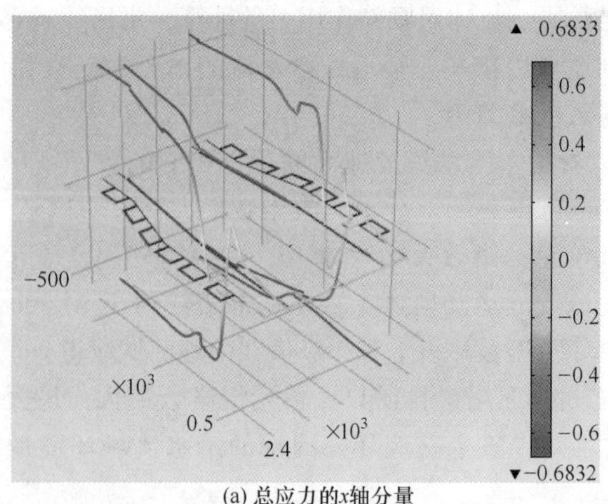

(a) 总应力的x轴分量

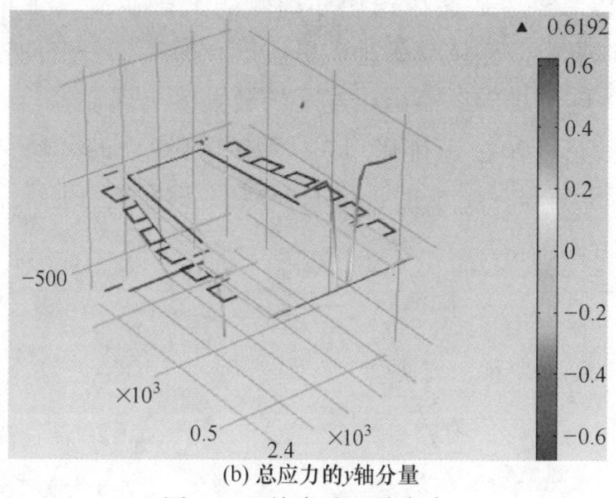

(b) 总应力的y轴分量

图 6-42　给水壁面总应力

浆进入分选筒内部后，水流与给水形成了设备内部的流场环境，磁性颗粒与脉石颗粒在流场环境中按各自的轨迹运动，在研究中矿浆的模型被定义为重量占30%的磁性颗粒，其余为水，水流的运动会影响其中颗粒的运动。本章的模拟只研究矿浆中水的运动状态。

A　矿浆流的速度

矿浆流从给矿口进入分选筒，入口速度设定为0.12m/s，根据数值模拟的方法，在软件中建立湍流模型，可以得出在整个分选区域中矿浆流的速度分布情况，如图6-43所示，图中右侧为水流速度（m/s）色差图例。

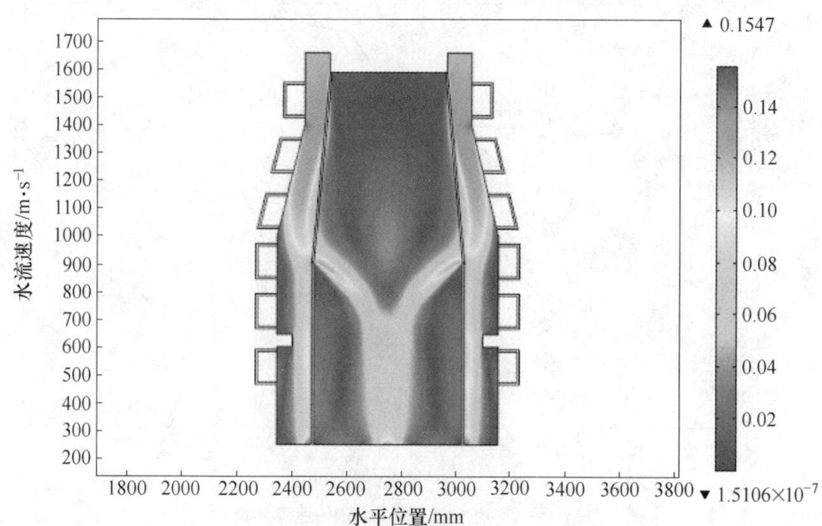

图 6-43　矿浆流的速度分布

从图 6-43 可以看到，矿浆由给矿斗两侧的给矿斗流入，并分别由两端流入分选区，一部分矿浆由两侧从精矿排矿口流出，另一部分流向设备中心部分，并进入内筒，最终由尾矿排矿口流出。速度的最大值出现在经给矿口流入后，沿着外筒内壁的边沿区域以及精矿排矿口之上贴内筒外壁的区域，最大的速度约为 0.15m/s。取精矿排矿口与尾矿排矿口的横线，在横线上矿浆流的速度分布如图 6-44 所示。

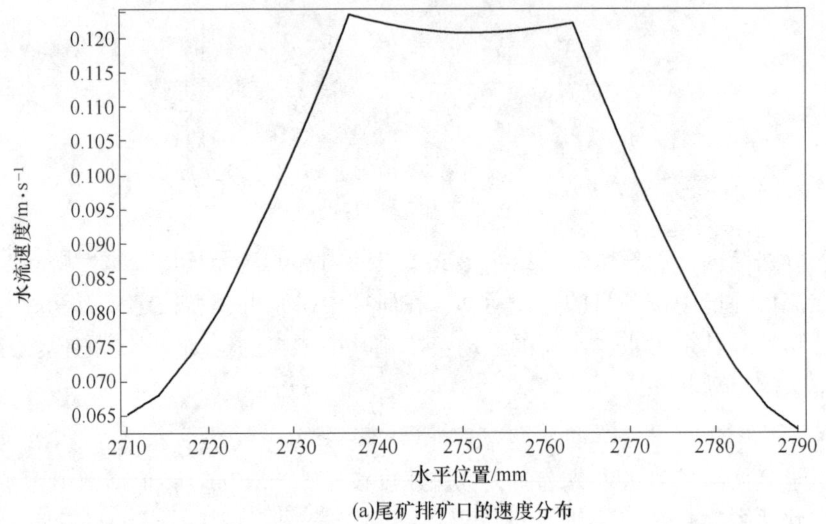

(a)尾矿排矿口的速度分布

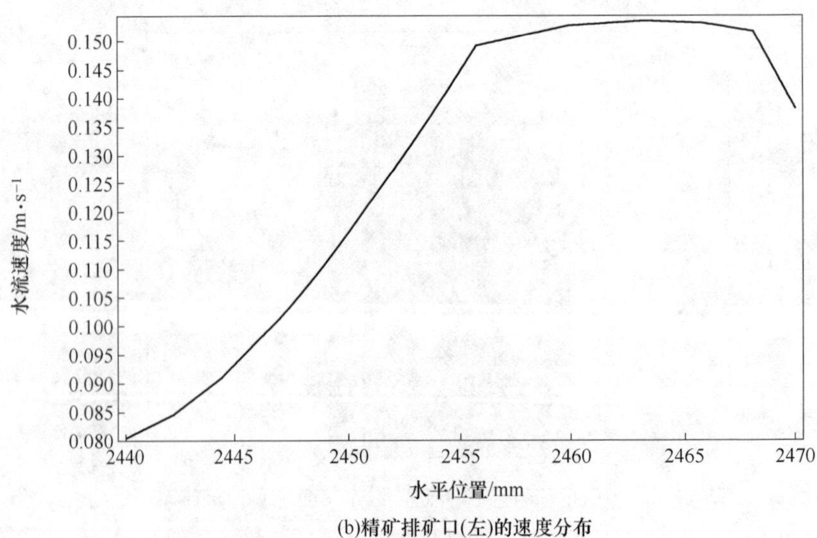

(b)精矿排矿口(左)的速度分布

图 6-44　矿浆流在排矿口处的速度分布

从图6-44（a）可以看到，尾矿排矿口处速度的最大值在排矿口的中心区域，最小值在排矿口的两端，最大速度为0.13m/s，最小速度为0.05m/s，对曲线做积分得出0.00791m^2/s，即在尾矿排矿口的平均流速为0.1m/s。从图6-44（b）可以观察到，给矿流在精矿排矿口处，速度的最大值在内筒外壁附近，最小值在外筒的内壁附近，最大速度为0.155m/s，最小速度为0.08m/s，对曲线做积分得出0.00386m^2/s，即在精矿排矿口的平均流速为0.13m/s。由于实际模型精矿排矿口的直径为60mm，实际速度尾矿排矿口的速度略低于精矿排矿口的速度，且差值不大，这样就保证了矿浆在整个分选区域中的均匀，使矿物颗粒能够充分的得到分选，同时矿浆流在整个分选筒内流速不高，使磁性颗粒有充足的被选别时间，达到精矿产率的提升。

B 矿浆流的压力

矿浆流的压力是矿浆流与给水流耦合计算得出的，矿浆流的压力分布中，出口点的相对压力为0。

由图6-45（图中右侧为介质压力（Pa）色差图例）可以得知矿浆的压力分布情况，在给矿口处及内筒边沿的拐点处，压力取得最大值，最大在7Pa左右，进入分选筒位置后，矿浆的压力迅速减小到0.9Pa，在锥形分选筒的拐角点，压力取得负值，大小约为-0.9Pa，在整个锥形分选筒之间，压力的大小在-0.3~3.3Pa之间，在水管出口处，给水口以及之上的分选区域，矿浆的压力为正值，数值在5.1~7Pa之间，在给水口外侧及给水管下部，矿浆的压力为负值，数值在-4.5~-0.3Pa之间，在内筒内部，压力比较均匀，没有出现非常大的压力差，内筒内的压力在0.3~1.5Pa之间。

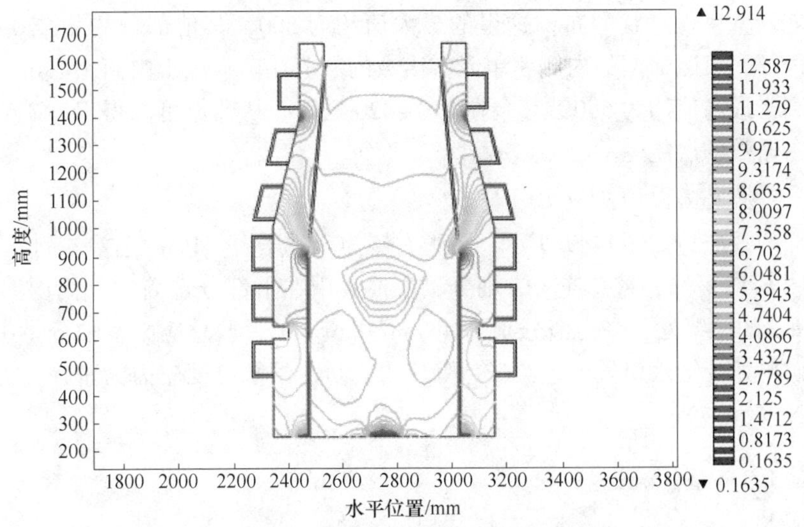

图6-45 矿浆流的压力分布

C 矿浆流的单元雷诺数

矿浆流中单元雷诺数如图 6-46 所示，图中右侧为介质雷诺数色差图例。

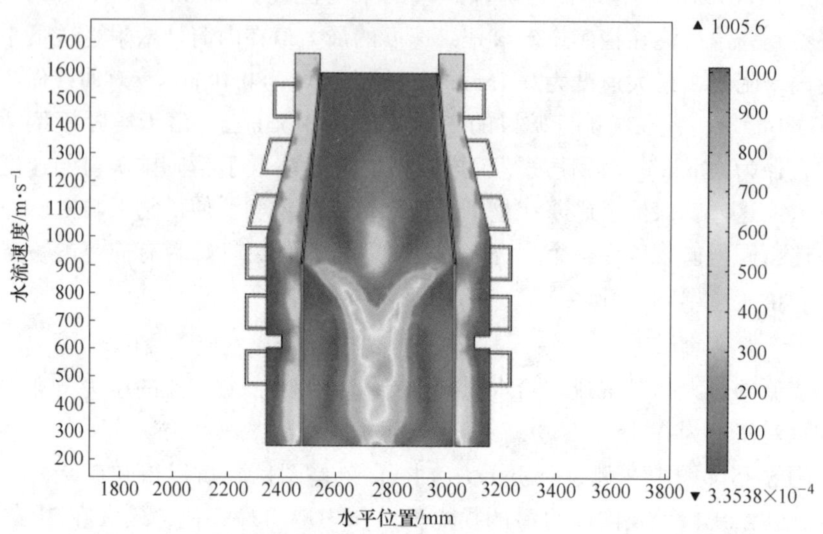

图 6-46 矿浆流的单元雷诺数分布

由图 6-46 可以看出，矿浆流单元雷诺数的分布与矿浆流速度的分布有一定区别，矿浆流单元雷诺数的最大值在精矿排矿口与给水管之间的区域取得，最大值约为 900，这说明精矿排矿口附近的湍流强度较大。在外筒内侧、内筒及聚磁筛网外侧，单元雷诺数沿矿浆流流速的轨迹分布为：在上中部分选筒中，单元雷诺数沿着筒壁呈现点状分布，这里的最大值约为 500，其他部分约为 270 左右。在内筒内部、聚磁筛网的内侧，单元雷诺数的数值在矿浆流于内筒中心汇流处的位置较高，最高值约为 560，其余在 210~420 之间。从数据可以得出，矿浆流环境是低雷诺数的层流运动。

D 矿浆流壁面的总应力

壁面的总应力如图 6-47 所示，图中右侧为介质压力（Pa）色差图例。

由图 6-47 可知，壁总应力 x 轴分量主要集中在上部分选筒的外筒内壁和 4、5 号线圈处的筒壁处，受力值分别为 $4N/m^2$ 和 $6N/m^2$。壁总应力 y 轴分量主要集中在给矿口处及给水口处，且给矿口处应力为负，给水口处应力为正，受力值分别为 $-2N/m^2$ 和 $7N/m^2$。

6.4.3.3 整体流态

整体流态描述了磁选环柱设备中给水与矿浆共同构成的流场状态，整体流态

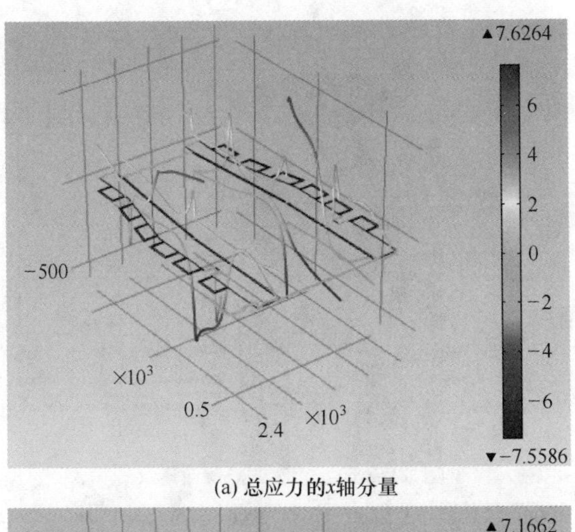

(a) 总应力的x轴分量

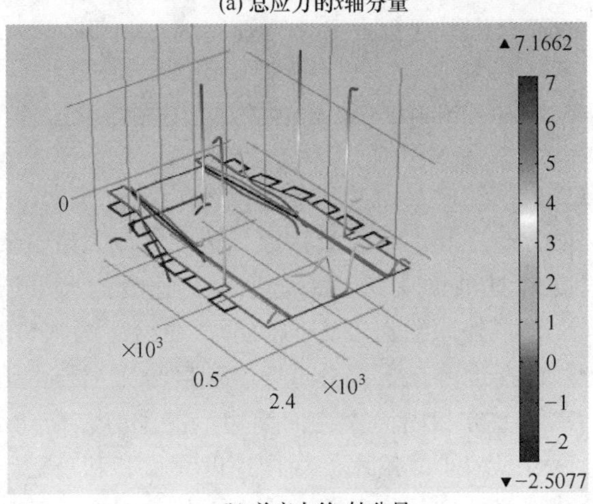

(b) 总应力的y轴分量

图 6-47 矿浆流壁面总应力

的研究将有助于进一步推导出固体颗粒受到流场的作用力，通过总体流态的计算结果，可以得出设备运行中各个部分的速度、压力等流动状态，为了解流体中颗粒的运动状态提供数据支持；也能从宏观上观察出设备的运行特点，为之后的制造和改进提供理论准备。

A 整体的流体速度分布

把给水的流动状态与矿浆的流动状态放到一个结果图中做对比分析，可以了解各点的速度分布情况，具体的速度分布如图 6-48 所示。

在整体速度分布中，速度的迹线出现在前面分析过的给水流和矿浆流的流线上，两种流体速度汇合的部分集中在 3、4 号线圈之间的筒内部分，这部分流体的轴向速度分布大，径向速度分布小，说明流体在横向上有很强的冲刷效果，但

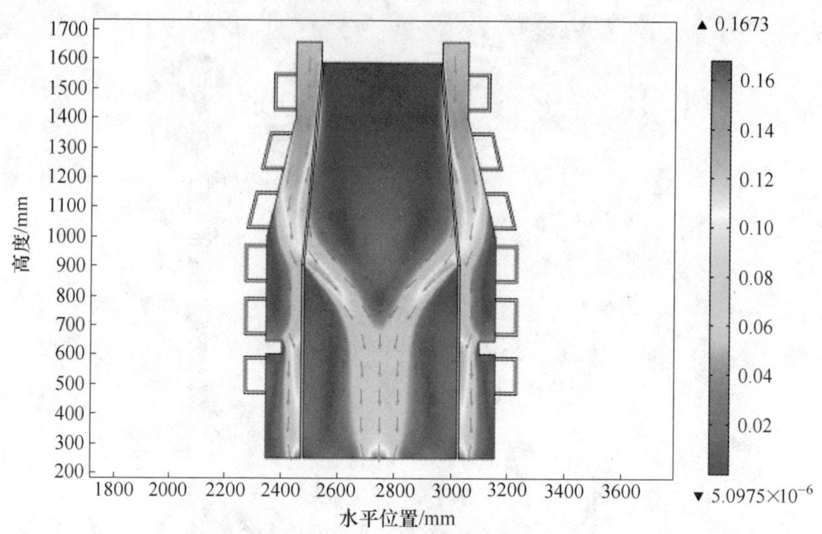

图 6-48　整体流体的速度分布

在竖直方向上没有太大的速度，避免了磁性颗粒运动过快而得不到有效的分选。在上部分选筒，速度分布主要由矿浆流构成，速度的最大值主要集中在外筒壁内侧，其余部分的速度如图 6-48 中深色部分所示，速度的大小较小，且在设备中轴线上速度方向向上，在外筒壁速度方向向下，在给矿的入口和 3、4 号线圈中心的界面上主要为横向速度。在下部分选筒，速度分布主要由给水流构成，速度的最大值集中在给水管上方和内筒，在内筒边沿的上方，横向的冲刷速度较大，而竖直方向上的速度分量较小。给水的横向速度大，有利于磁团聚中贫杂连生体及脉石矿物的去除，提高精矿品位；竖直方向上的速度小，有利于控制液面的上涨，为分选提供了稳定的液面环境。

整体流态中具体的 x 轴向速度分布和 y 轴向速度分布如图 6-49 所示。

B　设备整体的介质压力分布

磁选环柱设备中的压力是由水流和重力产生的，产生的压力也对固体颗粒的运动产生影响，整体压力由给水流和矿浆流耦合计算得出，详细的压力分布如图 6-50 所示。

在分选区间内，越靠近上部压力越大，在给水管附近，压力为 0，给水管下方压力为负，在内筒内部压力为正且筒内大部分的压力相同；在尾矿排矿口处压力下降，且梯度较大。整体的筒内压力分布均匀且变化梯度不大，压力梯度变化最大的位置处于给水口。

利用计算流体力学的方法，耦合计算给水流及矿浆流同时存在时的流态分布，模拟出给水流与矿浆流的速度分布、压力分布、单元雷诺数及单元壁总应

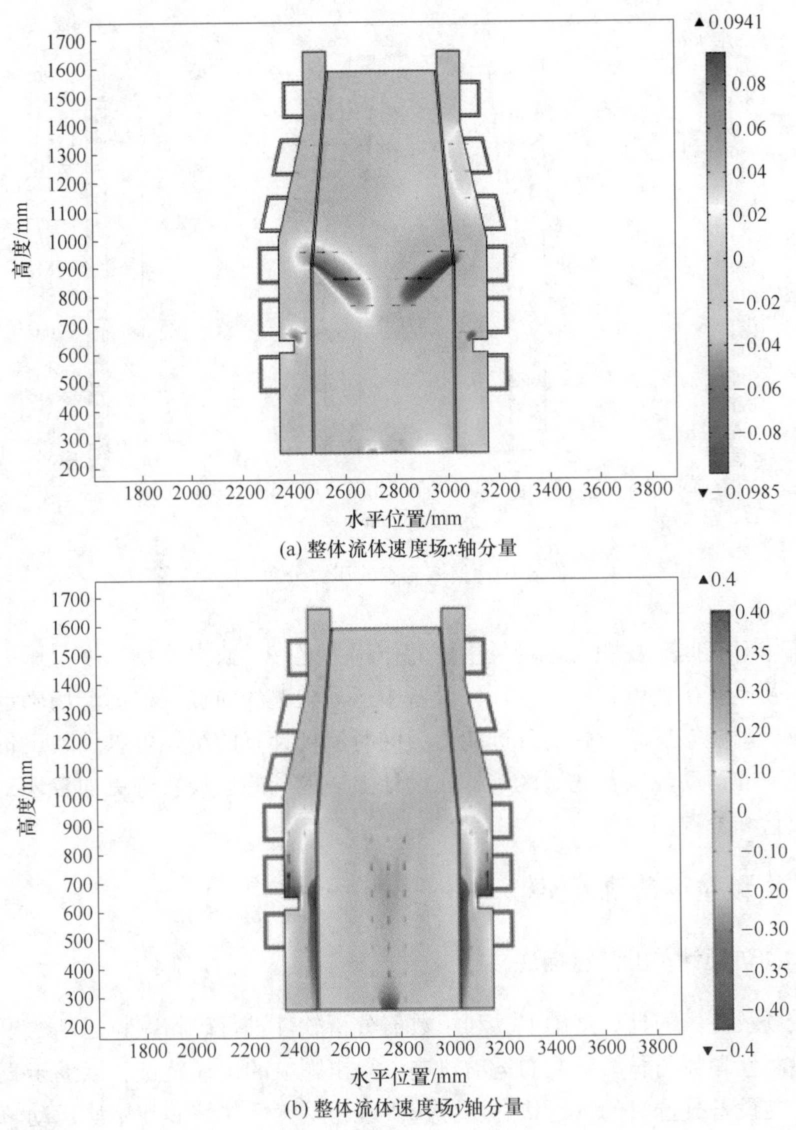

(a) 整体流体速度场x轴分量

(b) 整体流体速度场y轴分量

图 6-49 速度场 x/y 轴向分量模拟

力，为磁选环柱设备中流场的分布提供了理论基础，并以此为基础得出了分选腔室内总体流态的分布结果，有助于了解磁选环柱内部水流及矿浆的流动状态，为今后的改进及结构设计提供了理论参数，也呈现了较难观察到的设备运行时设备内部的流场分布状态，提高了对此类选矿设备原理的认识，从而设计出更加合理的结构。

同时，矿物颗粒运动主要受磁力、重力、流体对矿物颗粒的作用力的影响，

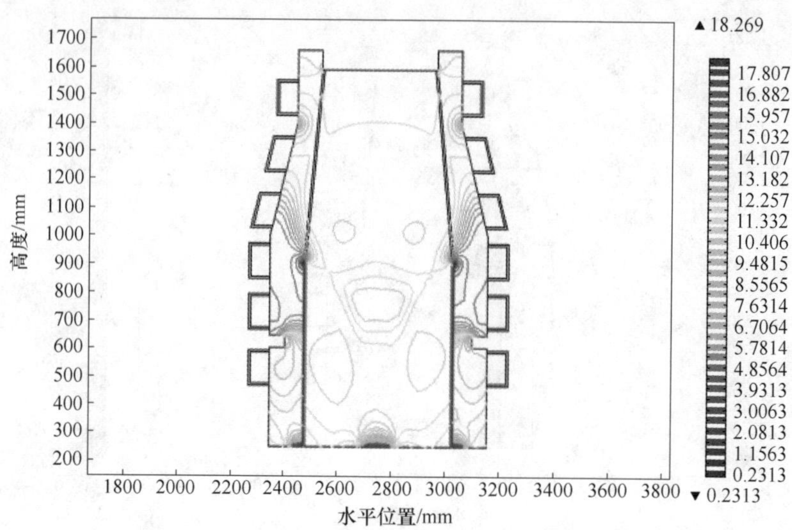

图 6-50　整体流态的压力分布

曳力是流体对其间矿物颗粒运动最主要的作用力之一，研究流场速度及压力等是研究精矿及尾矿矿物颗粒在磁选环柱设备中运动状况的前提，根据流场确定出的矿物颗粒运动能够反映设备的分选能力，同时流场计算的结果可以反映设备中精矿矿物颗粒的运动范围及涡流区域，在设计上使粒子的运动轨迹更加合理，提高分选的质量和分选的效率。

6.5　矿物颗粒运动轨迹模拟

6.5.1　运动轨迹计算的数学描述

在磁场及流场的计算基础上，利用数值分析软件进行矿物颗粒运动的模拟计算，描述磁性颗粒与脉石颗粒的运动轨迹，得出颗粒的运动轨迹，以助于直观了解磁选环柱设备分选时的运行状态及分选机理，明确反映精矿与尾矿运动轨迹的不同，证明磁力对磁性颗粒的作用效果，同时研究矿物颗粒轨迹的运动有助于产品的改进及各项指标的控制。

磁选环柱矿物颗粒运动轨迹的研究中，矿物颗粒主要由带磁性的有用矿物颗粒及不带磁性或贫杂连生体颗粒组成，原矿经过球磨机破碎，得到了充分的单体解离，各类颗粒由于所受作用力的差异，运动轨迹不尽相同。

在磁选环柱设备中，磁性颗粒与脉石颗粒的受力区别在于磁性颗粒受到磁场力的作用，脉石颗粒不受磁场力的作用，其中磁性颗粒的所受的力主要由电磁铁产生的磁力、重力场产生的重力、水流产生的力三部分构成。

磁力的大小取决于电磁磁极及固体颗粒本身的性质，磁力的表达式：

$$\boldsymbol{F} = \mu_0 KVH\mathrm{grad}H \tag{6-20}$$

式中 μ_0——真空磁导率，$\mu_0 = 4\pi \times 10^{-7}$，T · m/A；

V——矿粒的体积，m^3；

H——磁场强度，A/m；

$\mathrm{grad}H$——磁场梯度，A/m^2。

重力的大小取决于当地的重力加速度以及固体颗粒本身的性质，重力的表达式如式（6-21）所述：

$$G = - mg \tag{6-21}$$

式中 m——固体颗粒的质量，kg；

g——当地重力加速度，m/s^2。

水流对其中固体颗粒产生的力主要有浮力、曳力、压力和梯度力、虚拟质量力、Basset 力、Magnus 力、Saffman 力、热泳力等。其中，由于矿浆中固体颗粒的密度较大，浮力、压力和梯度力、虚拟质量力可以忽略不计，曳力成为颗粒在流体中运动受到的最主要作用力，矿物颗粒在流场中受到的曳力分析如下。

6.5.1.1 阻力

流体对其间的固体颗粒的黏性力与压力构成了流体对颗粒的阻力，对于匀速的流体，阻力的表达式为：

$$F_{\mathrm{D}} = \frac{1}{2} C_{\mathrm{D}} A \rho_{\mathrm{C}} |u_{\mathrm{f}} - u_{\mathrm{p}}| (u_{\mathrm{f}} - u_{\mathrm{p}}) \tag{6-22}$$

式中 ρ_{C}——连续相密度，kg/m^3；

C_{D}——阻力系数；

u_{f}，u_{p}——分别为分散相（流体）与连续相（粒子）的速度，m/s；

A——矿物颗粒的迎水面积，m^2。

在不同雷诺数区域中，一般采用不同公式进行计算，在湍流区域中，雷诺数为：

$$Re_{\mathrm{p}} = \frac{|u_{\mathrm{f}} - u_{\mathrm{p}}| d_{\mathrm{p}}}{v} \tag{6-23}$$

式中 d_{p}——颗粒直径，m；

μ_{f}，u_{p}——分别为分散相（流体）与连续相（粒子）的速度，m/s；

v——颗粒与介质的相对运动速度，m/s。

6.5.1.2 非稳定力

流体中矿物颗粒与流体间的相对加速度会产生不稳定的力，即虚拟质量力和

Basset 力。虚拟质量力中流体因为加速度的折算会产生附加质量，推动流体加速运动的力称为虚拟质量力；由于加速度的差值，滞后边界层所产生的力称为 Basset 力。

（1）虚拟质量力。虚拟质量力与流体-矿物颗粒相对加速度相反，表达式为：

$$F_{um} = \frac{1}{2}\rho_g \frac{\pi d_p^3}{6}\left(\frac{du_g}{dt} - \frac{du_p}{dt}\right) \tag{6-24}$$

式中 d_p——颗粒直径，m；

u_g，u_p——分别为分散相（流体）与连续相（粒子）的速度，m/s；

ρ_g——介质密度，kg/m^3；

t——时间，s。

（2）Basset 力。由于矿物颗粒表面的附面层不稳定，使矿物颗粒受到一个随时间变化的流体作用力，并与矿物颗粒的加速历程有关，其大小为

$$F_{Basset} = \frac{3}{2}d_p^2\sqrt{\pi\rho_g\mu_g}\int_{t_0}^{t}(t - t')^{-\frac{1}{2}}\frac{d\left(\frac{u_g}{dt} - \frac{u_p}{dt}\right)}{\sqrt{t - t'}}dt' \tag{6-25}$$

式中 d_p——颗粒直径，m；

u_g，u_p——分别为分散相（流体）与连续相（粒子）的速度，m/s；

ρ_g——介质密度，kg/m^3；

μ_g——流体动力黏度系数，Pa · s；

t，t'——时间，s。

由式（6-25）可知，在密度相差较大的连续相与分散相的环境中，Basset 力可以忽略不计，在固-液两相流中不能忽略，且由湍流运动产生的矿物颗粒加速运动，Basset 力是必须考量的。

6.5.1.3　不均匀流场对矿物颗粒的作用力

由于流体的运动速度与压强的差异，对其间运动的矿物颗粒产生了不均匀的流场力，主要分为压强梯度力和升力。

（1）压强梯度力。压强梯度力是因为矿物颗粒周围流体的压强而产生的，压强的合力为：

$$F_p = \int_{cs}(-pn)ds \tag{6-26}$$

式中 p——颗粒周围压强，Pa；

n——颗粒数量；

s——颗粒表面积，m^2。

由高斯定理可推导出：

$$F_{\mathrm{p}} = \int_{\mathrm{cV}} (-\nabla p)\mathrm{d}V \tag{6-27}$$

式中 ∇p——压强梯度的模，$\nabla p = \frac{\partial p}{\partial x} + \frac{\partial p}{\partial y} + \frac{\partial p}{\partial z}$，Pa/s；

V——颗粒体积，m^3。

因此压强梯度力可表示为：

$$F_{\mathrm{p}} = -\frac{\pi d_{\mathrm{p}}^3}{6}\nabla p \tag{6-28}$$

式中 ∇p——压强梯度的模，Pa/s；

d_{p}——颗粒体积当量直径，m。

压强梯度力的大小等于矿物颗粒的体积与压强梯度的模的乘积。

（2）升力。升力包括 Magnus 力与 Saffman 力。

1）Magnus 力。Magnus 力是由颗粒在流体中自旋转产生的，方向为由流场流动方向垂直的逆流一侧指向顺流一侧。Magnus 力的大小可以表示为：

$$F_{\mathrm{Magnus}} = \frac{\pi}{8} d_{\mathrm{p}}^3 \rho_{\mathrm{g}} [w_{\mathrm{d}}(u_{\mathrm{g}} - u_{\mathrm{p}})][1 + \theta(R)] \tag{6-29}$$

式中 w_{d}——矿物颗粒转动的角速度；

$\theta(R)$——一个数量级更小的余项。

2）Saffman 力。Saffman 力是由于颗粒两端的流速存在梯度产生的，方向为由低速一侧指向高速一侧。Saffman 力的大小可表示为：

$$F_{\mathrm{Saffman}} = 1.61\,(\rho_{\mathrm{g}}\mu_{\mathrm{g}})^{\frac{1}{2}} d_{\mathrm{p}}^2 (u_{\mathrm{g}} - u_{\mathrm{p}}) \left(\left|\frac{\mathrm{d}u_{\mathrm{g}}}{\mathrm{d}_y}\right|\right)^{\frac{1}{2}} \tag{6-30}$$

6.5.1.4 颗粒之间的作用力

在矿浆中，固体颗粒不但受到流场的影响，颗粒之间的相互影响也会改变颗粒运动的轨迹，总体可以分为碰撞、感应速度场、颗粒排斥力等。

6.5.2 磁性颗粒的运动轨迹

磁性颗粒运动轨迹的研究中，定义磁性颗粒为-0.074mm 筛下的单体解离的纯铁矿颗粒，矿物颗粒在磁力、曳力与重力的影响下，将进行有规则的运动。磁性颗粒在周期为 3s 的电磁场中所贡献的磁力、给矿和给水流共同作用的曳力、磁性颗粒本身受到的重力与在水流中所受浮力等的共同作用下，运动轨迹如图 6-51所示，图中点状颗粒分布显示了矿物颗粒从给矿口给入到排矿口排出的总体运动情况。

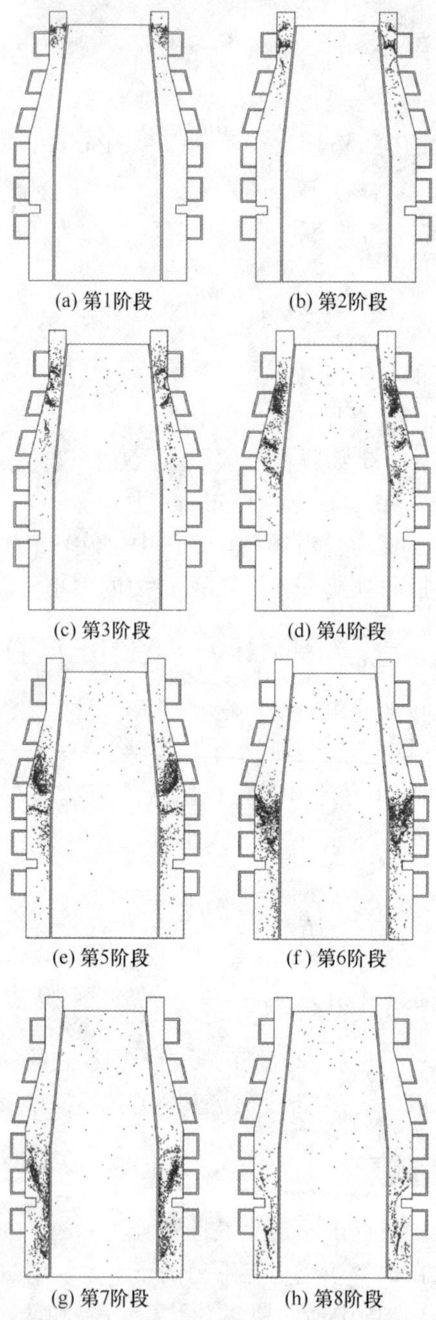

图 6-51　精矿的运动轨迹与时间的关系

从图 6-51 可以看出，磁性颗粒随矿浆由给矿斗给入设备内部，如图 6-51（a）所示阶段，进入分选区间。如图 6-51（b）所示，1 号及 4 号线圈开始通电，磁性颗粒在上部选别区间受到1号线圈通电时所产生的磁力作用，开始向外筒壁一侧运动，并由于磁力的作用凝絮成团。如图6-51（c）所示，1、4号线圈断电，2、5号线圈通电。线圈断电时磁力消失，吸附在外筒壁内侧的磁性颗粒由于水流及重力的作用扩散并继续向下方运动，并被下一个通电线圈产生的磁场捕获，如图中原来团聚在1号线圈位置的铁矿颗粒向下运动，而在2号线圈处重新团聚。如图6-51（d）所示，2、5号线圈断电，3、6号线圈通电。磁性颗粒继续向下运动并被3号线圈新产生的磁场捕获，磁力使磁性颗粒大部分团聚在外筒内壁处，避免了精矿进入内筒。如图6-51（e）所示，磁性颗粒即将进入下部分选区，下部的3个线圈开始了另一个周期的循环，3号线圈断电时，4号线圈通电，使原本聚集在3号线圈处的颗粒下落并聚集在4号线圈处。在图6-51（f）及图6-51（g）所示，磁性颗粒由以上规律作用被带入精矿筒，在周期磁场的作用下磁性颗粒主要沿外筒壁向下运动，这样的运动方式保证了精矿的回收率，降低了回收过程里尾矿中的精矿品位。如图6-51（h）所示，进入精矿筒的有用矿物颗粒由精矿排矿口排出。

6.5.3 脉石颗粒的运动轨迹

脉石颗粒的运动轨迹模拟中，定义脉石颗粒为-0.074mm筛下单体解离的石英石颗粒，石英石颗粒由于不受磁力的影响，在磁选环柱设备内只受到流体及重力对其的作用力，脉石颗粒的运动轨迹如图6-52所示，图中点线为矿物颗粒从给矿口给入到排矿口排出的总体运动情况。

由图6-52可知，脉石颗粒由矿浆流一起由给矿口给入，在第1阶段时运动到分选区间，如图6-52（a）所示。在第2阶段时，脉石颗粒由于矿浆流与给水流的共同作用扩散开来，并随矿浆流向整个设备的中心处运动，如图6-52（b）所示。在第3阶段时，脉石颗粒由于重力及水流作用力的共同作用继续向下运动，并由矿浆流的作用力向分选筒中心做回旋状运动，在运动的同时逐渐扩散，如图6-52（c）所示。在第4阶段时，大部分的脉石颗粒在尾矿筒内部上方的区域做回旋运动，小部分随着矿浆流引入精矿排矿口的上方位置，在这里给水流给了颗粒向上的作用力，脉石颗粒由于这种作用力而上升，重新进入尾矿筒，并最终由尾矿排矿口排出；给水流使脉石颗粒重新进入尾矿筒，使整个磁选环柱的精矿品位显著增加，与此同时，给水流的这种运动方式冲刷出了磁性颗粒由于磁力作用形成的磁团聚物中的脉石颗粒，进一步增加了精矿品位，如图6-52（d）所示。在第5阶段时，大部分的脉石颗粒进入了尾矿筒及尾矿筒上部，少部分由于水流的上升力不足，不可避免地进入了精矿排矿口，如图6-52（e）所示，适当地调节给水流的大小及优化结构，能够进一步提高精矿品位。在第6阶段时，由图6-52（f）可以看出，大部分的脉石颗粒汇集在尾矿筒及尾矿筒的上部，上部

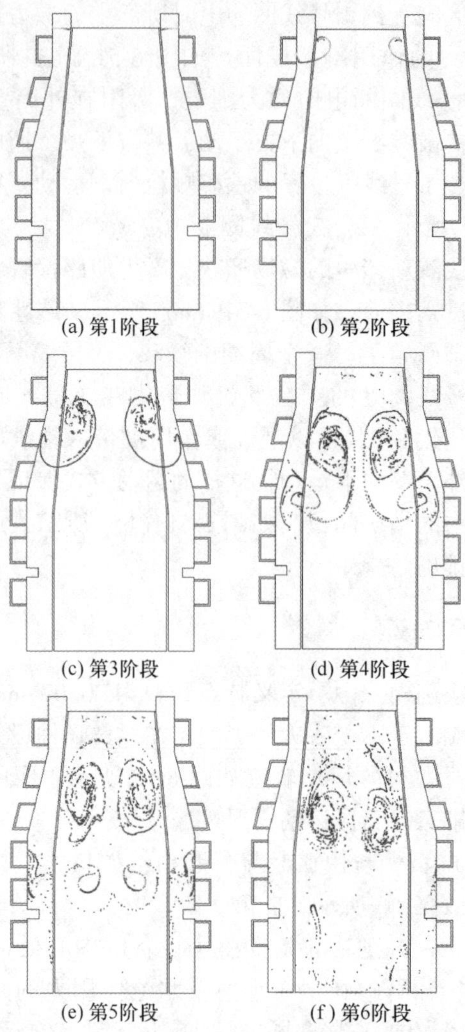

图 6-52　尾矿的运动轨迹与时间的关系

的脉石颗粒将在重力的作用下进入尾矿筒，最终由尾矿排矿口排出；少部分的脉石颗粒由于重力作用不可避免地进入了精矿排矿口，但数量相对来说很少。

7 磁选柱操作参数

操作参数试验的目的在于分析各个操作参数对选别效果影响的显著性，试验物料采用磁铁矿与石英的混合物。操作参数研究以磁选环柱为例。

磁选环柱操作参数试验是在结构参数处于最优条件下进行的，即粗选区最下端电磁铁环轭中心位置在内筒上边缘以下 2.5cm 处，电磁铁环轭间距为 4cm（受磁系尺寸限制不能设为 3.3cm）；精选区励磁线圈的位置在内筒上边缘以下 7.7cm，励磁线圈的间距为 4cm。

磁选环柱的操作参数，经分析有 6 个数：粗选区、精选区的磁感应强度，上升水流速度，粗选区、精选区励磁周期，处理量。首先通过探索试验，找出比较合适的参数取值范围，做不同参数水平的选别试验。因为磁感应强度与磁系线圈的励磁电流强度成正比，故研究中以励磁电流强度代表分选区磁感应强度。

试验先采用单因素条件试验方法，然后采用正交试验来考查各因素间的交互影响，再进行最佳条件批量试验。最后对工业磁选柱操作进行了探讨。

7.1 单因素试验

7.1.1 粗选区励磁电流强度影响

7.1.1.1 粗选区磁系励磁电流强度影响

试验是在实验室小型磁选环柱上完成的，粗选区采用电磁铁磁性。在上升水流速度为 3.0cm/s，精选区电流强度为 2.5A，粗选区循环周期为 0.4s，精选区循环周期为 1.8s 条件下进行，给料量 200g，分选时间 80s。试验结果如图 7-1 所示。

由图 7-1 可以看出，随着粗选区电流强度由 2A 到 5A 逐渐增强，磁铁矿回收率在开始阶段由 2A 点的 91.3%迅速提高，在电流强度达到 3A 点回收率达到 97.8%；以后，磁铁矿回收率的变化逐渐趋于平缓，处于 98%~99%之间。之所以如此，是因为当粗选区电流强度小的时候，磁场力不足以将磁性颗粒充分吸引到精选环腔内，一部分磁性颗粒进入尾矿腔，造成回收率较低；当粗选区电流强度由 2A 增大到 3A 时，回收率得以迅速提高，原因是磁场力将磁性颗粒越来越多地吸引到精选环腔内；当电流强度继续增大，由于磁性颗粒已经被充分地吸引到精选环腔内，因此回收率保持在较高的水平而且变化不大。另外，随着粗选区

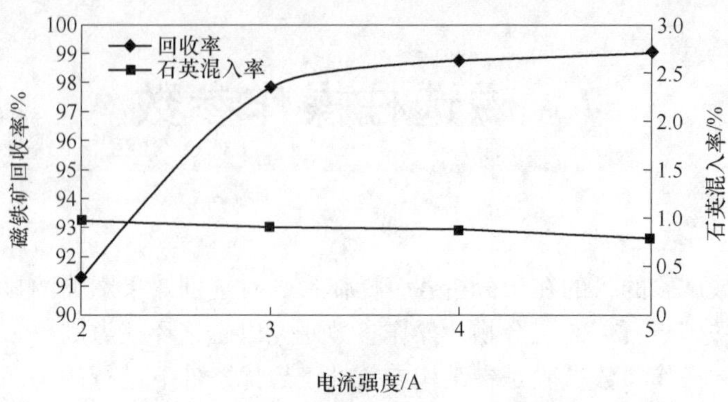

图 7-1　粗选区电流强度试验结果

电流强度的增强，石英混入率由 0.98%逐渐下降为 0.81%，总体上变化不大。其原因是石英颗粒不受磁场影响，石英混入率主要由上升水流速度控制，本试验上升水流速度不变，所以石英混入率变化不大。根据试验结果，为保证磁铁矿回收率，确定粗选区磁系最佳电流强度为 3.5A。

为进一步验证设备的分选效果，完成纯矿物混合矿样各种条件试验后，进行了生产实际矿样的分选试验。实际生产矿样选用的是吉林板石选矿厂的一次分级溢流产品，其铁品位为 27.6%，粒度为-0.074mm 含量 44.6%。试验在上升水流速度为 3.2cm/s，精选区电流强度为 3A，粗选区周期为 0.2s，精选区周期为 1.6s，给矿量为 250g，分选时间 80s 条件下进行。试验结果如图 7-2 所示。

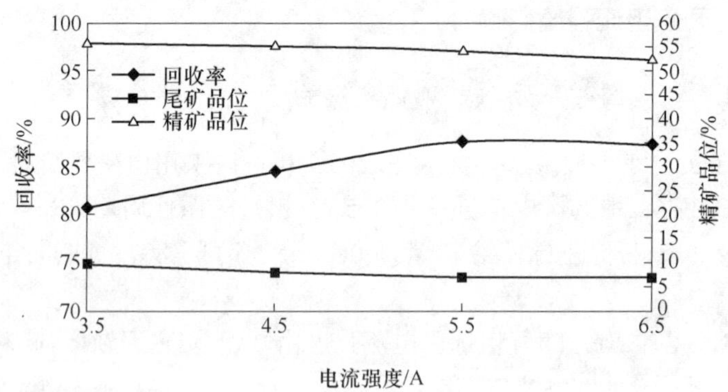

图 7-2　板石矿一次分级溢流分选试验结果

由图 7-2 可以看出，随电流强度由 3.5A 增大到 6.5A，磁铁矿回收率由 80.7%上升到 87.3%，磁铁矿精矿品位由 55.76%下降到 52.2%，尾矿品位由 9.37%下降到 6.74%。

精矿品位随电流强度的增大呈下降趋势。其原因是随着电流强度的增大，连生体越来越多地被吸引到精矿中，导致精矿品位逐渐降低。

尾矿品位随电流强度的增大也呈下降趋势。其原因是随着电流强度的增大，连生体颗粒越来越多地被吸引到精矿中，导致尾矿中连生体量越来越少，单体脉石在尾矿中的比例越来越大，尾矿品位逐渐降低。

试验中，板石矿一次分级溢流的分选结果与纯磁铁矿和纯石英混合物料的试验结果呈现的基本规律是一致的，但仍然存在较大差别，主要是因为实际生产矿样中不都是单体矿物，存在不同程度的、不同含量的连生体颗粒。连生体在分选区的走向对精矿的品位和金属回收率影响很大，所以纯矿物混合试验反映设备分选效果存在较大局限性，在研究中须加以注意。

7.1.1.2 精选区磁系励磁电流强度影响

精选区磁系采用螺线管线圈，试验在粗选区电流强度为 3.5A 的条件下进行，试验结果如图 7-3 所示。

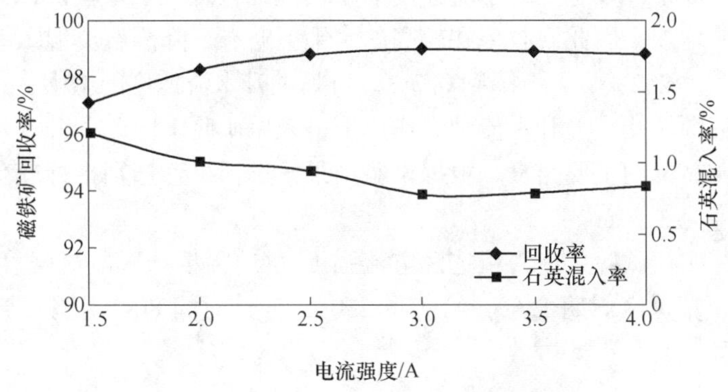

图 7-3 精选区励磁电流强度试验结果

由图 7-3 可以看出，随着精选区电流强度逐渐增强，磁铁矿回收率由 97.1% 增加到 98.8%。总体上看差别不大，其原因是电流强度增大，精选区磁场力能保证磁铁矿颗粒不被上升水流带走，因此随着精选区电流强度的增强，回收率逐渐增大。石英混入率在开始阶段逐渐降低，在 3A 点达到极小值，为 0.78%。根据试验结果，为保证选别指标相对较好，确定螺线管线圈磁系最佳电流强度为 3A。

磁选环柱精选区与磁选柱分选区采用的磁系都是螺旋管，作用也相同，对于实际生产矿样的分选效果详见第 10 章。

7.1.2 上升水流速度影响

在粗选区电流强度为 3.5A，精选区电流强度为 3A，其他条件保持不变的条件下进行上升水流速度对选分指标的影响。试验结果如图 7-4 所示。

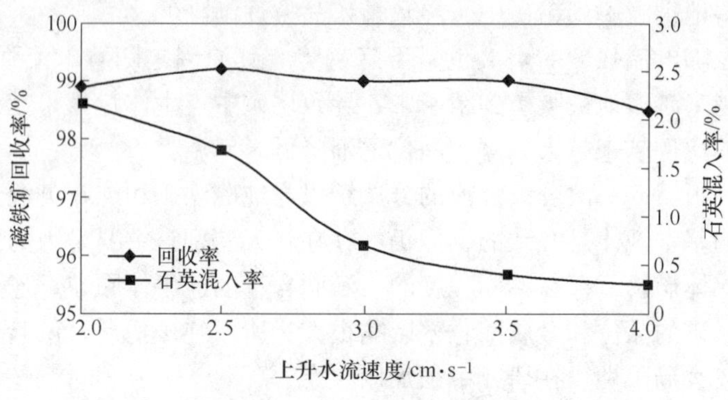

图 7-4 上升水流速度试验结果

由图 7-4 可以看出，随着上升水流速度的增大，磁铁矿回收率由 98.9%下降到 98.5%，呈略微下降趋势。分析其原因是因为粗选区磁系的电流强度是控制回收率的决定性因素，只是上升水流速度的增大使细粒磁铁矿颗粒被冲入尾矿腔中的部分稍有所增加，因此回收率在较高的水平上略有下降。石英混入率随上升水流速度的增大由 2.2%显著下降到 0.3%。可见上升水流速度的增大，使更多混入精矿中的石英颗粒能在上升水流动力作用下进入尾矿腔。因此上升水流速度是保证精选区精矿品位的主要因素。根据试验结果，选择综合选别指标较佳处，确定上升水流速度为 3.5cm/s。

实际生产矿样试验条件为粗选区电流强度 4.5A，精选区电流强度 3A，粗选区周期 0.2s，精选区周期 1.6s，给矿量 250g，分选时间 80s。试验结果如图 7-5 所示。

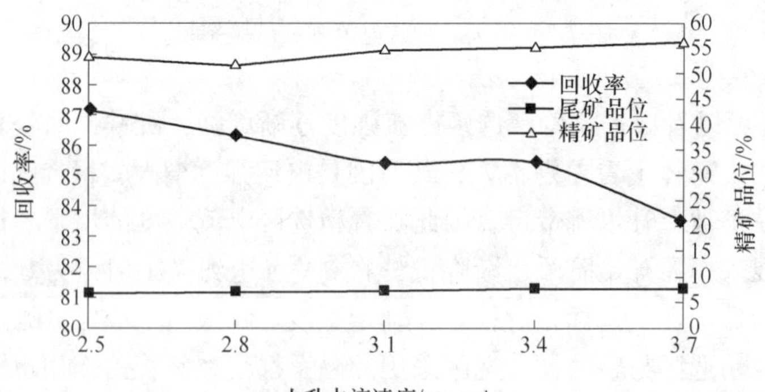

图 7-5 生产矿样上升水流速度试验结果

由图 7-5 可以看出，随着上升水流速度由 2.5cm/s 增大到 3.7cm/s，磁铁矿回收率由 87.1%下降到 83.5%，铁精矿品位由 53.35%增加到 56.15%，尾矿品位由 6.91%增加到 7.8%。

磁铁矿回收率随上升水流速度的增大呈下降趋势，尤其是上升水流速度加大到3.4cm/s以上时，回收率下降速度加快。之所以如此，是因为上升水流速度的增大使精选环腔中连生体和细粒磁铁矿颗粒冲入到尾矿腔的量增加，因此回收率总体上呈下降趋势。

精矿品位随上升水流速度的增大而增高，但增高趋势逐渐变缓。因为上升水流速度的增大，会冲洗出更多的夹杂于精矿中的脉石和连生体颗粒，从而使精矿品位得到提高；但由于给矿粒度较粗和磁铁矿单体解离度的限制，随着上升水流速度继续增大，精矿品位增高趋势逐渐变缓。

尾矿品位随上升水流速度的增大而缓慢增高。原因是上升水流速度增大，会冲洗出更多夹杂于精矿中的连生体和细粒磁铁矿颗粒，使它们进入尾矿，从而造成尾矿品位缓慢增高；还应该指出，粗选区最下端的电磁铁磁系产生的磁场力起到了对尾矿品位把关的作用，它是防止尾矿品位迅速增高的关键所在。

试验结果也显示了生产实际矿样与纯矿物混合矿样分选结果有着一致的规律，但也存在一定的区别，不同矿样的最佳上升水流要求与入选原料性质有关，尤其是入选原料中脉石颗粒种类和粒度。以下励磁周期和处理量条件试验与生产实际矿样条件试验表现的规律基本一致，不再引述实际矿样分选试验结果。

7.1.3 粗选区磁场循环周期影响

在粗选区电流强度为3.5A，精选区电流强度为3A，上升水流速度为3.5cm/s的条件下，进行磁场循环周期对选别指标的影响研究。

7.1.3.1 粗选区电磁铁磁系磁场循环周期影响

粗选区磁系磁场循环周期的试验结果如图7-6所示。

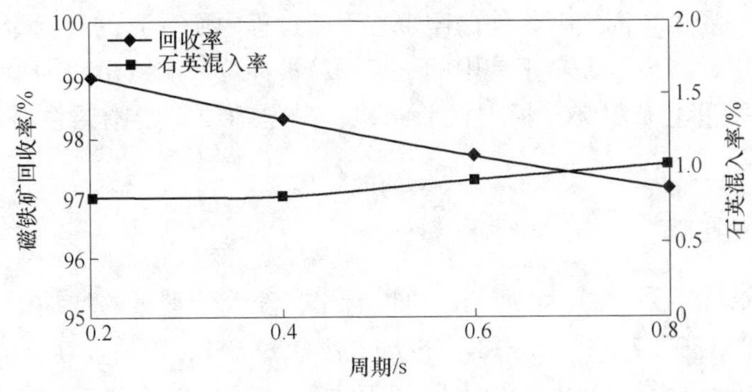

图7-6 粗选区磁场循环周期试验结果

由图7-6可以看出，随着磁场循环周期由0.2s增加到0.8s，磁铁矿回收率由

99%下降到 97.2%。石英混入率随磁场循环周期的变长由 0.81%上升到 1.0%，差别较小。可见粗选区磁系的周期越长，电磁铁停止供电的时间增加，磁性颗粒在下降过程中受到反复吸引的次数减少，导致回收率有所下降；而石英不受磁场影响，故石英混入率的大小变化不大。由此确定粗选区磁系磁场循环周期为 0.2s。

7.1.3.2 螺线管磁系磁场循环周期影响

本试验粗选区磁系磁场循环周期为 0.2s，其他条件不变，螺线管线圈磁系磁场循环周期的试验结果如图 7-7 所示。

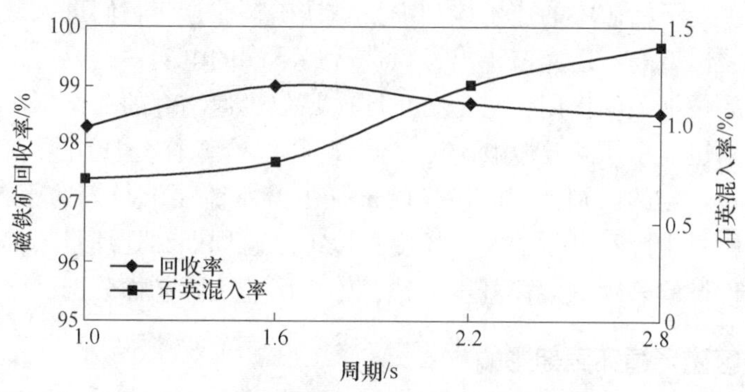

图 7-7 精选区磁场循环周期试验结果

由图 7-7 可以看出，随着磁场循环周期由 1s 增大到 2.8s，磁铁矿回收率在 98.3%~99%之间，总体变化不大，可见螺线管线圈磁系的磁场循环周期对磁铁矿回收率的影响作用不明显。另外，随磁场循环周期的变长，石英混入率由 0.72%上升到 1.4%。其原因是，磁团聚在精选区团聚与分散次数对石英混入率影响较大，磁场循环周期变长使磁团聚在下降过程中所受到的反复聚合—分散—聚合的作用次数减少，夹杂于其中的石英颗粒被冲洗、淘汰出来的概率降低，因此石英混入率呈上升趋势。根据试验结果，确定螺线管线圈磁系磁场循环周期为 1.6s。

7.1.4 处理量影响

处理量试验结果如图 7-8 所示，可以看出，随着处理量的增加，磁铁矿回收率由开始阶段的 98.7%上升到 187.5g/min 点的 99.3%，随后逐渐下降到 97.5%。石英混入率由开始阶段的 1.34%下降到 187.5g/min 点的 0.98%，随后逐渐上升到 1.43%。由磁铁矿回收率曲线可见，在处理量 112.5~262.5g/min 区间内，回收率变化不大。综合考虑回收率和石英回收率指标，可确定最佳处理量在 187.5g/min。

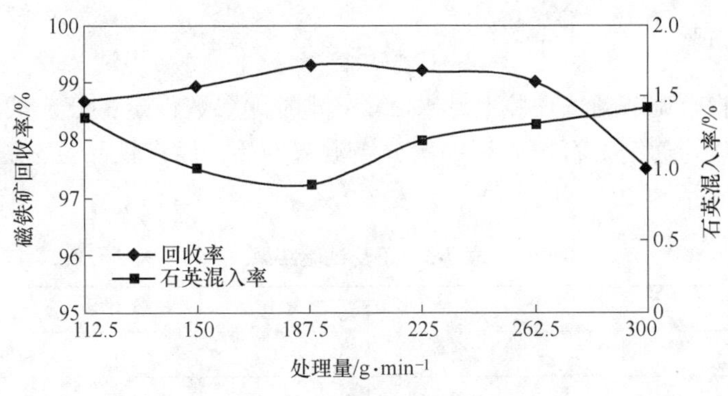

图 7-8 处理量试验结果

处理量是磁选设备的重要参数，处理量较少时，分选空间浓度低，有利于精矿的提纯，但不利于介质流场的平稳和设备生产效率；处理量大，分选区浓度较高，不利于品位的提高，有利于回收率提高、介质流场平稳和设备生产效率，但处理量过大会造成分选不充分，原矿短路直接进入溢流尾矿，反而影响回收率。可见，对具体的磁选设备而言，都具有一个较适宜的处理量范围。

7.2 正交试验

本节主要研究精选区电磁铁磁系的操作参数优化，通过分析，确定对试验结果有影响的操作参数因子有以下 4 个：

（1）给矿位置（A），即给矿口最下端与粗选区最上端电磁铁环轭磁系中心的垂直距离；

（2）精选区电磁铁环轭磁系线圈的电流强度（B）；

（3）精选环腔内的上升水流速度（C）；

（4）精选区磁场的变化周期（D）。

为使本试验能充分显示各因素的影响显著性水平，同时又具有代表性，确定采用四因素三水平正交试验。4 个考察因素及相应水平见表 7-1。

表 7-1 影响因素及相应水平

因　　素	水　　平		
A 给矿位置/cm	−2	0	2
B 精选区电流强度/A	2.5	3	3.5
C 上升水流速度/mL · s^{-1}	29	31	33
D 精选区磁场变换周期/s	1.2	1.6	2.0

7.2.1　正交试验

操作过程：调节精选环腔上升水流量；电控箱参数设定；分选试验；产品处理。试验矿样为通钢板石选矿厂一次分级溢流产品，原矿铁品位 29.97%，粒度为-0.074mm 占 29.2%。试验结果见表 7-2。

表 7-2　正交试验结果

序号	A	B	C	D	指标 E
1	1	1	1	1	16.00
2	1	2	2	2	38.52
3	1	3	3	3	15.59
4	2	1	2	3	51.59
5	2	2	3	1	49.98
6	2	3	1	2	55.21
7	3	1	3	2	31.45
8	3	2	1	3	42.41
9	3	3	2	1	46.72
$Ⅰ_j$	70.51	99.04	113.62	112.7	T=347.87
$Ⅱ_j$	156.778	130.91	136.83	125.18	
$Ⅲ_j$	120.58	117.92	97.42	109.99	
R_j	1251.11	171.21	26.59	43.76	
变差来源	平方和	自由度	均方和	F 比	显著性
A	1251.11	1	1251.11	28.59	* * *
B	171.21	1	171.21	3.91	*
C	261.59	1	261.59	5.98	* *
D	43.76	1	43.76	1	
误差	43.76	1	43.76		

7.2.2　试验结果

通过上述正交试验，可以得出每次试验时精矿和尾矿的产率、品位、回收率，为确定最佳结构参数，要兼顾品位及回收率这两个指标，为此确定以道格拉斯选矿效率作为衡量指标，其计算公式见式（5-8）。

从表 7-2 可以确定出最佳操作参数为 $A_2B_2C_2D_2$，影响选别效果的最主要因素是给矿口位置，即给矿口最下端与粗选区电磁铁环轭最上端的垂直距离，这主要是因为调节给矿口位置对回收率的影响较大。

其次是精选区电磁铁环轭磁系线圈的电流强度和精选环腔内的上升水流速度，这主要是因为调节电流强度和上升水流速度就可以有效控制磁性矿粒的运动路径，因此可以充分发挥水流对磁团聚的冲刷淘洗作用。而精选区磁场的变化周期的影响显著性最小。

通过对通钢板石选矿厂一次分级溢流产品进行的新型磁系磁选环柱操作参数试验，确定出最佳操作参数为 $A_2B_2C_2D_2$，给矿口与粗选区电磁铁环轭第一组磁系中心的垂直距离为0cm，精选区电磁铁环轭磁系线圈的电流强度为3A，上升水流速度为31mL/s，精选区电磁铁环轭磁系的磁场变化周期为1.6s。

由实验结果可以看到，在操作参数中，影响选别效果的主要因素是给矿位置、精选区电磁铁环轭磁系线圈的电流强度和上升水流速度。

7.3 批量试验

7.3.1 纯磁铁矿与石英配矿批量试验

通过以上结构参数和操作参数试验，确定了该小型磁选环柱的最佳结构参数和操作参数。在此最佳条件下进行批量试验，批量试验的给矿量为2.5kg，纯磁铁矿和石英分别为1.25kg。批量试验结果见表7-3。

表7-3 批量试验结果

产物名称	重量/g	产率/%	石英混入率/%	磁铁矿回收率/%
精矿	1247.4	50.2	0.91	98.4
尾矿	1237.4	49.8	99.09	1.6
原矿	2484.8	100.0	100.00	100.00

由表7-3可见，批量试验结果磁铁矿回收率达到98.4%，石英混入率为0.91%，分选效果较为理想。

7.3.2 实际矿样批量试验

通过以上结构参数和操作参数试验，确定了新型磁系磁选环柱的最佳结构参数和操作参数，在最佳条件下进行批量试验。批量试验的矿量为1000g，试验矿样来自通钢板石选矿厂一次分级溢流产品。分选时间在10min左右，批量试验结果见表7-4。

表7-4 批量试验结果

产物名称	重量/g	产率/%	品位/%	回收率/%
精矿	433.51	43.81	57.81	84.51

续表7-4

产物名称	重量/g	产率/%	品位/%	回收率/%
尾矿	556.01	56.19	8.26	15.48
原矿	989.52	100.00	29.97	100.00

从表7-4可见，批量试验的品位比正交试验的品位稍低，但是回收率比正交试验的结果都高，铁品位提高幅度接近28%，显示磁选环柱不仅可以像磁选柱一样作为精选设备，也可以作为粗选设备处理原矿，拓展了磁选柱系列产品的应用范围。

通过磁选环柱操作参数试验结果得到如下结论：给矿口与粗选区电磁铁环轭第一组磁系中心的垂直距离为0cm；粗选区磁系最佳电流强度为3.5A，粗选区磁系磁场循环周期为0.2s；螺线管线圈磁系电流强度为3A，螺线管线圈磁系磁场循环周期为1.6s，上升水流速度为3.5cm/s，处理量为187.5g/min；采用电磁铁环轭磁系精选区，线圈的电流强度为3A，上升水流速度为3.1cm/s，精选区电磁铁环轭磁系的磁场变化周期为1.6s。

通过操作参数的研究发现：

(1) 磁系的励磁电流强度对精矿中铁回收率影响十分显著，在电流强度由小到大的变化过程中，精矿中铁的回收率迅速提高，当增大到一定值后，精矿中铁回收率能保持在较高水平且变化不大。即励磁电流强度的提高，使磁系产生的磁场强度增大，磁性颗粒所受的磁场力随之增大，只有在电流强度增大到足够时，才能使磁性颗粒被充分地吸引到精选环腔中，继续提高电流强度则影响不大。

(2) 影响铁回收率较大的因素还有粗选区磁系励磁周期。周期长，电磁铁环轭停止供电的时间增加，磁性颗粒被磁场作用的时间减少，则回收率下降；反之回收率增大。

(3) 对精矿品位影响较大的因素是给矿位置、精选区的磁系励磁电流强度和上升水流速度。其中影响最大的是上升水流速度，上升水流速度的大小决定了非磁性颗粒能否在上升水流动力作用下被充分分离出来。

7.4 工业磁选柱操作参数

工业磁选柱工作时主要有磁场强度、励磁周期、上升水流速度、底流排矿浓度4个因素，在生产中要根据实际矿样的性质和选别要求，并视运行状态，进行参数调整，可以调整电压（改变励磁电流）、励磁周期、切向给水阀门开度、精矿排矿口大小，以获得最佳选别效果。

生产中考察各种操作因素的影响发现，励磁周期只与磁选柱设备本身高度关系密切，不同规格型号的磁选柱应选用不同的励磁周期，相对高的磁选柱励磁周期要长一些，即与磁性颗粒通过磁选柱选分带的时间成正比。

生产时，根据矿石性质及对产品质量的要求进行相应的操作，一般在励磁周期一定的条件下，主要调节磁场强度、切向给水量及控制底流浓度即可。

通常矿石好磨、易选、给矿粒度细、给矿品位高、对精矿质量要求不高时，磁选柱磁场可调大一些，上升水流小一些，给矿量大一些。

矿石难磨、难选、给矿粒度粗、给矿品位低、要求精矿品位较高时，磁选柱磁场可适当降低一些，上升水流大一些，精矿排放口小一些，给矿量小一些。

正常操作时给矿量及磁场强度已经确定，一般磁选柱精矿排矿浓度 50%~65%，可通过改变上升水量使溢流浓度维持在 1%~6%。处理“青矿”时矿浆颜色是灰黄至灰白色，现场可取一样勺磁选柱尾矿倾倒水，样勺底部有一定矿量，观察样勺中矿粒集合体呈灰白至灰黑色，烘干后矿粒大多数是连生体，此时底水与磁场强度较为合适，当原矿中含有一定量的红矿时，矿浆颜色发红，这时主要根据溢流矿浆中带出矿量的多少决定选分的质量，此时以矿粒颜色暗红、溢流面有沙沙啦啦感较为合适。磁选柱选分指标、状态与调整因素关系如图 7-9 所示。

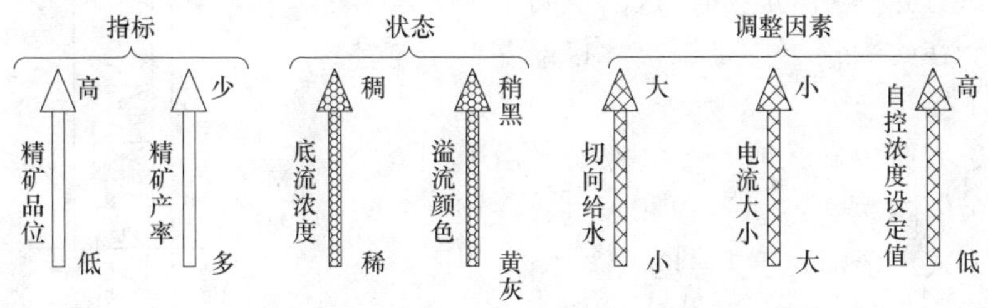

图 7-9 磁选柱指标、运行状态对应调节因素的关系

指标、状态和调整因素三者中，以获得设定分技术指标（精矿品位、精矿产率）为目的，来调整操作参数（励磁周期、磁场强度、上升水流速度、排矿口阀门开启度）各因素，观察磁选柱底流（排矿）和溢流的状态，用于判断技术指标是否能达到目标要求。也可以根据磁选柱工作状态反映的技术指标情况，对应调整操作因素。调整时既可单因素进行，也可以多因素同时调整。

8　新型柱式磁选设备研究

8.1　中心磁系磁选柱

8.1.1　中心磁系磁选柱的结构

中心磁系磁选柱的结构如图 8-1 所示。

中心磁系磁选柱主要由外筒、磁力筒、精选筒、电磁铁、励磁线圈、切向给矿管、溢流管、切向给水管、尾矿排矿管、精矿排矿管、锥形导磁体等组成。在外筒的上部中心设有一个磁力筒，这样在他们之间就构成一个可供分选作用的空间，这个空间称为分选环腔。在磁力筒下方是锥形承接漏斗，锥形漏斗下接精选筒。

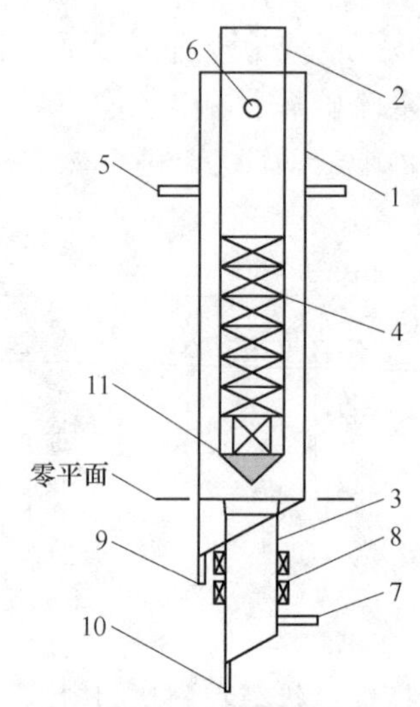

图 8-1　中心磁系磁选柱结构

1—外筒；2—磁力筒；3—精选筒；4—电磁铁；5—切向给矿管；6—溢流管；7—切向给水管；8—励磁线圈；9—尾矿排矿管；10—精矿排矿管；11—锥形导磁体

在磁力筒内部，前 6 个电磁铁（由上到下依次为 1~6 号电磁铁）以相邻电磁铁相互垂直的方式水平叠放于 7 号电磁铁之上。7 号电磁铁的中心轴与磁力筒中心轴相重合，并置于锥形导磁体上。前 6 个电磁铁的作用是将磁性颗粒吸引至磁力筒外壁周边，实现磁性颗粒和非磁性颗粒的分离；7 号电磁铁的作用是通过锥形导磁体将沿磁力筒外壁周边向下运动的磁性颗粒吸附到锥形导磁体外表面，并沿锥面向下运动进入锥形承接漏斗内，最后由精选筒底部的精矿排矿管排出，成为作业铁精矿。

规定承接漏斗的上边缘为零平面，零平面以上称为粗选区，零平面以下称为精选区。在精选筒外有两个励磁线圈（由上到下依次为 8、9 号线圈），其作用是产生轴向磁场并与底部的切线上升水流共同作用实现进一步分选的目的——将进入精选筒的细粒非磁性颗粒及贫连生体颗粒冲出，进一步提高精矿的品位。

8.1.2 中心磁系磁选柱的特点

(1) 可实现粗粒拿精。中心磁系磁选柱与磁选环柱选别过程的区别在于：磁选环柱采用中心给矿方式，选别过程中磁性颗粒在磁场力作用下向分选筒粗选区周边内壁运动，然后向下进入精选环腔进行精选，尾矿则在自身有效重力作用下进入分选筒下部中心的尾矿腔；中心磁系磁选柱采用切线给矿方式，选别过程中磁性颗粒在磁场力作用下向位于分选筒中心的磁力筒运动，然后在磁力筒底部锥形导磁体磁场力作用下，进入位于分选筒下部中心位置的精选筒进行精选，尾矿则在离心力和自身有效重力的作用下进入分选环腔下部的尾矿环腔。中心磁系磁选柱的特点是利用中心磁系将磁性颗粒吸引至下部中心的精选筒内，而且承接漏斗的上边缘直径小于磁力筒的外径，在结构上实现减少粗颗粒尾矿进入精选筒的概率，因此，预期该设备可以实现粗粒拿精。

(2) 可降低耗水量。中心磁系磁选柱采用切线给矿方式，当矿浆进入分选环腔时，磁性颗粒不仅受到磁场力的作用，同时受离心力和有效重力的作用，当其受到的磁场力大于离心力和有效重力的合力时，磁性颗粒向磁力筒外壁周边运动；而非磁性颗粒仅受离心力和有效重力的作用，这样非磁性颗粒沿外筒内壁螺旋向下运动，且承接漏斗上边缘外径小于磁力筒的外径，在这种情况下，粒度较大的非磁性颗粒进入精选筒的概率相对较小。因此，设计精选筒底部的切线给水的目的仅是将进入精选筒的粒度较小的非磁性颗粒和贫连生体颗粒冲出，达到进一步提高精矿品位的目的。精选筒的切线给水大部分随精矿由精矿排矿管排出，少部分按分选速度要求上升至锥形承接漏斗上边缘溢出，然后转为向下运动进入尾矿环腔，最终由尾矿排矿管排出。因此，中心磁系磁选柱所需的耗水量必然要小于磁选柱“逆流而上”的尾矿排矿方式所需的耗水量，同时也小于磁选环柱“顺流而下”的尾矿排矿方式所需的耗水量。

(3) 可简化电控装置。磁选环柱是一种集粗选和精选于一机的新型弱磁选设备。磁系分为粗选区励磁磁系和精选区励磁磁系，他们的作用各不相同，因此，该设备采用两路供电机制，且每路磁场循环周期不同，所以电控装置比较复杂。中心磁系磁选柱采用一路供电机制，所以该设备的电控装置较磁选环柱要简单。

8.1.3 外筒、磁力筒和精选筒的设计

(1) 材质的确定。试验用外筒、磁力筒和精选筒必须是非导磁性材料，且为了试验观察方便外筒和精选筒应该是透明的，同时考虑到要易于加工，因此确定外筒和精选筒采用有机玻璃材质；由于磁力筒内装有多组电磁铁，通电时势必要产生大量的热量，而有机玻璃材质导热性能差，因此磁力筒采用导热性能好的

不锈钢材质。

（2）外筒、磁力筒和精选筒截面积及其高度的确定。根据小型试验的需要，并参考小型磁选柱和磁选环柱的设计经验，拟定分选环腔的面积为 $30cm^2$ 左右为宜。根据有机玻璃市场现有的规格标准，确定外筒选用内径为 90mm，外径为 100mm，壁厚为 5mm 的有机玻璃管；确定磁力筒选用厚为 2mm 的不锈钢板卷制，其外径为 60mm，内径为 56mm；精选筒选用内径为 40mm，外径为 50mm，壁厚为 5mm 的有机玻璃管。计算出分选环腔的截面积为 $33.75cm^2$，磁力筒的截面积为 $19.63cm^2$，精选筒的截面积为 $12.56cm^2$。参考小型磁选柱和磁选环柱的设计经验以及磁铁矿和分选过程中磁场循环周期，综合以上各因素及探索试验的结果，分别确定外筒、磁力筒、精选筒各自需要的高度，外筒的高度为 530mm，磁力筒的高度为 510mm，精选筒的高度为 90mm。

8.1.4　磁系设计

8.1.4.1　粗选区磁系设计

根据要实现的分选目的及探索试验的结果，确定在磁力筒内从上至下依次设置 7 个电磁铁。前 6 个电磁铁水平置于磁力筒内，其中每相邻的两个电磁铁相互垂直；第 7 个电磁铁垂直置于锥形导磁体上。磁系结构俯视示意图如图 8-2 所示。

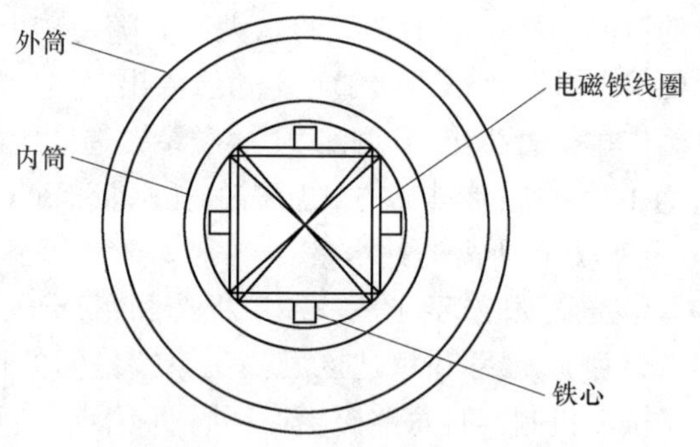

图 8-2　磁系结构俯视示意图

根据小型磁选柱和磁选环柱的设计经验，只要电磁铁轴线与分选环腔外壁相交处的磁感应强度达到 5mT 以上时，基本上可以满足分选的目的。根据式 (3-53)，在电流强度为 8A 的条件下，采用 1.2mm 铜导线，线圈内径 6mm，对于不同列数和层数的电磁铁，计算出电磁铁轴线与分选环腔外壁相交处的磁感应强度，计算结果见表 8-1。

分析对比上述计算结果，同时考虑磁力筒的大小及电流强度调整又留有一定的余地，确定电磁铁线圈为：采用 1.2mm 铜导线绕制，每层 24 列，共 16 层，匝数为 384；实际制作的电磁铁线圈内径为 6mm，外径为 40mm，高度为 30mm。

表 8-1 磁感应强度计算结果 (mT)

层数	列数					
	16	18	20	22	24	26
10	1.10	1.16	1.21	1.26	1.30	1.34
12	1.66	1.76	1.84	1.92	1.98	2.04
14	2.37	2.50	2.63	2.73	2.83	2.91
16	3.91	3.38	3.55	3.70	3.83	3.95
18	4.14	4.39	4.62	4.82	4.99	5.15

8.1.4.2 精选区磁系设计

精选区采用两组励磁线圈形成磁场，线圈套在精选筒外，如图 8-3 所示。

根据式（3-53）和小型磁选柱的设计经验，确定精选区励磁线圈用 1.2mm 铜导线绕制，经计算确定每层 22 列，共 8 层，匝数为 176，两个线圈间距 15mm。

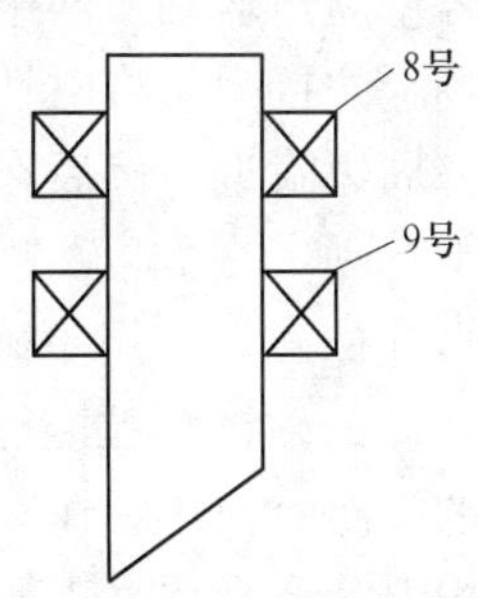

图 8-3 精选筒励磁线圈

8.1.4.3 磁系供电机制

中心磁系磁选柱采用一路供电的机制。即 1、2、5、6、8 五个线圈为第一组，3、4、7、9 四个线圈为第二组。这样只要选择合理的供电循环周期，当第一组线圈处于供电状态而第二组线圈处于断电状态时，第一组供电线圈产生的磁场将磁性颗粒吸引至磁力筒外壁周边；而当第一组线圈处于断电状态而第二组线圈处于供电状态时，被吸引到磁力筒外壁周边的磁性颗粒在自身重力的作用下向下运动，半个磁场循环周期后受到第二组线圈产生的磁场的作用；上述过程反复进行，这样就可以确保磁性颗粒连续沿磁力筒外壁向下运动进入精选筒。

8.1.5 中心磁系磁选柱分选原理

中心磁系磁选柱的分选区域由两部分组成，零平面以上称为粗选区，零平面以下称为精选区。粗选区磁力筒内由上至下依次放置 7 个电磁铁，前 6 个电磁铁水平置于磁力筒内，其中每相邻的两个电磁铁相互垂直；第 7 个电磁铁垂直置于锥形导磁体上。精选区精选筒外套两个励磁线圈，即 8、9 号励磁线圈。由于这两个区域的结构不同、磁场特性不同、水流特性不同，因此其分选原理不同，以下分述之。为了便于分析理解中心磁系磁选柱分选原理，绘制其分选原理图，如图 8-4 所示。

8.1.5.1　粗选区的磁场和水流特性

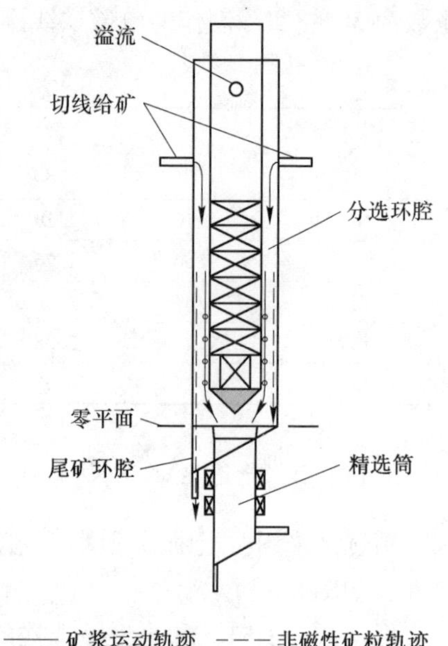

图 8-4　中心磁系磁选柱分选原理

粗选区磁力筒内装有 7 个电磁铁，其中 1、2、5、6 号四个电磁铁处于通电状态时，3、4、7 号三个电磁铁处于断电状态；当 1、2、5、6 号四个电磁铁处于断电状态时，3、4、7 号三个电磁铁处于通电状态。这样在粗选区电磁铁时有时无的循环磁场作用下，磁性颗粒在分选环腔内受到以径向为主、轴向为辅的磁场力作用，向磁力筒外壁周边运动。两组线圈在空间上形成磁场上的接力，将磁性物质约束在磁力筒外壁周边附近，然后在有效重力的作用下向下运动。7 号电磁铁和其下的锥形导磁体形成的磁场作用是确保沿磁力筒竖直向下运动的磁性颗粒能够被吸附到磁力筒底部的锥面上，然后在有效重力和磁场力的作用下沿锥面运动最后进入精选筒。

粗选区上部分选环腔内的水基本处于静止状态，下部与精选区相邻，对应精选筒的区域为上升水流，对应尾矿环腔的区域为下降水流，即粗选区下部周边区域为下降水流，中间区域为上升水流；粗选区中部为水流流态过渡区域。

8.1.5.2　精选区的磁场和水流特性

精选筒外套有两个励磁线圈。两组励磁线圈（图 8-3 中 8 号、9 号线圈）交替通断电产生循环往复的轴向磁场，其轴向磁场对磁性颗粒产生竖直向下的磁场力，使进入承接漏斗的磁性颗粒加速向下运动。单组励磁线圈上部和下部的轴向磁场力相反，采用这种力的主要目的是尽可能保持磁链处于忽上、忽下相对分散的状态，以利于旋转上升水流的冲刷淘洗作用。

精选筒底部的切线给水管给入旋转上升水流，其中部分旋转下降随精矿排出；少部分按分选速度在精选筒内螺旋上升，直至到达承接漏斗的上边缘溢出，然后转为向下运动进入尾矿环腔，同沿外筒内壁螺旋向下运动的尾矿一起经尾矿排矿管排出。

8.1.5.3　中心磁系磁选柱的分选过程

矿浆由上部两个切向给矿管以一定的切线速度给入，然后沿外筒内壁螺旋向下运动，进入到磁场作用区域时，在电磁铁径向为主、轴向为辅的磁场力作用下，磁性颗粒及富连生体颗粒形成磁链并由外筒内壁向磁力筒外壁周边运动，而后在自身有效重力的作用下沿磁力筒外壁向下运动，两组线圈交替通断电，产生循环变化的磁场，这样磁性颗粒在循环往复的磁场力和重力的作用下进入承接漏斗；非磁性和弱磁性颗粒在离心力和有效重力的作用下沿外筒内壁螺旋向下运动进入尾矿环腔。由于磁性颗粒和非磁性颗粒在分选环腔内形成的运动轨迹不同，因而在分选环腔内由外筒内壁到磁力筒外壁周边产生径向的品位梯度，外筒周边内壁品位低，磁力筒外壁周边品位高，从而实现磁性颗粒和非磁性颗粒的分离。

沿磁力筒外壁竖直向下运动的磁性颗粒，在7号电磁铁和锥形导磁体形成的磁场力的作用下沿锥面运动进入到承接漏斗，然后在有效重力和精选筒上两组励磁线圈轴向磁场力的作用下加速进入精选筒。上下两个线圈交互通电的机制产生循环变化的磁场，使磁性颗粒加速向下运动，经过几次分散淘洗，最后由精选筒底部的精矿排矿管排出成为作业铁精矿；旋转上升水流的冲刷作用是将夹杂其中的细粒单体脉石颗粒和贫连生体颗粒剔除，并将其冲带至承接漏斗上边缘，然后转为向下运动进入尾矿环腔，与沿外筒内壁螺旋向下运动的尾矿合二为一，由外筒底部的尾矿排矿管排出成为作业尾矿。

课题组在吸收磁选柱和磁选环柱设计精华的基础上，设计了一种中心磁系磁选柱。通过试验研究得出以下结论：

（1）中心磁系磁选柱结构和给矿方式的改变实现了减少粒度较大的非磁性颗粒进入精选筒的概率。

（2）中心磁系磁选柱在结构上实现了减少粒度较大的非磁性颗粒进入精选筒的概率，因此精选筒底部的切线给水的作用仅是剔除混入精矿中的少部分细粒单体脉石、贫连生体颗粒，不需要大的上升水流，所以中心磁系磁选柱的耗水量较小。

（3）正交试验结果表明，磁场循环周期、电流强度、磁力筒位置对选别效果的影响显著；磁场循环周期的最佳值为0.2s，给矿体积流量的最佳值为$10cm^3/s$，电流强度的最佳值为11A，上升水流的最佳值为1.11cm/s，磁力筒位置的最佳值为相对于零平面向上2cm。

（4）南芬一磁精矿的选别试验结果表明，在给矿粒度-0.075mm含量32%，给矿品位47.99%的条件下，可获得精矿品位66.27%、尾矿品位18.62%、精矿产率61.63%、回收率85.11%。因此，中心磁系磁选柱可以实现从粗精矿中直接获得合格的铁精矿。

（5）中心磁系磁选柱实现了从粗精矿中直接获得合格的铁精矿，因此可以减少下段磨矿负担，节省能源，克服过粉碎现象，减少微细粒单体磁铁矿的流失。

8.2 三产品磁选柱

8.2.1 三产品磁选柱的结构

磁铁矿在由粗颗粒逐渐磨矿至完全单体解离的过程中，会有磁铁矿单体颗粒和脉石矿物颗粒产生。在磁铁矿选矿中，随着单体解离度的不断增加，根据比磁化系数的差异，可实现磁铁矿单体颗粒、连生体颗粒、脉石矿物颗粒三种产品分离，将能够符合产品要求的磁铁矿单体颗粒和脉石矿物颗粒提前从选矿流程中分离出来，从而减少选矿流程的负荷，降低选别能耗，提高生产效率。据此思路，设计一种三产品磁选柱。该设备的优点是根据磁铁矿选矿中磁铁矿单体颗粒、连生体和脉石矿物比磁化系数及比重的差异，在一台磁选柱中有针对性地设计粗选区和精选区，并针对连生体和脉石矿物的特性，差异化地设计了不同组分的分选结构和产品流向，使密度低、磁性弱的脉石矿物“顺流而上”，比重较大、磁性较强的连生体“逆流而下”，比重最大、磁性最强、品位最高的磁铁矿单体颗粒“聚团而下”，从而将磁铁矿矿石中的磁铁矿单体颗粒、连生体和脉石矿物精确分离开，有效克服现有磁选柱应用范围窄、耗水量大以及微细粒磁性矿物易跑尾等缺陷，可实现高效率分选磁铁矿，缩短磁铁矿的选矿流程。与传统的磁选柱仅能用于磁铁矿精选过程相比，三产品磁选柱不仅能够选出精矿和尾矿，而且还能选出中矿。

三产品磁选柱的主要结构如图 8-5 所示，包括机架与外筒、设在外筒内的分选装置、磁系、尾矿溢流槽、给矿装置、给水装置以及与磁系相连接的电控装置。

分选装置由上部粗选区分选机构和与上部粗选区分选机构连为一体的下部精选区分选机构组成。上部粗选区分选机构由粗选分选筒、多组粗选区螺线管线圈、切向给水管和粗精矿管组成，粗精矿管的中部设置有粗精矿流量控制阀，粗精矿管的末端嵌套有脱磁磁系。下部精选区分选机构包括精选分选筒、多组精选区螺线管线圈、精选区切向给水管、精选区给矿装置、精矿出矿管等设备。

精选分选筒内，沿精选分选筒中心轴向设有中矿筒，中矿筒的顶部置于精选区给矿装置的下部，并设有环形溢流口，中矿管的出矿管倾斜 45°后延伸至精选分选筒外部。

粗选区和精选区磁系由 4~6 组螺线管组成，粗选区磁感应强度为 0~180mT 可调，精选区磁感应强度为 0~80mT 可调。

8.2.2 三产品磁选柱工作过程

（1）开启上部粗选区分选机构的切向给水和下部精选区分选机构的切向给

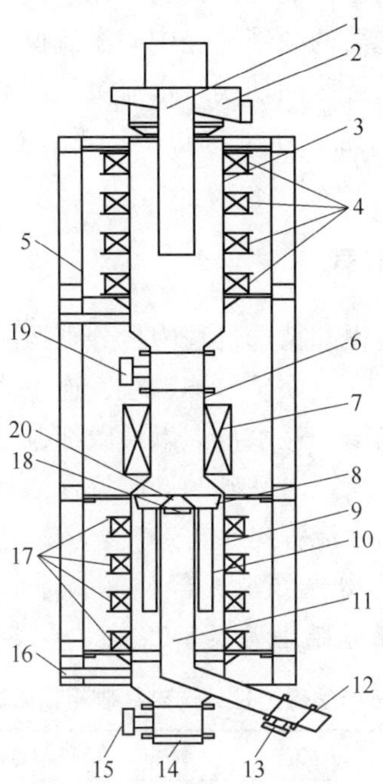

图 8-5 三产品磁选柱主要结构

1—给矿装置；2—溢流槽；3—粗选区分选筒；4—粗选区螺线管线圈磁系；5—粗选区切向给水管；6—粗精矿管；7—脱磁磁系；8—环形分料盘；9—精选区分选筒；10—精选区布矿管；11—中矿溢流筒；12—中矿排矿口；13—中矿阀门；14—精矿排矿口；15—精矿阀门；16—精选区切向给水管；17—精选区螺线管线圈；18—中矿溢流口；19—粗精矿排矿阀门；20—圆台导流环

水，调整粗选区粗精矿流量控制阀、精选区精矿流量控制阀和中矿流量控制阀，保证尾矿溢流面稳定，使总给水量与三个出矿口的流量基本保持平衡。

（2）启动设备的电控装置，激发粗选区螺线管线圈、脱磁线圈和精选区螺线管线圈的磁场。

（3）将质量浓度为 50%左右的磁铁矿矿浆通过搅拌槽泵送入三产品磁选柱的给矿管，在粗选区磁场周期性交替变化的情况下，磁性较强的磁铁矿及连生体“团聚—分散—团聚”，并且在重力的作用下逐渐下移，比重较小的非磁性脉石矿物被上升水流携带至尾矿溢流槽成为可以直接抛弃的尾矿；粗选区的精矿经过底锥进入粗选区精矿管后，在脱磁磁场的作用下消除剩磁，为精选区的精选做好准备；通过粗选区精矿流量控制阀调节精选区给矿的浓度，经过粗选区分选过的磁铁矿在经过环形分料盘和下料管组成的精选区给矿装置后进入精选区，在磁感应强度较弱的情况下进行精选，精选区螺线管线圈的磁场周期性交替变化，磁性最强、比重最大的磁铁矿单体颗粒发生“团聚—分散—团聚”并逐渐下移进入精矿管成为最终的高品位精矿，而磁性稍弱、比重较小的连生体颗粒被精选区的上升水流携带至精选区分选筒的顶部，经中矿溢流口进入中矿筒成为品位较低的中矿。通过调节粗选区和精选区的切线给水流量，调节粗选区和精选区激磁电流的大小和通电周期，能够对磁铁矿分选过程中的精矿、中矿和尾矿的指标进行控制。

8.2.3 三产品磁选柱试验结果

三产品磁选柱在粗选过程和精选过程中，分别运用具有不同磁感应强度的螺线管线圈，实现磁铁矿矿石中磁铁矿单体颗粒、连生体和脉石的精确分离，有效克服了现有磁选柱应用范围窄、耗水量大以及微细粒磁性矿物易跑尾等缺陷，并能够提高磁铁矿选矿效率，缩短磁铁矿的选矿流程，其中矿产品主要为尚未单体解离的连生体矿物，可返回原流程再磨再选。

对某磁铁矿粗精矿进行分选试验，经检测，原矿-0.074mm 粒级含量约占99%，TFe 品位 60.67%，试验结果见表 8-2。

表 8-2 三产品磁选柱分选磁铁矿粗精矿试验结果

产品	产率/%	TFe 品位/%	回收率/%
精矿	85.83	66.90	94.64
中矿	8.09	30.66	4.09
尾矿	6.08	12.66	1.27
给矿	100.00	60.67	100.00

实验表明，采用三产品磁选柱后，可达到与原生产流程最终铁精矿品位和回收率相近的选别指标，同时大幅缩短选别流程（节约一段脱水槽、一段高频细筛和一段弱磁筒式磁选机），明显降低生产成本。

9　工业磁选柱控制与安装调试

9.1　磁选柱控制

早期的磁选柱选别作业一般都是单机人工手动操作，在一些大型选矿厂几十台柱子同时工作，工人接班后，根据生产情况要逐一对每台磁选柱的工作状态进行调整，这是一件很费时费力的事，再加上在生产过程中给矿量波动很大，若不及时调整就很难保证精矿指标及尾矿指标。只有实现集中操作，适时自动监控、自动调整，才能保证产品质量稳定，使设备运行在最佳状态，而采用磁选柱自动控制系统就很好地解决了这一生产难题。

磁选柱自动控制系统是针对磁选柱在选矿工艺中的工作情况，自行开发研制的一个集散控制系统，它通过集中管理、分散控制的方式，对磁选柱实施一控五的操作。系统软件是结合选矿工艺编制的智能控制软件，它可实时对磁选柱在选别作业中的几个主要控制参数、底流浓度、磁场强度进行在线自动监控，从而保证精矿指标稳定，尾矿指标达标。系统对每一个磁选柱实现磁场和底流浓度二项指标自动控制，保证了磁选柱精矿品位指标的稳定。2004 年在本钢集团南芬铁矿、歪头山铁矿应用的直径 600mm 磁选柱首次采用自动控制磁选柱，取得了较好的效果。

9.1.1　自动化系统

初始开发时采用单系统一对一控制方式，系统构成及原理如图 9-1 所示。

为适应大型选矿厂要求，设计了多台磁选柱采用统一控制系统的控制方式，如本钢南芬选矿厂和歪头山选矿厂采用了一对五控制方式。系统构成如图 9-2 所示。

由于系统采用了集散控制方式，大大减少了影响生产的不利因素，每个子系统都可在脱离主机的情况下，按事先设定的控制目标独立工作，确保磁选柱底流的精矿品位指标。系统采用了自行研制开发的针对磁选柱这一选矿过程对磁场和底流浓度进行实时控制的系统软件，控制装置获得国家专利。通过选矿厂生产作业实践证明自动化控制系统工作稳定、性能可靠、操作维护方便，能够满足生产工艺的要求。

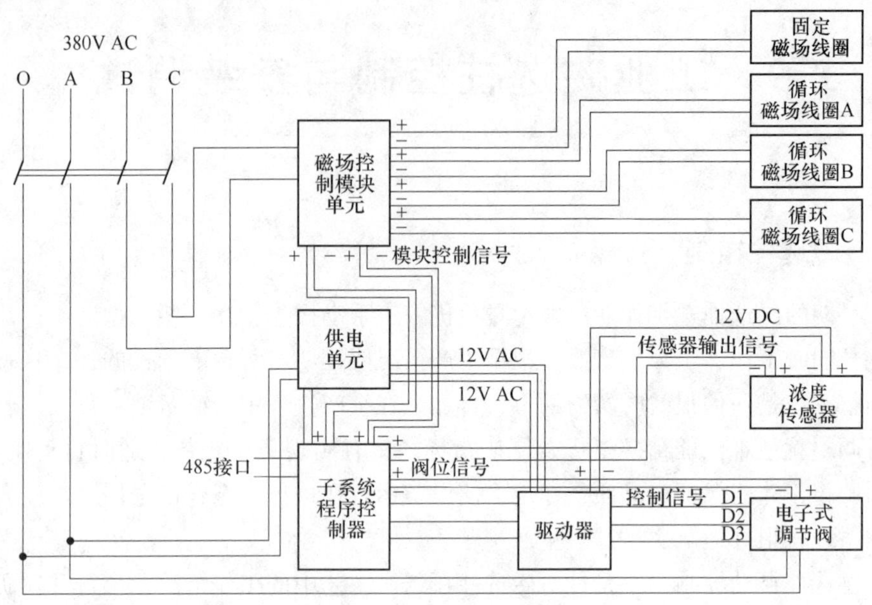

图 9-1　单系统控制原理

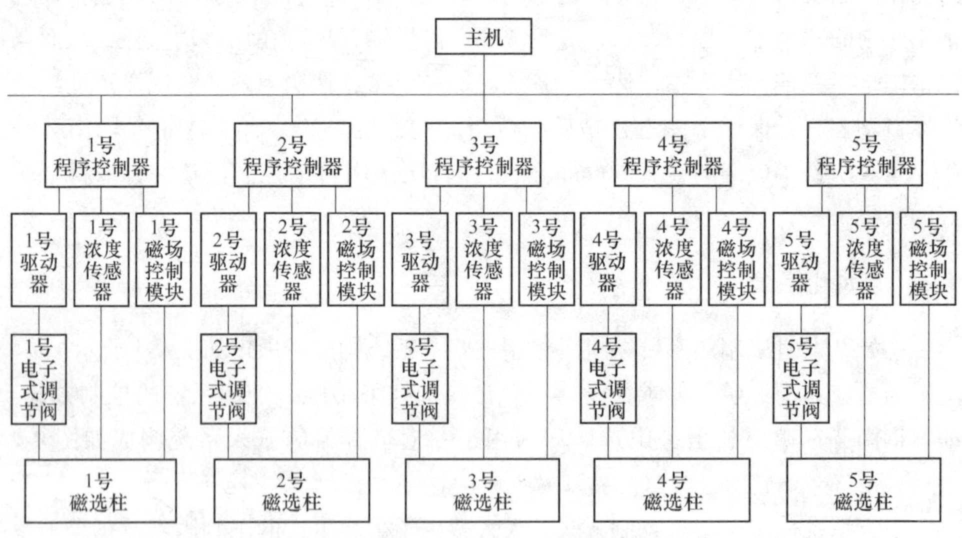

图 9-2　磁选柱多系统控制框图

9.1.2　系统硬件功能及说明

（1）主机。由彩色液晶触摸屏、CPU、冗余式扩展内存、485 通信接口等构成一体化微型机，易于操作，可与上位机进行通信，为工厂的 ERP 管理提供有力的技术数据支持，可对子系统进行集中管理，在触摸屏上对子系统操作参数进行设置，实现手动/自动/集中三种运行状态的改变。

（2）程序控制器。是子系统中的核心部件，具有 8 入 8 出的数字量和 8 入 8 出的模拟量光电隔离接口，485 通信接口，它负责参数采集、数据处理、向主机输送测量参数，并按特定控制规律输出控制信号给执行部件，完成系统的调节功能，可在脱离主机的情况下独立工作。

（3）矿浆浓度传感器。基于电磁感应原理进行工作，检测矿浆中铁成分变化趋势，并转换成电信号给程序控制器，程序控制器发出控制信号对底流浓度进行适时调整，它装在磁选柱底部排矿口处，防水性能好，工作稳定可靠。

（4）电流变送器。将磁选柱中固定磁场、循环磁场线圈中的电流转换成 4~20mA 标准信号用于显示和控制。

（5）驱动器。接收程序控制器发出控制信号，输出 220V AC 电信号，控制阀门的开度，间接控制底流排矿浓度。

（6）磁场控制模块。由交流调压模块、固态继电器、整流桥三部分组成，它接收程序控制器的信号，为磁选柱固定磁场提供所需的直流工作电压，为循环磁场提供按一定周期接通的直流工作电压，以满足选别过程的需要。

（7）电子式电动管夹阀。阀腔采用特制胶管，电子执行器防水性能好，耐磨，稳定可靠，适合环境恶劣的工业现场。接收驱动器控制信号调整阀门开度，同时输出阀门开度信号给程序控制器。

9.1.3 控制系统工作过程

当底流浓度传感器检测到当前的浓度状况时，将浓度信号送至程序控制器，控制器根据事先设置的浓度控制目标值，对磁场和底阀的开度进行实时调节，以保证浓度在设定控制目标范围之内。

控制软件起着承上启下的作用，实施对子系统的管理，为上位机输送生产管理所需数据，管理操作通过人机界面实现。

触摸屏幕画面上显示磁选柱主要操作参数：固定磁场线圈电流、循环磁场线圈电流、底流浓度、阀门开度、浓度目标值。屏幕下方“磁场调整”“浓度调整”“参数设置”键可分别对磁场工作状态、浓度控制状态、系统操作参数进行调整。图 9-3 所示为磁场控制画面。

图 9-3 界面可对磁选柱的磁场工作状态手动/自动切换，在手动状态下可人工对磁场强度进行调整，设置循环磁场周期；自动状态下系统自行调整，无须人工干预。

子系统既为主机提供测量数据，同时也是可独立工作的控制系统。控制规律采用笔者结合选矿工艺编制的专家智能控制系统，可根据设定底流浓度控制目标

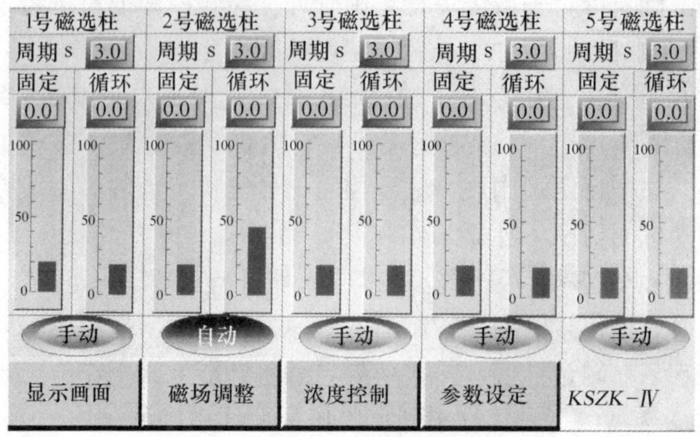

图 9-3　一对五控制方式磁选柱控制系统的磁场控制画面

值适时对阀门开度、磁场控制电流进行自动调整。

将磁场控制部分和浓度控制部分控制参数调整到合适参数后，将磁场控制画面和浓度控制画面中的“手动/自动”部位点触至“自动”运行方式，将系统投入自动运行。调整好的参数在以后运行中遇到控制柜重新上电不必重新设置，系统会记忆以前的设置，运行中发现参数不合适可进行调整。

9.2　磁选环柱控制

9.2.1　电控系统构成

电控系统由控制电路、驱动电路、电磁系三部分组成，如图 9-4 所示。

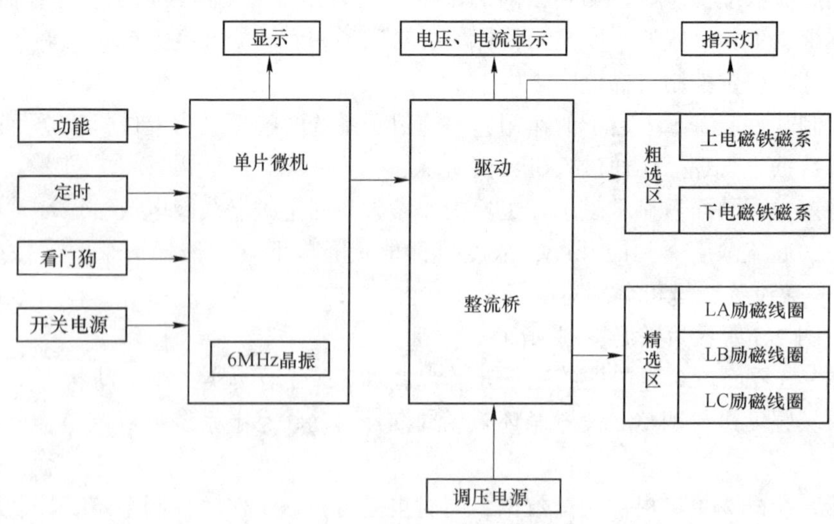

图 9-4　磁选环柱电控系统结构

(1) 控制电路。控制电路由单片微机、控制键、显示电路、开关电源等组成。

单片微机：89C2051 单片微机完成磁选环柱供电系统的定时循环通电等各种功能，内有晶振电路和看门狗电路，保证了定时精度和抗干扰能力。

控制键：由功能键和定时键组成，完成设定磁系的供电顺序和定时功能。

显示电路：由三位 LED 数码管和 BCD、锁存、译码、驱动功能的集成电路等组成。用来显示控制和定时的设定值。

开关电源：供控制电路电源。

(2) 驱动电路。驱动电路由调压电源、驱动和整流模块、电压表、电流表和电磁系工作指示灯等组成。

调压电源：为了得到稳定可靠的电磁场，本系统采用调压变压器来调整供电电流强度。

驱动和整流模块：由固体继电器、整流桥和 SSR 保护电路等组成。

固体继电器：由于控制负载是电感性负载，在通断电过程中产生大于稳定电流好多倍的浪涌电流和射频干扰，因此采用过零型固体继电器。选择 SSR 固体继电器时需有 1/3 以上的余量。

整流桥：正弦波交流电流经全波整流供平稳的直流电流。

SSR 保护电路：由于电感性负载产生的浪涌电流易损坏电器元件，因此采用高速二极管反并联在负载上吸收反峰压，保护 SSR。

电压和电流表：由于采用过零固体继电器，可控硅通过完整的正弦波，因此输出直流电压、电流与交流有效值相等。为了节省直流表头，用交流表头检测电压和电流。

电磁系工作指示灯：为了便于观察负载工作情况，设置了工作指示灯。

(3) 电磁系。电磁系由粗选区磁系和精选区磁系两部分组成。

粗选区磁系：磁选环柱上部有两组电磁铁环轭磁系，交替供电产生电磁场，用来进行粗选。通断电循环周期为 0.2~4s。

精选区磁系：粗选区下部有三组大励磁线圈，上下顺序循环接通电源，产生循环磁场，用来精选。通断电循环周期为 0.5~9s。

9.2.2 电控系统

磁选环柱的电磁系统需要调整通电电流强度和通断时间。本系统采用 89C2051 单片微机通过软件产生间隔 0.1s 的基准脉冲，并且按着功能键和定时键设定参数输出电控信号。

经驱动、整流电路后分别控制粗选区和精选区的四或五组线圈，以满足磁选环柱的磁场循环周期要求；根据需要随时可以调节调压电源电压，以满足电磁系的电流强度要求。

电磁系需要提供稳定的直流电源，因此不能用可控硅控制导通角的办法来调节供电电流。如果采用上述办法，存在两个问题：一是输出电流不是平稳的直流电，而是脉冲电流；二是交流电表只能检测正弦波的有效值，因此电压、电流表所指的数值不能代表实际电压、电流值。

9.2.3 电控系统功能

根据磁选环柱小型试验的需要，电源控制箱输入 220V 交流电，输出 0~180V 直流电，输出电流强度 0~6A。

粗选区磁系由两组电磁铁磁系组成。两组交替接通电源，循环周期为 0.2~4s，可根据矿石性质的变化随时调节。

精选区磁系由三组或两组励磁线圈组成。三组励磁线圈或两组励磁线圈按顺序循环导通，循环周期分别为 0.5~9s 和 0.2~6s，可根据矿石性质的变化随时调节。

磁选环柱粗选区和精选区两个区通断电流需要分别调节控制，因此，用功能键和定时键设定循环周期，用调压电源调节励磁线圈电流。

用功能键、定时键和显示器可设定循环周期。

设定方法说明如下：

LED 显示：显示器由 3 位数字显示，其中最左边 1 位数字代表 4 种功能，右边 2 位数字代表所选的具体循环周期数值，见表 9-1。

表 9-1　磁选环柱电控系统功能表

数字功能	数字取值/s
“1” 精选区三组线圈的循环周期	0.5~9.0
“2” 粗选区第一组线圈导电时间	0.1~2.0
“3” 粗选区第二组线圈导电时间	0.1~2.0
“4” 精选区两组线圈的循环周期	0.2~6.0

(1) 功能键。此功能键选择功能设定：每按一次，循环显示“1~4”。每显示一个字，可设定对应线圈的循环周期。

(2) 定时键。用此键设定左边显示数字对应功能的循环周期数值，见表 9-2。

表 9-2　磁选环柱粗选区和精选区磁场循环周期　(s)

磁系	档次										
	1	2	3	4	5	6	7	8	9	10	11
粗选区磁系	0.2	0.4	0.6	0.8	1.0	1.5	2.0	2.5	3.0	3.5	4.0
精选区磁系	0.5	1.0	1.5	2.0	2.5	3.0	3.5	4.0	4.5	5.5	6.0

9.2.4　操作调节

整个系统连接后，接通电源箱可设定各种功能。

(1) 设定精选区三组线圈的循环周期。

用功能键选择左边1位显示“1”；用定时键选择右边2位显示周期。

(2) 设定粗选区第一组线圈导电时间。

用功能键选择左边1位显示“2”；用定时键选择右边2位显示导电时间。

(3) 设定粗选区第二组线圈导电时间。

用功能键选择左边1位显示“3”；用定时键选择右边2位显示导电时间。

(4) 设定精选区两组线圈的循环周期。

用功能键选择左边1位显示“4”；用定时键选择右边2位显示两组线圈的循环周期。

9.3　磁选柱安装与调试

9.3.1　磁选柱主机安装

磁选柱系列产品发展到今天，已经有了多种规格型号。各设备厂家生产的磁选柱在结构上存在一定的差异，安装尺寸和安装方式也不相同，本节以辽宁科技大学设计的磁选柱为例进行说明。

第一代直径600mm磁选柱设备总装如图9-5所示，工作参数见表9-3。工业磁选柱呈细长形，直径相对较小，分选区相对较长，对安装空间高差要求大，给现场配置带来一定困难。目前，工业磁选柱已经过几代的改进，主流工业应用磁选柱直径发展到了1200mm、1400mm，处理量有了明显提高，高度并没有明显增加。磁选柱规格放大研究一直在进行中，理论上的磁选柱生产能力与分选区横截面积实验研究已经达到直径2000mm、2200mm。

现场安装环境条件为：

(1) 控制柜工作电源三相四线制380V AC；

(2) 浓度传感器工作电源12V DC；

(3) 电子式管夹阀工作电源220V AC；

(4) 浓度传感器精度0.5%；

(5) 系统控制精度±1%；

(6) 控制柜工作环境温度-10~60℃；

(7) 控制柜工作环境相对湿度<40%。

辽宁科技大学开发的最新一代磁选柱结构尺寸如图9-6所示，结构参数见表9-4。

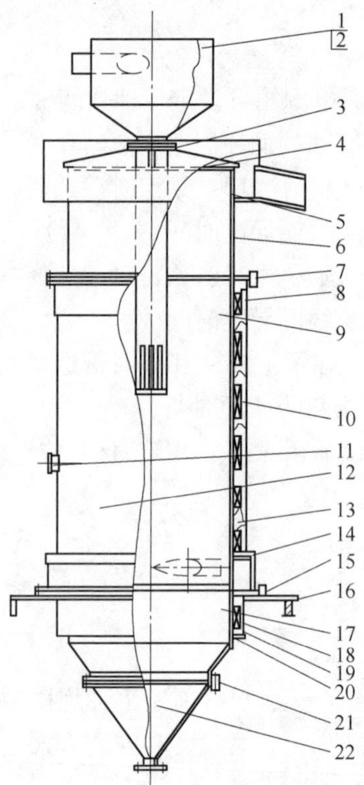

图 9-5　直径 600mm 磁选柱总装

1—给矿斗；2—给矿管；3—密封圈（1）；4—给矿斗支架；5—溢流槽；6—分选筒；7—密封圈（2）；8—封顶套；9—上分选筒；10—励磁线圈；11—出线口；12—上外套；13—花木条；14—绝缘环（1）；15—密封圈（3）；16—支撑板；17—下分选筒；18—下外套；19—绝缘环（2）；20—托圈；21—密封圈（4）；22—底锥

表 9-3　磁选柱工作参数

序号	项　目	单位	技术数据	备　注
1	给矿粒度	mm	≤0.2	-200 目大于 75%
2	励磁强度	mT	10~19	80~190（Oe）
3	耗水量	$m^3/t_{干矿}$	2~4	受矿石性质影响
4	给水管压力	MPa	≥0.17	
5	上升水流速度※	cm/s	2~6	视需要由给水+阀调节
6	电控箱配用电源	V、Hz	交流 380、50	$6mm^2$线
7	装机功率	kW	4.0	工作时小于 3.0
8	工作电压※	V	直流 100~180	分六挡（1~6）可调

续表9-3

序号	项　目	单位	技术数据	备　注
9	工作电流	A	9~16	视要求由电压挡调节
10	励磁周期※	s	5.0~8.0	视需要可调，可 0.5s 增减
11	给矿浓度※	%	40~45	
12	排矿浓度※	%	50~65	由底部排矿阀门控制
13	溢流（中矿）浓度	%	1~6	

注：※—调试操作时的调节因素。

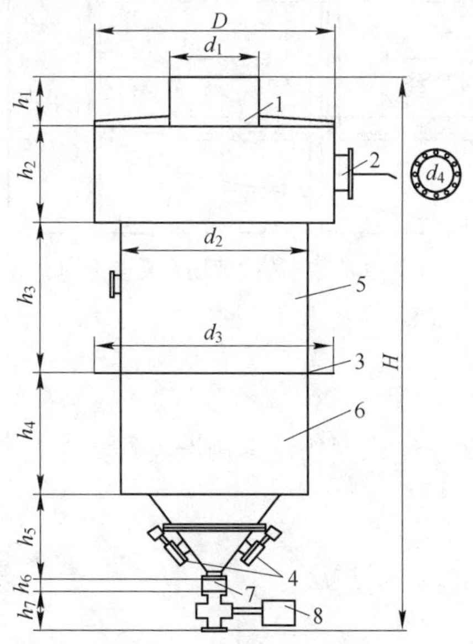

图 9-6　磁选柱结构尺寸

表 9-4　磁选柱结构参数

型号	D	H	d_1	d_2	d_3	d_4	h_1	h_2	h_3	h_4	h_5	h_6	h_7
CXZ600	1200	3500	450	800	1200	133	380	600	1180	800	320	100	240
CXZ800	1400	4000	500	1000	1400	219	380	750	1150	760	700	100	280
CXZ1000	1600	4200	600	1200	1600	219	400	750	1140	780	760	100	300
CXZ1200	1800	4300	680	1410	1800	273	400	750	1150	930	650	100	300
CXZ1400	2200	4500	500	1600	2000	273	300	750	1150	930	700	100	350

新一代磁选柱共设 3 个给水管：（1）切线给水管；（2）底部中心给水管；（3）上部给水管。前两个在下部给水，后一个在上部给水。给水压力大于 0.17MPa。

由于操作主要根据磁选柱尾矿（溢流）矿浆粒度、颜色及数量情况进行操作，因此，三个给水管控制水量的阀门应设在磁选柱上操作台上。现场安装参考图如图 9-7 所示。

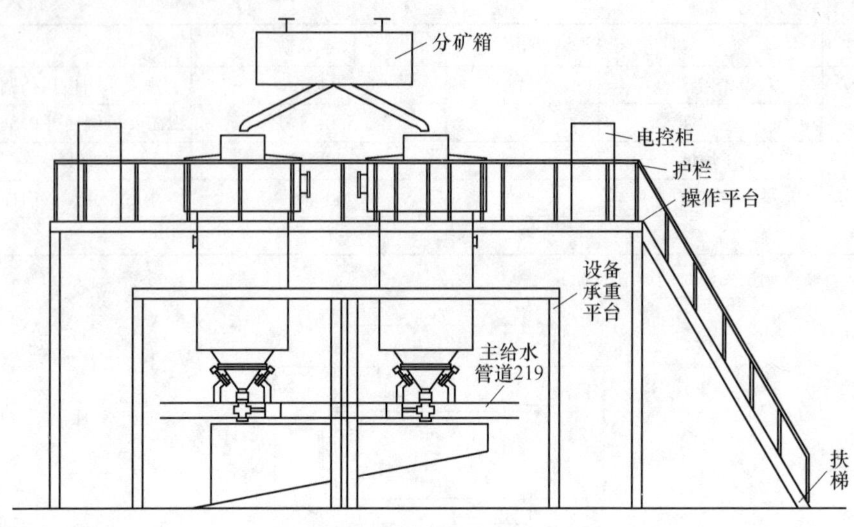

图 9-7 磁选柱现场安装参考图

9.3.2 磁选柱接线

(1) 磁选柱接线盒连线。磁选柱主机上大接线盒与小接线盒接线方式如图 9-8 和图 9-9 所示。

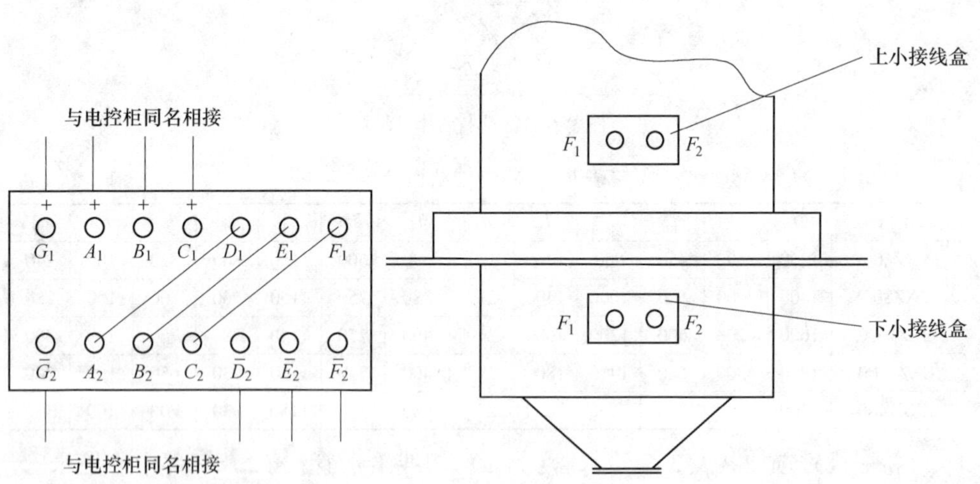

图 9-8 磁选柱大接线盒线的连线方式 图 9-9 磁选柱下部小接线盒接线示意图

小接线盒接线说明：

1) 打开上下小接线盒盒盖；

2）用两根导线分别将 $F_1—F_1$ 及 $F_2—F_2$ 相连；

3）盖上盒盖，压紧后紧固螺帽。

（2）磁选柱电控箱。电控柜前面板结构如图 9-10 所示。电控柜前面板上设输出电压表一块，用于指示励磁电压；电流表两块，分别指示固定线圈励磁电流和变换线圈励磁电流；中央为磁场变换周期显示屏，其下部设有磁场周期改变按钮、磁场变换指示灯及电源开关。

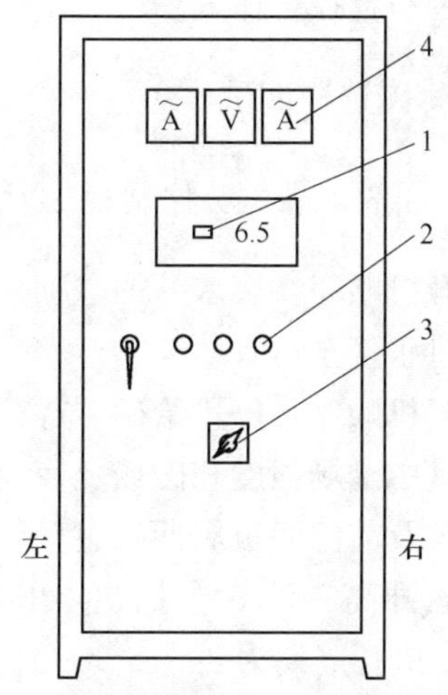

图 9-10 磁选柱电控柜前面板

（左为固定线圈、右为循环线圈）

1—周期调整按钮；2—周期变换指示灯；3—电源开关；4—电流表

电控柜内部结构如图 9-11 所示。电压波段开关顺时针旋转电压升高，逆时针旋转电压降低。

通过磁选柱大接线盒与电控柜输出接线板连接，柱体接线盒与电控箱接线端子同名接线柱相连，如图 9-10 与图 9-11 所示，采用两根 $6mm^2$、三芯电缆连接。其中一根作为去线 A_1 连 A_1，B_1 连 B_1，C_1 连 C_1；另外一根作为回线，D_2 连 D_2，E_2 连 E_2，F_2 连 F_2，G_1 连 G_1，G_2 连 G_2。P、N 为 380V 进线正负极。

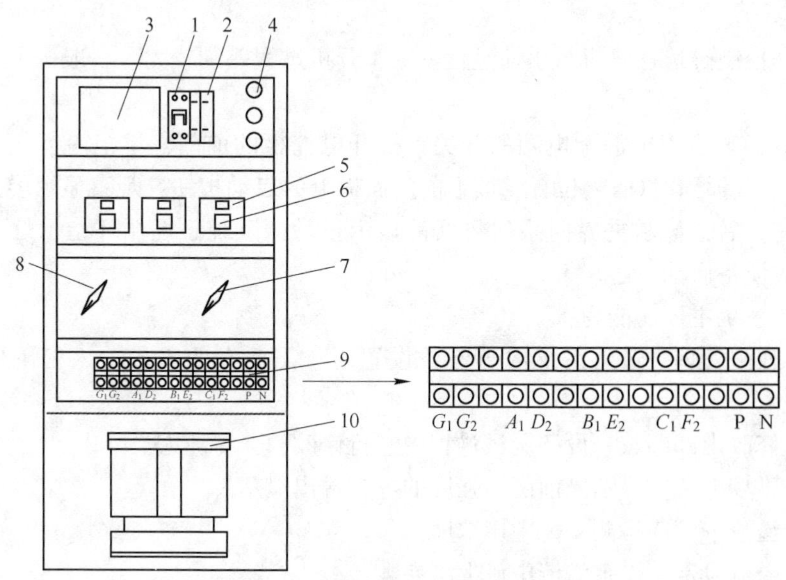

图 9-11 磁选柱电控系统控制箱

1—空气开关；2—保险管；3—开关电源；4—显示灯；5—电桥；6—固体继电器；7—电压控制开关；8—辅助电压控制开关；9—输出接线端子；10—变压器

不同阶段开发的磁选柱电控箱大同小异，安装时需仔细阅读设备说明书。自动控制磁选柱有电控与自控系统分体式、电控与自控合体式，后期开发的设备多为电控与自控合体式。

9.3.3　磁选柱调试

9.3.3.1　手动控制磁选柱

开机顺序：底水—加电励磁—给矿—调节给矿量至正常，再适当调节各给水阀门供水量至适宜。

停机顺序：停止给矿—待柱内矿基本排完停水、停电。

其中磁场强度和磁场变换周期两个因素由改变磁选柱电控柜内变压器电压波段开关及前门面板周期长短显示屏下的按钮加以调节。电压波段开关，顺时针旋转电压升高，计 6 个挡次（1～6）。周期按下按钮，从 5s 起，每按一次增加 0.5s，最长周期为 8s。

调试操作：需要调整的参数共 4 个，即磁场强度、磁场变换周期、上升水流速度、精矿排矿口。上升水流速度，或上升水量由设在给水管之前的阀门开启程度加以控制调节，精矿排矿口大小由设在精矿排放处的胶管阀加以调节。操作参数与磁选柱工作状态和生产指标的对应关系分析见 7.4 节中图 7-9。

9.3.3.2　自动控制磁选柱

自动控制磁选柱停机与手动过程一致，开机过程差别较大，一般按下列过程操作：

（1）首先合上电源配电箱的开关，打开电控柜的前门，将柜内空气开关从“OFF”位置扳到“ON”位置，按下前门面板上的启动按钮，观察显示屏，待系统自检完成后，显示主界面系列数据都显示正常，系统磁场循环指示灯正常闪烁，完成设备启动。

电控系统主要功能为：

1）权限管理。进入系统内部参数设置时，需要专业人员输入密码后进行修改。

2）修改内部参数。设备调试过程中进行修改，非专业人员禁入。

3）磁场电流。显示当前磁场强度的电流输出显示。

4）溢流浓度。检测溢流中矿浓度。

5）溢流设定。设定溢流中矿上限参数。

6）相对浓度。显示当前排矿浓度。

7）浓度设定。设定排矿浓度，自动控制状态实现自动控制排矿阀门开关。

8）精矿阀门开度。显示当前精矿阀门开度数据。

9）控制状态。显示当前自控系统的控制状态。

10）下给水。调整设备主给水大小。

11）上给水。调整设备分散水大小。

12）设备给矿示意。

13）设备溢流中矿示意。

14）设备排矿示意。

（2）调整排矿阀门开度。将控制系统通过控制柜面板上的【自动/手动】转换按钮，把控制状态切换至手动状态，用控制面板上的手动【打开/关闭】按钮调整排矿阀门开度，并保持控制系统处于手动状态，界面如图 9-12 所示。

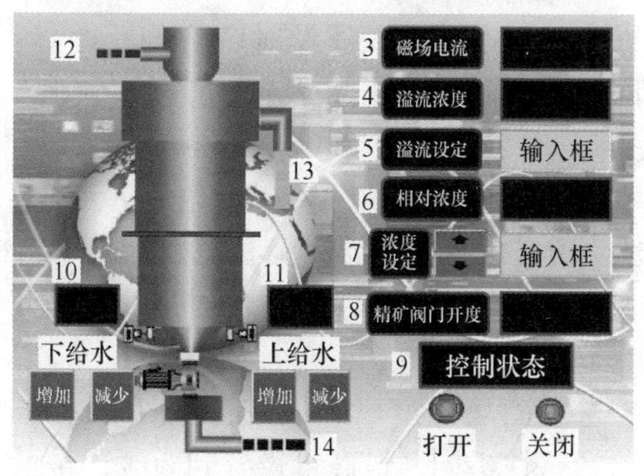

图 9-12 磁选柱电控箱操作主界面

（3）设备给水操作。确认设备主给水管线已经完成供水，通过主控系统触摸显示屏上的上下给水【打开/关闭】按钮，如图 9-12 所示，将设备选别空间注满水并从溢流堰溢出，溢流水面距溢流堰高度保证在 20mm 以上。

（4）磁场周期调整。磁场周期调整如图 9-13 所示。根据现场变化要求，可调整磁场工作周期，但在一般情况下现场不要轻易调整调试过程中设定的最优周期，否则会影响选矿效果，如果确实需要调整，可以在参数设定中进行微调。调整前要记录原有数据，在调整后如果影响选别效果，恢复原有数据。

（5）磁场强度调整。磁场强度调整如图 9-13 所示。一般情况下在设备调试阶段一次调整好。如遇到矿石性质变化，或者给矿量变化，可以通过控制柜内部的拨挡开关进行调整，在遇到极难选矿石时可以通过主控系统内部参数进行微调。非专业人员不可随意调整，否则会影响选别效果。

（6）设备给矿操作。上述步骤完成后开始设备给矿，通过分矿箱给矿管上的给矿阀门，由小到大逐步微调给矿，同时观察设备的溢流中矿，以无黑色矿粉

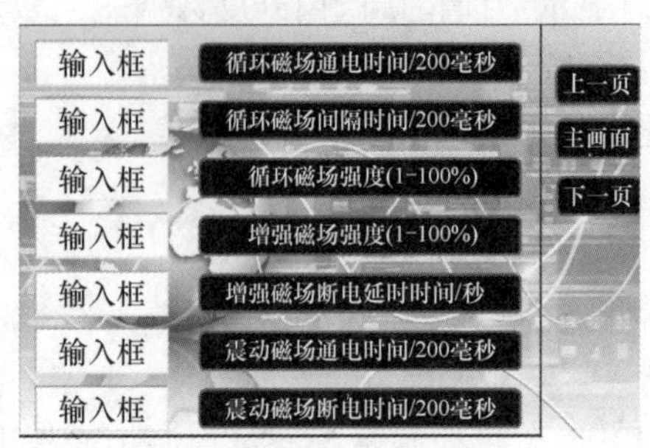

图 9-13　磁场周期调整界面

溢出为佳。

（7）工作状态操作。根据矿石性质及对产品质量的要求进行相应的操作，在磁场一定的条件下，主要调节上升水量及精矿排矿口大小。

通常矿石好磨、易选、给矿粒度细、给矿品位高，而对精矿质量要求不高时，磁选柱磁场可调大一些，上升水流小一些，给矿量大一些。

矿石难磨、难选、给矿粒度粗、给矿品位低，而要求精矿品位较高时，磁选柱磁场可适当降低一些，上升水流大一些，精矿排放口小一些，给矿量小一些。

正常操作时给矿量及磁场强度已经确定，一般掌握磁选柱精矿排矿浓度55%~65%，不同矿石可选性不同，最高可设置到80%的浓度。通过改变上升水量使溢流浓度维持在1%~6%，溢流中有一定矿量溢出，说明有一定量的固体颗粒进入磁选柱溢流产品中。操作参见图 7-9。

（8）注意事项：

1）突然停水时，首先给磁选柱断电，精矿排放口放大，将柱内矿浆放净，以防沉积堵塞精矿排放口。

2）突然停电时，此时应开大精矿排放口，放净柱内存矿，断矿停机、停水、检查断电原因，若为电控柜断电，应及时检查修复。

（9）禁止负载短接。绝对不允许负载短路，连接板上接线柱的连线绝对不能短路！否则有烧毁设备的危险。

9.3.4　磁选柱维护与保养

磁选柱主机及电控装置应储存于通风、干燥、无腐蚀性物质的库房内。

磁选柱若与其他选矿设备均于露天安置时，磁选柱接线盒应加以密封，以防进水。磁选柱电控装置应放置于室内，不可露天放置。

常见故障及排除方法见表 9-5。

表 9-5　磁选柱常见故障及排除方法

序号	故障内容	可能产生的原因	排除方法
1	指示灯不亮	电源没有接通 空气开关位于 OFF 熔断器断开	接通电源 扳到 ON 位置 更换熔断器
2	屏显不亮	开关电源故障	检查开关电源输出电压是否正常
3	浓度显示异常	浓度传感器损坏	更换浓度传感器
4	无电流输出	磁场断路器损坏	更换断路器
5	周期不能设定	主板有故障	更换控制主板
6	阀门调节失效	阀门堵塞或损坏	清洗阀门或更换
7	底锥漏矿浆	底锥磨损	更换底锥

10　磁选柱技术工业应用

目前磁选柱已广泛应用于磁铁矿选矿厂，通过精选低品位磁选精矿，使我国磁铁矿精矿品位整体提高2%以上，为我国磁铁矿精矿品位和回收率达到世界先进水平成绩突出。磁选柱系列产品的应用，为国家“提铁降硅”战略工程做出了突出贡献，给选厂和钢铁企业带来了巨大的经济效益和社会效益。磁选柱技术优势是精选效果突出、选别指标先进、适应性强，粗选、浓缩均有应用，自动控制技术成熟。

与鞍山钢铁学院（今辽宁科技大学）直接合作的磁选柱厂家应用实例及试验实例见表10-1。

表10-1　磁选柱工业应用实例及试验实例

使用厂家	型号	台数/台	原精矿铁品位/%	磁选柱精矿铁品位/%
桓仁铜锌矿选厂	ϕ600mm	2	64.0	66.5
鞍钢东鞍山尾矿再选厂	ϕ600mm	1	50.0	62.0
吉林四方山选厂	ϕ600mm	1	59.4	66.5
包钢选矿厂	ϕ600mm	2	60.0	64.5
本钢南芬选矿综合厂	ϕ450mm	1	49.0	66.5
辽阳灯塔纪家选矿厂	ϕ450mm	1	52.0	67.0
浙江景宁	ϕ450mm	1	62.0	65.5
弓长岭安平选矿厂	ϕ450mm	1	60.5	65.5
弓长岭团山第二铁矿	ϕ400mm	1	64.0	66.5
弓长岭岭东选厂	ϕ350mm	1	60.0	65.5
鞍钢弓长岭选矿厂	ϕ600mm	16	65.4	66.2
包钢选矿厂	ϕ600mm	8	64.2	65.4~66.14
通钢板石选矿厂	ϕ600mm	8	64.0	66.5
本钢集团	ϕ600mm	108	67.5	68.5

10.1　弓长岭选矿厂

10.1.1　原生产工艺流程存在的问题

20世纪70年代细筛—再磨选矿工艺在我国得到推广应用，使我国微细粒结晶磁铁矿精矿平均品位由62.96%一跃提高到1980年的65%以上。弓长岭选矿厂应用细筛—再磨选矿工艺后，铁精矿品位提高2个百分点，达到65%。随着冶金系统“精料方针”的提出和市场经济的需求，弓长岭选矿厂通过一系列的技术改造，使铁精矿品位稳定在65.40%以上，基本满足用户需求。但细筛—再磨选矿工艺也存在着较多问题，主要有：

（1）筛分效率低。细筛—再磨选矿工艺为二段细筛闭路磨矿，该流程的主要缺点是筛分效率低，使再磨循环量大，现场维持正常生产困难。经常采用揭细筛筛板的办法来缓解流程中的中矿恶性循环，常因此造成质量事故，而且限制了系统处理能力的提高。

（2）再磨产品过磨现象严重。再磨物料（细筛筛上产品）粒度分布及解离度分析见表10-2。由表可以看到，再磨物料中-0.074mm粒级产率达76%，其中-0.038mm粒级产率30.20%，品位67.58%。镜下观察发现已单体解离的铁矿物占63.90%，7/8富连生体占7.04%，二者之和为70.94%。说明有近71%的有用矿物无须再磨，若进入再磨流程中循环，会造成严重过磨现象。

表10-2 再磨物料（细筛筛上产品）粒度分布及其解离度分析

项目		粒级/μm									合计/%
		+280	-280+154	-154+110	-110+74	-74+61	-61+50	-50+45	-45+38.5	-38.5	
品位/%		26.11	37.53	41.05	48.10	56.27	60.67	61.64	66.32	67.58	58.56
产率/%		0.90	3.10	7.80	12.20	15.00	14.40	11.20	5.20	30.20	100.00
累积产率/%		0.90	4.00	11.80	24.00	39.00	53.40	64.60	69.80	100.00	
质量分数/%	单体铁	0.02	0.36	1.52	4.09	7.57	10.04	8.39	4.23	27.68	63.90
	7/8铁连生体	0.13	0.34	0.62	1.49	1.56	0.76	0.71	0.40	1.02	7.04
	3/4铁连生体	0.10	0.34	0.88	0.83	0.88	0.48	0.26	0.06	0.10	3.92
	1/2铁连生体	0.06	0.30	0.80	0.72	0.59	0.30	0.11	0.08	0.09	3.05
	1/4铁连生体	0.02	0.18	0.41	0.50	0.67	0.54	0.18	0.09	0.12	2.71
	1/8铁连生体	0.01	0.06	0.23	0.42	0.42	0.20	0.12	0.03	0.04	1.52
	单体脉石	0.04	0.11	0.07	0.19	0.07	0.16	0.16	0.04	0.77	1.62
铁矿物解离度/%		5.98	22.44	33.14	48.78	62.81	80.44	85.05	85.96	94.94	76.64
脉石解离度/%		7.20	8.01	2.42	4.94	2.54	8.45	11.80	15.81	73.75	9.81

（3）能源和备件消耗高。因细筛筛分效率较低造成不必要再磨的粒子循环，带来相应的磨矿设备、选别设备及输送设备的负荷增加，故需要较大的能耗和备件消耗。

（4）精矿水分高。由于过磨问题，最终产品粒度细，给过滤工序带来较大麻烦。表现在细粒级矿物堵塞过滤布，造成过滤机处理能力下降，又由于透气性差，使精矿水分偏高。

为克服上述问题，弓长岭矿业公司决定采用磁选柱设备对现流程进行改造。

10.1.2 改造工艺与效果

经系列工艺对比试验，最终确定采用细筛—磁选柱—再磨选矿工艺。粗精矿经一段细筛筛分，筛下产品为合格精矿，筛上产品进入磁选柱，合格精矿从磁选柱底部排出，中矿从磁选柱顶部溢流槽排出，中矿经浓缩磁选机浓缩后产品进入再磨机，再磨机排矿经磁选机和二段细筛筛分，筛下产品为合格精矿，筛上产品返磁选柱给矿，形成闭路循环系统。

工业试验获得的流程如图 10-1 所示。

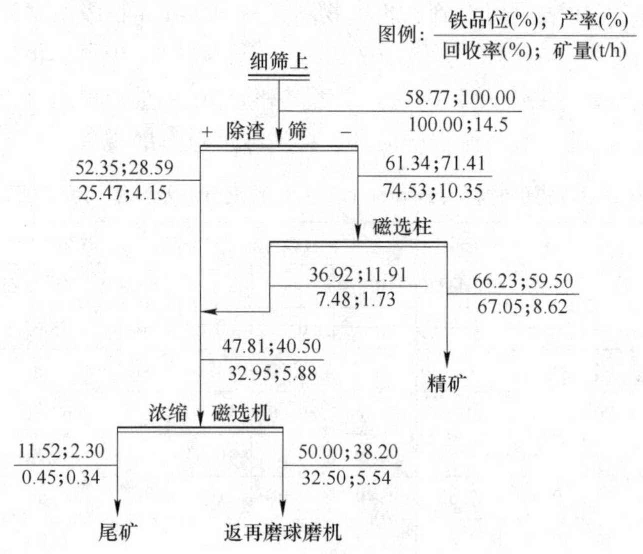

图 10-1 弓长岭选矿厂磁选柱工艺改造工业试验结果

工业试验期间进行流程考查的两种工艺终精粒度分析结果见表 10-3。由表可见，精矿产品的粒度组成有明显变化，原细筛—再磨选矿工艺精矿-0. 074mm 粒级含量为 97. 4%，磁选柱精选后终精-0. 074mm 粒级含量为 83. 4%，最终精矿-0. 074mm 粒级产率 85. 8%，与原细筛—再磨工艺相比，精矿-0. 074mm 粒级产率降低约 11. 6 个百分点。

随后，弓长岭选矿厂依据工业试验推荐流程进行了工业应用改造，改造后，鞍钢弓长岭选矿厂一选车间用 16 台直径 600mm 磁选柱精选两段细筛筛上产物。将原送入再磨机的筛上产品给入磁选柱处理，稳定生产 70 天平均生产考查指标为磁选柱给矿铁品位 58. 59%、精矿铁品位 66. 24%、返回中矿铁品位 56. 03%、精矿产率 30. 18%、精矿回收率 34. 12%。考查发现精矿产品的粒度组成有明显变化，原细筛—再磨选矿工艺精矿-0.074mm 粒级产率 97.4%，磁选柱精矿-0.074mm 粒级产率 83.4%，最终精矿-0.074mm 粒级产率 85.8%，与原细筛—再磨工艺相比，精矿-0.074mm 粒级产率降低约 11.6 个百分点，改善了精矿粒度组成，利于降低精矿水分。由于分离出产率 34.12%的精矿，再磨机处理量降低 1/3，现场停用 2 台再磨机，节能降耗且经济效益显著。

表 10-3　两种工艺终精粒度分析对比结果

粒级范围 /mm	产率/%			品位/%		
	细—再	磁选柱精	细—磁—再	细—再	磁选柱精	细—磁—再
+0.154		1.20			45.17	
-0.154+0.10		2.00	1.80		48.87	48.03
-0.10+0.074	2.60	13.40	12.40	49.64	58.50	58.99
-0.074+0.061	6.00	2.20	1.80	57.25	62.76	63.88
-0.061+0.05	12.00	10.80	13.20	61.23	64.55	63.46
-0.05+0.045	18.00	22.80	20.80	64.09	66.07	65.20
-0.045+0.0385	6.60	22.80	35.20	66.25	68.35	68.91
-0.0385	54.80	24.80	14.80	68.00	68.24	68.14
合　计	100.00	100.00	100.00	65.61	65.26	65.61

注：表中单字为工艺名称缩写：细—细筛；再—再磨；磁—磁选柱。

10.2　本钢南芬选矿厂

本钢南芬选矿厂多年来一直在努力提高精矿品位，不断探索改进工艺和设备，精矿品位也有所提高。但一直采用传统的筒式磁选机作为主要选别设备，而筒式磁选机由于设备自身的分选原理限制，使得精矿品位在 67.5%左右徘徊了较长时间，一直难以突破 68.5%这一关，精矿中的二氧化硅含量一直在 6%左右。

磁选柱工艺改造前的铁精矿粒度筛析结果见表 10-4。由表可知，铁精矿中铁矿物存在着 10.40%的连生体颗粒，脉石中存在着 30.68%的单体脉石，这些连生体和脉石之所以能够进入到铁精矿中，主要原因在于磁选过程中产生磁团聚，常规弱磁选设备的选别精度不足，造成磁性和非磁性机械夹杂。因此，要进一步提高精矿品位、降低杂质，必须选用能有效分离连生体和脉石的高效选分设备和工艺。

表 10-4 磁选柱工艺改造前最终铁精矿筛析结果

粒级/mm	产率/%	品位/%	金属率/%	铁分布率/%	铁矿物单体解离度/%	脉石单体解离度/%
+0.180	0.60	30.73	0.18	0.266	84.96	50.03
-0.180 +0.150	1.00	19.74	0.20	0.295	73.08	53.43
-0.150 +0.106	2.10	27.58	0.58	0.856	84.01	61.65
-0.106 +0.096	3.82	51.24	1.95	2.876	96.45	72.79
-0.096 +0.080	2.20	62.58	1.38	2.036	99.13	79.21
-0.080 +0.074	6.91	66.57	4.60	6.785	99.97	98.82
-0.074	83.39	70.36	55.90	86.886	—	—
合　计	100.00	67.79	67.79	100.00	89.60	69.32

10.2.1 实验室精选试验

对细筛给矿及最终精矿进行实验室磁选柱精选试验，试验结果见表 10-5。

表 10-5 磁选柱精选本钢南芬选矿厂细筛给矿及最终精矿结果

入选产物	分选产物	产率/%	品位/%	回收率/%	SiO_2/%
细筛给矿 1	柱精	72.30	69.84	85.13	3.12
	柱尾	27.70	31.84	14.87	45.94
	柱给	100.00	59.31	100.00	14.98
细筛给矿 2	柱精	60.17	70.50	70.67	2.56
	柱尾	39.83	44.20	29.33	33.74
	柱给	100.00	60.02	100.00	14.98
终精 1	柱精	94.64	71.15	97.66	1.78
	柱尾	5.36	30.12	2.34	45.81
	柱给	100.00	68.95	100.00	4.14
终精 2	柱精	92.18	71.34	95.13	1.76
	柱尾	7.82	43.08	4.87	32.19
	柱给	100.00	69.13	100.00	4.14

由表 10-5 试验结果可知，用磁选柱处理细筛给矿及最终精矿进行精选，细筛给矿平均品位 59.67%，SiO_2含量为 14.98%，精选所得磁选柱精矿铁品位可达 69.84%~70.50%，SiO_2含量可降至 3.12%~2.56%；最终精矿铁品位 69%，SiO_2含量为 4.14%，精选所得磁选柱精矿铁品位高达 71.15%~71.34%，SiO_2含量可

降至 1.78%~1.76%。试验结果说明，用磁选柱精选磁铁矿选矿厂高品位中矿或精矿，不仅有十分显著的提质效果，而且有十分显著降低 SiO_2 含量的效果。说明提质必须降杂，降杂也必然带来提质的效果。验证了磁选柱精选能有效分出常规磁选不能充分分出的单体脉石、矿泥，特别是连生体，从而能大幅度提高铁品位，同时也就必然将其杂质含量大幅度降低。

10.2.2 南芬选矿厂磁选柱工艺流程

本钢南芬选矿厂于 2002 年 3 月确定进行降硅提铁工艺改造，随即开始降硅提铁调查研究，并于 2002 年 12 月委托长沙矿冶研究院对南芬选矿厂的降硅工艺进行研究。长沙矿冶研究院接受委托后即开始展开工作，在进行了试验室试验及扩大连选试验后，于 2003 年 3 月提出了工艺改造流程，该流程于 2003 年 6 月通过鉴定，采用单一磁选流程。南芬选矿厂于 2003 年 9 月进行工业试验后，对流程提出了改进意见，本钢设计院根据可选性研究和工业试验结果设计了工艺改造流程，如图 10-2 所示。

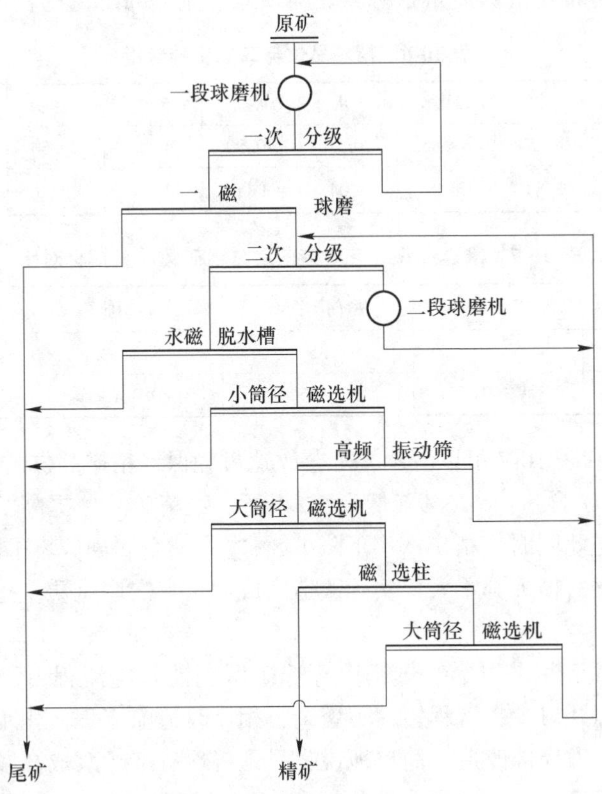

图 10-2 南芬选矿厂提铁降硅改造流程

10.2.3 工艺特点

（1）采用单一磁选流程。目前国内矿山大多数已完成或正在进行的提铁降硅工艺改造大多采用磁浮联合流程，而南芬选矿厂采用的工艺流程是单一磁选工艺流程，即所有选别设备均为磁选设备。采用单一磁选工艺的优势是不言而喻的，不仅环境污染轻微，要求工艺条件简单，设备维护便利，可操作性强，便于生产管理，而且其改造成本及改造后的运行成本都是最低的。采用磁选柱工艺，精矿高铁低硅已证实磁选柱精选作用明显，完全可以达到降硅提铁要求。从实践运行看，磁选柱运行平稳可靠、操作便利，而且调节精矿品位能力非常强，是降硅提铁的极佳设备。

（2）指标先进。南芬选矿厂在 2003 年 8 月 25~27 日对降硅改造工艺流程进行全流程工业试验，流程稳定运行 72h，其间进行全流程取样 7 批，其最终精矿品位及二氧化硅含量见表 10-6；根据可行性分析的设计流程各段产品质量，结合生产实践数据及工业试验的考查数据，确定各段半成品质量指标，并通过金属平衡计算得到最终精矿的数质量指标，其与现运行流程的对比见表 10-7。

表 10-6 精矿品位与二氧化硅含量

指标	1 批	2 批	3 批	4 批	5 批	6 批	7 批	平均
精矿品位/%	69.20	69.85	70.20	70.30	70.35	70.60	69.05	69.94
SiO_2含量/%	3.84	3.38	3.04	3.00	2.90	2.80	4.20	3.31

表 10-7 降硅提铁工艺改造前后终精矿数质量指标对比

对比指标	精矿品位/%	精矿产率/%	金属回收率/%	SiO_2含量/%
原流程数据	67.50	35	81（理论）	6.5
改造流程数据	>69	33.5	80.3（理论）	<4.5

从表 10-6 和表 10-7 可以看出，工艺改造可确保终精矿品位由 67.50%提高到 68.5%以上，SiO_2含量由 6.5%降低到 5%以下，铁精矿品位提高及 SiO_2含量降低幅度均很大。与此同时，精矿产率下降 1.5%左右，金属回收率下降不到 1%，产量及金属回收率的损失都不大，实际改造完成后，一次调试质量达标，稳定生产至今。

（3）流程短，工艺可靠。本钢南芬选矿厂提铁降硅流程由于选择切入点准确，做到了流程开口少、流程短、不繁杂，相比改造前流程变化不大，只是在原流程细筛作业后做局部改造。简单地说，只是将现有细筛改成高频振动网筛，取消原三段脱水槽精选（原三段大筒径保留），利用磁选柱进行精选，增加磁选柱中矿（溢流）返回二次磨矿前的浓缩磁选作业，这在目前国内的提铁降硅流程中是最短的。从工艺上说，由于流程整体结构未改变，可以确保达到目前南芬选矿厂细筛自循环流程的效果。

10.3　通钢板石选矿厂

板石矿业公司是通化钢铁集团公司铁前原料的主要供应基地之一，原矿处理能力200万吨/a，生产铁精矿72万吨/a，应用磁选柱之前铁精矿品位在66.5%左右。选矿厂生产工艺流程是由冶金部鞍山黑色冶金矿山设计研究院设计，1969年建成投产，板石矿业公司选矿厂采用处理鞍山式磁铁矿的传统工艺，即三段一闭路破碎、阶段磨矿、阶段单一磁选细筛自循环流程。由于生产工艺流程相对稳定，进一步提高铁精矿品位难度较大。在一定程度上制约了通钢经济效益的进一步提高。随着国内选矿技术的发展，“提铁降硅”已成为选矿发展的重要理念。

2002年选厂开展了磁选柱在板石矿业公司选矿厂的应用研究，获得了如下结论：

（1）阶段磨矿、阶段磁选、细筛自循环流程是处理鞍山式沉积变质磁铁矿的有效流程，在流程当中采用筒式磁选机对不同作业条件有其独到的选别效果。但随着磨矿粒度和入选粒度的变细，其选别机理愈加不适应，“磁性夹杂”和“非磁性夹杂”明显增多，不仅影响精矿品位提升，而且恶化整个生产工艺流程。通过对应用磁选柱前的流程考查可知，筛下三段磁选机提高精矿品位幅度不大，仅达到1.45%~2.02%，严重影响了选矿厂最终精矿品位。

（2）通过应用磁选柱提高精矿品位小型试验研究，条件试验结果显示，磁选柱可使底流精矿品位达到69.9%以上，精矿产率达到87%以上；对筛下精矿批量试验显示，底流精矿品位达到69.4%以上，金属回收率达到98.7%。推荐生产技术指标67%以上，建议磁选柱产生的中矿采用浓缩磁选机回收，回收的浓缩精矿不要返回到旋流器给矿，而是直接返到二次球磨机给矿，保证以连生体为主的中矿得到细磨，提高其后选别作业的选别效果。

（3）通过应用磁选柱提高精矿品位工业试验研究可知，用磁选柱取代三段磁选机对细筛下精矿进行精选，其选别效果明显较优，精矿品位提高幅度达到1.07%，可使终精矿品位达到67.5%以上。磁选柱中矿品位为24.5%，产率为6.15%，其组成大部分是单体脉石、贫连生体及部分连生体颗粒，从精矿中剔除这部分中矿是磁选柱提高精矿品位的关键。

（4）磁选柱在板石矿业公司选矿厂的应用实践表明，精矿品位可由应用前的66.14%提高到应用后的67.67%，提高1.53个百分点。通过工业流程考查可知，磨选生产工艺流程其他各项生产指标得到改善，尾矿品位由9.25%降低到8.7%，金属回收率由80.04%提高到81.1%。

（5）通过磁选柱底流自动控制工业试验可知，磁选柱底阀采用自动控制后，底流精矿和上部中矿指标非常稳定，波动性很小。不仅充分发挥了磁选柱的潜在性能，而且还减轻了操作工人的劳动强度。

（6）通过技术经济分析可知，应用磁选柱技术改造投资317.56万元，新增生产费用合计255.51万元，精矿品位提高1.53个百分点，按通钢销售政策可增加销售收入1552.69万元，交纳销售税及附加费合计253.4万元，综合经济效益720余万元。

2002年7月开始，选矿厂继续对其他三个生产系列进行技术改造，到年末全部改造完毕。通过对应用磁选柱前后的生产技术指标统计可以看出，应用磁选柱后选矿厂铁精矿品位明显提高，可达到67.5%以上，同时，其他指标，如尾矿品位、金属回收率等也得到了相应改善。整个选矿生产工艺流程得到优化，综合经济效益显著。

10.4　磁选柱精选磁选回收尾矿

磁铁矿选矿厂磁选尾矿中造成金属流失的一部分是粗、中粒磁铁矿与脉石的贫连生体，一部分是细粒及微细粒单体磁铁矿。近年来，为了充分利用国家资源，许多磁铁矿选矿厂在尾矿出口集中设置尾矿回收机回收流失的磁铁矿。所回收的低品位中间产品，或返回原流程再磨再选，或单独再磨再选。对这部分中间产品再磨后采用磁选柱精选可以获得高品位精矿，有的甚至可以不用再磨矿，直接用磁选柱精选也能产出高品位磁铁矿精矿。

10.4.1　尾矿再磨后磁选柱精选

鞍钢烧结总厂尾矿二泵站尾矿再选厂采用磁选柱进行最后一段选别，工艺流程如图10-3所示。最终精矿品位在未上磁选柱以前为60%~63%，采用磁选柱精选后精矿品位达65%以上。

10.4.2　尾矿不再磨磁选柱精选

磁选厂尾矿经过一次或几次回收后的尾矿再用回收机进行回收时，不经过再磨矿，用磁选柱精选也可以获得高品位磁铁矿精矿。采用这种工艺的选矿厂有东鞍山烧结厂尾矿再选厂、南芬选矿厂综合厂尾矿再选厂。

东鞍山烧结厂磁选尾矿再选厂处理的是鞍钢烧结总厂的焙烧磁选尾矿经过第一级回收后的尾矿，其工艺流程如图10-4所示。

该厂最大特点是回收的粗精矿不经球磨机再磨即用磁选柱精选，获得合格精矿。磁选柱入选品位40%~50%，磁选柱精矿品位62%~64%，柱精矿对粗精矿的产率为55%~65%，而原流程用螺旋溜槽精选，精矿品位仅为55%~57%，螺旋溜槽精矿对粗精矿的产率不足20%。

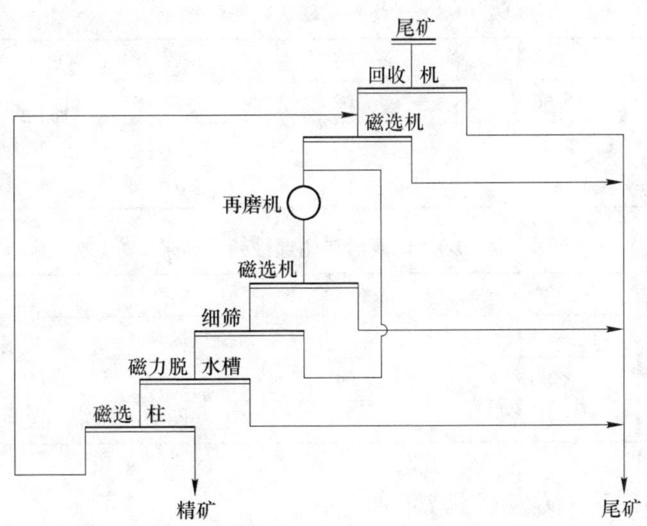

图 10-3　鞍钢烧结总厂尾矿再选厂工艺流程

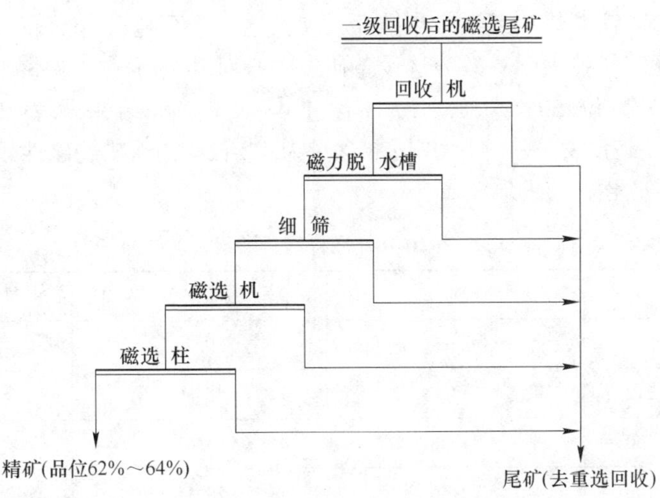

图 10-4　东鞍山烧结厂尾矿再选流程

南芬选矿厂综合厂尾矿再选厂处理的是经过数次回收机回收后的尾矿。该厂磁选粗精矿经再磨磁选后，精矿品位仅为 50%左右。辽宁科技大学高效分选设备研发中心对其最终精矿和粗磁选精矿（球磨给矿）分别进行了磁选柱精选试验，试验结果见表 10-8 和表 10-9。

该厂根据小型试验结果，最终采用了回收机精矿“磁选—细筛—磁选柱”不经再磨的简化工艺流程，最终精铁矿品位达到 65%以上，省去了再磨作业，生产成本大大降低。

表 10-8　最终精矿磁选柱精选结果

产物	产率/%	品位/%	回收率/%	条　件
精矿	56.06	67.08	77.45	磁场强度 11.5mT 上升水流速 3.03cm/s 磁场周期 2.5s
尾矿	43.94	24.92	22.55	
给矿	100.00	48.55	100.00	

表 10-9　球磨给矿磁选柱精选结果

产物	产率/%	品位/%	回收率/%	条　件
精矿	49.84	66.94	88.04	磁场强度 11.5mT 上升水流速 3.03cm/s 磁场周期 2.5s
尾矿	50.16	9.04	11.96	
给矿	100.00	37.90	100.00	

10.5　磁选柱精选硫铁矿烧渣

10.5.1　矿样性质

朝鲜兴南硫铁矿烧渣经数十年堆存，现已达上千万吨，亟待寻求能够变废为宝的方案。辽宁科技大学高效分选设备研发中心对其进行了实验室选矿试验。

原烧渣铁品位 50% 左右，硫含量 1.48%，筛析结果见表 10-10。原样 +0.425mm 含量为 13.9%，-0.074mm 含量为 47.12%，铁矿物磁性较强，属强磁性铁矿物——磁铁矿。

表 10-10　原样筛析结果

粒级/mm	产率/%	铁品位/%	铁分布率/%
+0.425	6.95	39.73	5.60
-0.425　+0.212	6.95	45.89	6.47
-0.212　+0.150	11.48	55.61	12.95
-0.150　+0.106	22.36	59.11	26.8
-0.106　+0.074	5.14	56.45	5.88
-0.074　+0.053	24.77	51.31	25.77
-0.053	22.35	36.48	16.53
合　计	100.00	49.32	100.00

原烧渣各粒级品位规律总体上是粗粒级和细粒级品位低，中间粒级品位高，解离度不高。中间粒级品位波动在 45%～59%之间。因此从铁品位和降低杂质含量两方面考虑，应先经磨矿然后进行磁选。

10.5.2 精选试验

不同磨矿条件下磁选柱精选试验结果见表 10-11。

表 10-11 不同磨矿条件下磁选柱精选试验结果

磨矿粒度 (-0.074mm)/%	产物	产率/%	品位/%	回收率/%	硫含量/%	条件
76.4	精矿	45.44	65.65	58.65		H: 18mT v: 2.3cm/s
	尾矿	54.56	38.55	41.35		
	给矿	100.00	50.86	100.00	1.48	
76.4	精矿	41.18	66.08	54.45	1.09	H_1: 18mT
	精选尾	5.15	59.27	6.11		v_1: 2.3cm/s
	粗选尾	53.67	36.72	39.44		H_2: 9.5mT
	给矿	100.00	49.97	100.00		v_2: 2.3cm/s
81.6	精矿	46.00	65.80	60.55	0.84	H_1: 17mT
	精选尾	4.99	50.71	5.06		v_1: 1.89cm/s
	粗选尾	49.01	35.08	34.39		H_2: 9.5mT
	给矿	100.00	49.99	100.00	1.48	v_2: 2.1cm/s
87.6	精矿	39.41	67.14	52.43	0.84	H_1: 17mT
	精选尾	7.25	57.99	8.32		v_1: 2.1cm/s
	粗选尾	53.34	37.14	39.25		H_2: 9.5mT
	给矿	100.00	50.47	100.00	1.48	v_2: 2.1cm/s

注：H_1—粗选段磁场强度；H_2—精选段磁场强度；v_1—粗选段上升水流速度；v_2—精选段上升水流速度。

试验结果表明，朝鲜兴南硫铁矿烧渣在磨矿细度-200 目含量 76.4%～87.6%，给矿品位 50%条件下，经一次磁选柱精选可产出产率为 45%以上，品位为 65.65%的精矿；精选两次可产出产率为 39%～46%，品位为 65.8%～67.14%的精矿，但硫含量降低不显著，精矿需脱硫处理。该烧渣因为是焙烧产物，所以属易磨物料。

11 发展趋势

磁选柱处理磁铁矿，虽然在工业生产实践中获得了令人满意的高品位铁精矿，但是它还存在不足之处，根据前述分析及大量的实践归纳起来主要有以下几方面：

（1）对微细颗粒磁铁矿选别效果不理想。由于磁选柱的磁场仅为 20mT 以下，对微细颗粒磁铁矿的磁场力不能有效克服上升水流动力作用，易导致溢流尾矿“跑黑”，影响铁的回收率。

（2）对给矿粒度要求较严格。磁选柱是利用上升水流的动力把粗大颗粒脉石冲入尾矿，为克服其沉降速度势必要增大上升水流速度，而上升水流速度的增大又会带来负面影响，使部分细粒磁铁矿被冲出进入尾矿，造成尾矿品位增高；反之，则粗大颗粒脉石就会因沉降速度大于上升水流速度而向下运动进入精矿，从而降低精矿品位。因此，磁选柱对给矿粒度要求较严格，通常要求给矿粒度为-0.2mm。因此，磁选柱对给矿的粒度分布要求较严格。一般选矿厂需要设置筛分设备控制给矿粒度。

（3）不适合于粗选作业。粗选作业处理的一般为一次磨矿分级溢流产品，通常-0.074mm 含量在 45%～60%之间，粒度较粗。要想把较大颗粒的单体脉石冲出必须采用较大的上升水流速度，又由于磁选柱为低弱磁场，这样势必造成细粒单体磁铁矿和富连生体进入溢流尾矿，因而难以获得合格尾矿。这就使磁选柱不可能用于给矿粒度较粗的磁铁矿粗选作业。

（4）耗水量偏大。磁选柱进行分选作业时，上升水流将脉石和连生体颗粒从分散时的磁聚团中淘洗出来形成的尾矿，由设备上部排出，所以上升水流的速度必须大于脉石颗粒的沉降速度，这种“顺流而上”的尾矿排出方式造成其耗水量偏大。一般情况下，尾矿浓度较低，仅为 1%～5%，处理每吨给矿需用水 2～4t。

（5）大型化及设备配置较困难。大型化后流体状态改变较大，磁场作用深度不足，分选空间利用率低等，造成单台磁选柱处理量偏低，目前工业用最大规格磁选柱 ϕ1600mm 给矿计处理量仅为 60～75t/h 左右。另外，磁选柱为保证分选充分，竖向筒体高度较大，厂家使用时普遍认为会给设备配置带来一定的困难，给矿及排矿的管道配置不便。

（6）由于磁选柱是用于精选作业，其尾矿品位即溢流品位较高，要回收溢流中的磁铁矿就必须进行预先浓缩再磨，这会使应用磁选柱工艺的流程复杂化。

除了需要解决上述不足外，磁选柱技术研究的重点方向主要有：

(1) 系统的分选理论建立与分析。目前磁选柱基础理论的建立和分析体系还不够系统和深入，某些矿物颗粒粒度级别的相互作用研究还有待展开。如磁链或磁团的形成与分散的机理、磁性颗粒与磁场的作用、磁性颗粒间的相互作用等，虽然学者们进行了一些研究，但都是从不同的角度入手，运用的基础理论也有所差别，存在结论的验证不够严格，获得的结论在应用层面意义偏弱等问题，还应专门针对小型实验室柱式磁选设备的放大理论进行专门研究。

(2) 设备结构的进一步优化。在磁选柱结构方面，研究人员通过改进给水方式来加强物料或磁团的分散作用，磁场空白区占位弥补磁系作用深度不足缺陷，设置筛网收集溢流细粒级磁性颗粒，设置脱磁加强磁团聚打散，叠加使用一机两次选别产出三产品，采用长通电线圈控制溢流品位，采用喇叭口形溢流槽或圆锥筒体或变径来控制不同区域水流速度，采用充填介质加强分散与细粒级回收，采用磁系内置或加装铠甲提高磁场利用率等。虽然在磁选柱结构的改进上已经做了较多工作，但还存在一定空白，鉴于实验室实施难度较大，还没有进行磁选柱分选区适宜高度、最佳长径比和针对磁选柱放大的理念与实践等方面的研究。

(3) 磁选柱流态分析、优化设计及控制。磁选柱主要靠流体作用来分离贫连生体和脉石，流体特性及其控制有着非常重要的作用，应利用流场分析软件对不同结构的磁选柱流场进行分析和优化，进而指导磁选柱设计和流场控制。

(4) 磁选柱磁系、磁场的优化。磁系结构、磁场特性优化是磁选设备的核心关键技术，需要长期不断研究改进。研究工作一般集中在磁系结构、磁源类型及混合磁源、磁路设计、磁性材料、磁场分布特性等方面。

(5) 应用领域的扩大研究。除了作为磁选设备使用，磁选柱技术已经在二次资源回收、废水处理、磁性物料浓缩等领域应用，开发新的应用领域也是未来的研究方向之一。

附录　回归系数 *b* 的计算

回归系数矩阵 $\boldsymbol{b}$ 的计算公式为：

$$\boldsymbol{b} = (\boldsymbol{Z}^{\mathrm{T}}\boldsymbol{Z})^{-1}\boldsymbol{Z}^{\mathrm{T}}\boldsymbol{Y}$$

式中　$\boldsymbol{Z}$——自变量的系数矩阵（或称结构矩阵、设计矩阵）；

$\boldsymbol{Z}^{\mathrm{T}}$——$\boldsymbol{Z}$ 的转置矩阵；

$\boldsymbol{Z}^{\mathrm{T}}\boldsymbol{Z}$——信息矩阵；

$(\boldsymbol{Z}^{\mathrm{T}}\boldsymbol{Z})^{-1}$——相关矩阵（信息矩阵 $\boldsymbol{Z}^{\mathrm{T}}\boldsymbol{Z}$ 的逆矩阵）；

$\boldsymbol{Z}^{\mathrm{T}}\boldsymbol{Y}$——常数项矩阵。

自变量系数矩阵 $\boldsymbol{Z}$ 和试验数据矩阵 $\boldsymbol{Y}$ 的数值见表 5-6。具体计算方法如下。

（1）信息矩阵：

$$\boldsymbol{Z}^{\mathrm{T}}\boldsymbol{Z} = \begin{pmatrix} 1 & 1 & 1 & 1 & 1 & 1 & 1 & 1 & 1 \\ -1 & 0 & 1 & -1 & 0 & 1 & -1 & 0 & 1 \\ -1 & -1 & -1 & 0 & 0 & 0 & 1 & 1 & 1 \\ 1 & -2 & 1 & 1 & -2 & 1 & 1 & -2 & 1 \\ 1 & 1 & 1 & -2 & -2 & -2 & 1 & 1 & 1 \\ 1 & 0 & -1 & 0 & 0 & 0 & -1 & 0 & 1 \end{pmatrix} \begin{pmatrix} 1 & -1 & -1 & 1 & 1 & 1 \\ 1 & 0 & -1 & -2 & 1 & 0 \\ 1 & 1 & -1 & 1 & 1 & -1 \\ 1 & -1 & 0 & 1 & -2 & 0 \\ 1 & 0 & 0 & -2 & -2 & 0 \\ 1 & 1 & 0 & 1 & -2 & 0 \\ 1 & -1 & 1 & 1 & 1 & -1 \\ 1 & 0 & 1 & -2 & 1 & 0 \\ 1 & 1 & 1 & 1 & 1 & 1 \end{pmatrix}$$

$$= \begin{pmatrix} 9 & 0 & 0 & 0 & 0 & 0 \\ 0 & 6 & 0 & 0 & 0 & 0 \\ 0 & 0 & 6 & 0 & 0 & 0 \\ 0 & 0 & 0 & 18 & 0 & 0 \\ 0 & 0 & 0 & 0 & 18 & 0 \\ 0 & 0 & 0 & 0 & 0 & 4 \end{pmatrix} = \begin{pmatrix} d_0 & 0 & 0 & 0 & 0 & 0 \\ 0 & d_1 & 0 & 0 & 0 & 0 \\ 0 & 0 & d_2 & 0 & 0 & 0 \\ 0 & 0 & 0 & d_3 & 0 & 0 \\ 0 & 0 & 0 & 0 & d_4 & 0 \\ 0 & 0 & 0 & 0 & 0 & d_5 \end{pmatrix}$$

（2）相关矩阵：

$$\boldsymbol{Z}^{\mathrm{T}}\boldsymbol{Z} = \begin{pmatrix} 1/9 & 0 & 0 & 0 & 0 & 0 \\ 0 & 1/6 & 0 & 0 & 0 & 0 \\ 0 & 0 & 1/6 & 0 & 0 & 0 \\ 0 & 0 & 0 & 1/18 & 0 & 0 \\ 0 & 0 & 0 & 0 & 1/18 & 0 \\ 0 & 0 & 0 & 0 & 0 & 1/4 \end{pmatrix} = \begin{pmatrix} 1/d_0 & 0 & 0 & 0 & 0 & 0 \\ 0 & 1/d_1 & 0 & 0 & 0 & 0 \\ 0 & 0 & 1/d_2 & 0 & 0 & 0 \\ 0 & 0 & 0 & 1/d_3 & 0 & 0 \\ 0 & 0 & 0 & 0 & 1/d_4 & 0 \\ 0 & 0 & 0 & 0 & 0 & 1/d_5 \end{pmatrix}$$

（3）常数项矩阵：

$$
\mathbf{Z}^{\mathrm{T}}\boldsymbol{Y}=\begin{pmatrix}1&1&1&1&1&1&1&1&1\\-1&0&1&-1&0&1&-1&0&1\\-1&-1&-1&0&0&0&1&1&1\\1&-2&1&1&-2&1&1&-2&1\\1&1&1&-2&-2&-2&1&1&1\\1&0&-1&0&0&0&-1&0&1\end{pmatrix}\begin{pmatrix}93.8\\97.9\\91.2\\93.2\\95.3\\91.4\\90.9\\94.7\\87.8\end{pmatrix}
$$

$$
=\begin{pmatrix}\sum_{i=1}^{9}Z_{0i}Y_i\\\sum_{i=1}^{9}Z_{1i}Y_i\\\sum_{i=1}^{9}Z_{2i}Y_i\\\sum_{i=1}^{9}Z_{3i}Y_i\\\sum_{i=1}^{9}Z_{4i}Y_i\\\sum_{i=1}^{9}Z_{5i}Y_i\end{pmatrix}=\begin{pmatrix}B_0\\B_1\\B_2\\B_3\\B_4\\B_5\end{pmatrix}=\begin{pmatrix}836.2\\-7.5\\-9.5\\-27.5\\-3.5\\-0.5\end{pmatrix}
$$

（4）回归系数矩阵为：

$$
\boldsymbol{b}=(\mathbf{Z}^{\mathrm{T}}\mathbf{Z})^{-1}\mathbf{Z}^{\mathrm{T}}\boldsymbol{Y}=\begin{pmatrix}b_0\\b_1\\b_2\\b_3\\b_4\\b_5\end{pmatrix}=\begin{pmatrix}1/d_0&0&0&0&0&0\\0&1/d_1&0&0&0&0\\0&0&1/d_2&0&0&0\\0&0&0&1/d_3&0&0\\0&0&0&0&1/d_4&0\\0&0&0&0&0&1/d_5\end{pmatrix}\begin{pmatrix}B_0\\B_1\\B_2\\B_3\\B_4\\B_5\end{pmatrix}
$$

$$
=\begin{pmatrix}B_0/d_0\\B_1/d_1\\B_2/d_2\\B_3/d_3\\B_4/d_4\\B_5/d_5\end{pmatrix}=\begin{pmatrix}92.91\\-1.25\\-1.58\\-1.53\\-0.19\\-0.13\end{pmatrix}
$$

参考文献

[1] 刘秉裕，赵通林，杨蓓德．磁选柱的研制和应用［J］．金属矿山，1995（7）：33-37.

[2] 赵通林，刘秉裕．新型磁选设备的小型试验研究［J］．鞍山钢铁学院学报，1996（3）：4-8.

[3] 赵通林，金文杰．磁选柱在齐大山选矿厂的应用［J］．中国矿业，2000（2）：80-83.

[4] 曾丽，刘秉裕．用磁选柱精选齐大山选矿厂磁选中矿的试验研究［J］．鞍山钢铁学院学报，1997（6）：17-19.

[5] 赵通林，周伟，陈广振，等．磁选柱在弓长岭选矿厂的工业应用［J］．金属矿山，2003（5）：22-24.

[6] 朱殿冰，朱巨建，赵通林．磁选柱结构改进及优化研究［J］．中国矿业，2016，25（5）：121-123，128.

[7] 郭小飞，赵通林．我国贫铁矿石磁选预选现状及发展趋势［J］．金属矿山，2016（4）：91-94.

[8] 赵通林，陈中航，马宏胜．一种内部磁系磁选环柱的研制［J］．矿业研究与开发，2014，34（4）：99-101.

[9] 赵通林，陈中航，陈广振．小岭子磁选尾矿回收处理工艺研究［J］．中国矿业，2014，23（4）：115-117.

[10] 赵通林，陈中航，徐晓阁，等．选矿厂磨机的效能管理问题［J］．辽宁科技大学学报，2013，36（6）：561-564，582.

[11] 陈中航．基于 Halbach 永磁阵列的新型磁选机磁系设计及应用［J］．金属矿山，2019（11）：151-154.

[12] 孟光栋，赵通林．伊朗含硫磁铁矿选矿工艺研究［J］．中国矿业，2013，22（11）：104-106.

[13] 赵通林，陈中航，陈广振．磁选柱的分选特性分析与实践应用［J］．矿产综合利用，2013（3）：15-17.

[14] 陈中航，赵通林，陈广振．弓长岭某磁选厂工艺流程优化研究［J］．矿冶工程，2013，33（2）：71-73，77.

[15] 陈中航，赵通林，陈广振．厚壁组合线圈在磁选设备中的应用与实践［J］．矿产综合利用，2012（5）：50-53.

[16] 陈中航，陈广振，赵通林，等．板石选矿厂磁选柱尾矿离心机再选试验［J］．金属矿山，2012（10）：79-81.

[17] 赵通林，陈中航，陈广振．磁选柱自动化控制系统［J］．中国矿业，2011，20（8）：90-91，94.

[18] 周凌嘉，赵通林，陈中航，等．磁选柱在本溪钢铁集团选矿厂的应用［J］．金属矿山，2008（7）：100-102.

[19] 陈中航，赵通林，陈广振．磁选环柱精选区新型磁系的试验研究［J］．鞍山科技大学学报，2007（1）：19-22，27.

[20] 陈广振，赵通林，陈中航．新型磁选设备——磁选环柱的研制［J］．金属矿山，2006（11）：65-68.

[21] 赵通林，陈中航，陈广振．磁选柱分选过程与机理初探［J］．金属矿山，2006（9）：67-69.

[22] 赵辉，赵通林．磁选柱生产超纯铁精矿的工艺探讨［C］//全国冶金矿山信息网、《矿业快报》杂志社、国家冶金矿山装备行业生产力促进中心．第五届全国矿山采选技术进展报告会论文集．全国冶金矿山信息网、《矿业快报》杂志社、国家冶金矿山装备行业生产力促进中心：矿业快报杂志社，2006：2.

[23] 赵通林，陈广振，周凌嘉．磁选柱在矿山磁选尾矿和硫铁矿烧渣处理中的应用［J］．化工环保，2003（4）：221-224.

[24] 赵通林，鞠兴华，陈广振．磨机直径和充填率对钢球离心力的影响［J］．鞍山科技大学学报，2003（1）：41-43.

[25] 陈广振，奚白，赵通林．抛落式磨机内钢球离心力与转速率的关系［J］．鞍山钢铁学院学报，2002（2）：81-83.

[26] 陈广振，赵通林，刘秉裕．用磁选柱处理硖口驿选矿厂一磁精矿的实验研究［J］．矿冶工程，2002（1）：61-62.

[27] 陈广振，马庆元，赵通林．抛落式磨机内钢球离心力计算公式［J］．鞍山钢铁学院学报，2002（1）：10-12.

[28] 陈广振，赵通林，刘秉裕．硖口驿选矿厂二磁精矿磁选柱的试验研究［J］．金属矿山，2002（1）：40-42.

[29] 陈广振，赵通林，刘秉裕．用磁选柱提高硖口驿选矿厂精矿品位的实验研究［C］//全国冶金矿山信息网、《矿业快报》编辑部．第四届全国矿山采选技术进展报告会论文集．全国冶金矿山信息网、《矿业快报》编辑部：矿业快报杂志社，2001：4.

[30] 刘秉裕．磁选柱在大型磁铁矿选矿厂应用前景［J］．金属矿山，1996（7）：27-29，47.

[31] 陈广振，刘秉裕，周伟，等．磁选柱及其工业应用［J］．金属矿山，2002（9）：30-31，43.

[32] 崔少文，郭小飞，郗悦，等．某微细粒嵌布贫磁铁矿尾矿再选试验研究［J］．现代矿业，2019，35（11）：4-7，10.

[33] 于泽龙，朱巨建，郭小飞，等．极贫赤铁矿石分粒级预选抛尾试验［J］．金属矿山，2018（12）：80-83.

[34] 李纯阳，段风梅，郭小飞，等．极贫磁铁矿选矿生产工艺流程考察分析［J］．中国矿业，2018，27（7）：85-89.

[35] 于洪军，王忠生，郭小飞，等．聚磁介质充填率对齐大山选矿厂赤铁矿高梯度强磁选的影响［J］．金属矿山，2017（12）：119-122.

[36] 郭小飞，于笑龙，郑丽娟．三产品永磁立式精选机的研制与应用试验［J］．金属矿山，2015（6）：130-133.

[37] 陈广振，金镇，等．磁选环柱结构改进研究［J］．金属矿山，2013（2）：118-121.

[38] 陈广振，王培信，等．磁选环柱磁系的改进［J］．金属矿山，2013（7）：135-138，152.

[39] 陈广振，姜程阳. 磁选环柱中流场磁场的分析研究 [D]. 鞍山：辽宁科技大学，2015.

[40] 刘朋. 变径磁选柱工艺因素优化研究 [D]. 鞍山：辽宁科技大学，2016.

[41] 段超. 变径磁选柱的研制 [D]. 鞍山：辽宁科技大学，2016.

[42] 郭小飞，赵通林，等. 磨矿粒度对磁铁矿磁性特征及磁团聚的影响 [J]. 中南大学学报（自然科学版），2020，51（9）：2373-2378.

[43] 郭小飞，于笑龙，等. 三产品永磁立式精选机的研制与应用试验 [J]. 金属矿山，2015（6）：130-133.

[44] 智研咨询发布.《2019—2025 年中国铁矿石行业市场发展模式调研及投资趋势分析研究报告》. 2019.

[45] 龙佳，库建刚. 磁性颗粒团聚机理与磁团聚设备研究进展 [J]. 化工矿物与加工，2019，48（9）：44-49，54.

[46] 吴维新，苗子旭，龙佳，等. 颗粒沉降动力学特性研究进展 [J]. 金属矿山，2019（6）：27-32.

[47] 库建刚，陈辉煌，何逵. 磁偶极子力在弱磁选过程中的作用 [J]. 金属矿山，2013（12）：52-56，60.

[48] 赵海亮，史佩伟，刘永振，等. 高频谐波磁场磁选机的研究及应用 [J]. 有色金属（选矿部分），2019（5）：108-113.

[49] 刘永振. 近几年我国磁选设备的研制和应用 [J]. 有色金属（选矿部分），2011（1）：25-33.

[50] 杨敷尊. 首钢矿业公司选矿科技进步纪实 [J]. 中国矿业，1999（12）：55-59.

[51] 雷晴宇，王建业，于岸洲，等. 磁铁矿低弱磁场精选新设备及应用现状 [J]. 矿产保护与利用，2006（3）：37-41.

[52] 罗立群，王韬，刘林法. 铁矿石提铁降杂技术发展动态 [J]. 现代矿业，2009（10）：1-6.

[53] 余永富. 国内外铁矿选矿技术进展 [J]. 矿业工程，2004，2（5）：25-29.

[54] 李迎国. 磁场筛选机在选矿厂工业应用效果 [J]. 中国矿业，2005，14（7）：63-68.

[55] 李迎国，雷晴宇. 大红山铁矿 400 万 t/a 选厂磁场筛选机工业试验 [J]. 金属矿山，2010（9）：47-50.

[56] 李迎国. 磁场筛选机在铁矿选厂应用实践 [A] //2009 年金属矿产资源高效选冶加工利用和节能减排技术及设备学术研讨与技术成果推广交流暨设备展示会（桂林）. 金属矿山，2009（增刊）：109-113.

[57] 周兴龙，文书明，汪伦. 螺旋磁场磁选机在云南某铁矿的精选试验研究 [A] //2005 年全国选矿高效节能技术及设备学术研讨与成果推广交流会（乌鲁木齐）. 金属矿山，2005（22）：416-417，421.

[58] 林潮，杨菊，孙传尧. 铁磁性物料综合力场分选方法与设备的研究及进展 [J]. 矿冶，1998，7（2）：27-32.

[59] 赵志洲. 超导与选矿 [J]. 现代物理知识，1996（3）：32-36.

[60] 雅尔辛 T，等. 镍矿石的磁浮选 [J]. 国外金属矿选矿，2001（9）：14-19，24.

[61] 牛国朋，曹亦俊，杨兴满，等．脉冲磁场在某磁铁矿反浮选中应用的试验研究［J］．矿业研究与开发，2012，32（2）：48-50.
[62] 郑贵山，刘炯天，李琳，等．用旋流-静态微泡浮选柱反浮选磁选铁精矿［J］．金属矿山，2008（8）：40-44.
[63] 任智．提铁降硅返矿工艺优化实践［J］．本钢技术，2013（3）：1-4，14.
[64] 袁志涛，郑龙熙．脉冲振动磁场磁选柱的研制与试验［J］．金属矿山，2001（3）：36-38.
[65] 白殿春，阎强，等．一种磁选柱绕组［P］．中国：CN203990884U，2014-12-10.
[66] 梁福利．智能脉冲电磁精选机在选矿工艺中的应用［J］．矿山机械，2010，38（9）：115-116.
[67] 连晓圆，冉红想，杨文旺，等．电磁精选机智能控制及故障预测系统研究［J］．现代矿业，2015，31（12）：222-225.
[68] 王泰安．淘洗机磁场强度及其对分选效果影响关系研究［D］．沈阳：沈阳工业大学，2019.
[69] 曹旭晖．淘洗机分选效果影响因素及影响规律分析［D］．沈阳：沈阳工业大学，2019.
[70] 王金行，钱士湖，杨松付，等．白象山选矿厂淘洗磁选机应用实践［J］．现代矿业，2019，35（2）：236-238.
[71] 范素月，张铜川，邓包磊．用 CH-CXJ63 型淘洗磁选机优化某选铁工艺试验［J］．金属矿山，2014（1）：56-59.
[72] 钱程．淘洗机内部矿浆流场形态分析与结构改进设计［D］．沈阳：沈阳工业大学，2019.
[73] 张秀军．通钢桦甸矿业公司三道沟选矿厂提质增效工艺技术改造［J］．现代矿业，2018，34（11）：230-232.
[74] 张秀军．CH-CXJ30000 全自动淘洗磁选机在三道沟选矿厂的应用［J］．现代矿业，2017，33（12）：152-154，157.
[75] 王青，智晓康，等．一种新型淘洗磁选机［P］．中国：CN206701482U，2017-12-05.
[76] 孙兴华．一种用于磁选柱上的分水盘［P］．中国：CN204051878U，2014-12-31.
[77] 唐竹胜．一种适用于强磁性矿种或弱磁性矿种的永磁磁选柱［P］．中国：CN105057098A，2015-11-18.
[78] 刘兴魁．永磁磁选柱［P］．中国：CN103846155B，2016-11-23.
[79] 程晓峰，马晓楠，张颖新，等．一种永磁磁选筒［P］．中国：CN204892122U，2015-12-23.
[80] 李玉凤，杨峰涛．立式永磁精选机的结构分析及试验研究［J］．矿产综合利用，2018（1）：26-31.
[81] 于笑龙．永磁立式精选机的研制［D］．沈阳：东北大学，2013.
[82] 金乔．底流型磁力旋流器分选铁矿的理论分析与试验研究［D］．武汉：武汉科技大学，2015.
[83] 魏红港，冉红想，等．电磁精选机中矿物颗粒受力分析及选矿试验研究［J］．有色金属

(选矿部分), 2013 (S1): 216-218, 221.

[84] 冯泉, 张强, 于伟东. 磁选柱内部流场态研究与结构分析 [J]. 现代矿业, 2020, 36 (4): 154-157.

[85] 张文平, 高腾跃, 秦广林. 磁选柱制备超纯铁精矿试验 [J]. 现代矿业, 2018, 34 (7): 126-128.

[86] 程永维. 电磁精选机在歪头山铁矿选矿改造中的应用 [J]. 本钢技术, 2010 (2): 1-2, 12.

[87] 倪娟. 磁选柱自动控制系统研究与应用 [D]. 西安: 西安理工大学, 2019.

[88] 许继斌. 一种磁选柱自动控制方法及装置 [P]. 中国: CN109701744A, 2019-05-03.

[89] 张雷, 庞星, 等. 一种磁选柱自动控制装置 [P]. 中国: CN204679824U, 2015-09-30.